魁阁学术文库
Kui Ge Academic Library

U0257689

本书出版得到云南大学民族学一流学科建设经费资助

国家社会科学基金一般项目
"西南民族地区生物多样性保护与社区发展的路径与机制研究"
（项目号：20BMZ162）

国家自然科学基金项目
"集体林权制度改革后西南民族地区多元林权制度安排及权属安全性研究"
（项目号：72063037）

魁阁学术文库
Kui Ge Academic Library

国家公园与环境正义

普达措的地方性实践

NATIONAL PARKS
AND
ENVIRONMENTAL JUSTICE
Local Practices of
Shangri-La Pudacuo
National Park

郭 娜 著

社会科学文献出版社
SOCIAL SCIENCES ACADEMIC PRESS (CHINA)

NATIONAL PARKS
AND
ENVIRONMENTAL JUSTICE
LOCAL PRACTICES OF
SHANGRI LA PUDACUO
NATIONAL PARK

"魁阁学术文库"总序

　　1939 年 7 月，在熊庆来、吴文藻、顾毓琇等诸位先生的努力下，云南大学正式设立社会学系。在这之前的 1938 年 8 月到 9 月间，吴文藻已携家人及学生李有义、郑安仑、薛观涛辗转经越南从河口入境云南，差不多两个月后，其学生费孝通亦从英国学成后经越南到昆，主持云南大学社会学系附设的燕京大学-云南大学实地研究工作站（亦称社会学研究室）。1940年代初，社会学研究室因日军飞机轰炸昆明而搬迁至昆明市郊的呈贡县魁星阁，"魁阁"之名因此而得。此后差不多 6 年的时间里，在费孝通的带领下，"魁阁"汇集了一批当时中国杰出的社会学家和人类学家，如许烺光、张之毅、田汝康、史国衡、谷苞、胡庆钧、李有义等，进行了大量的田野调查，出版了一系列今日依然熠熠生辉的学术精品。由于吴文藻、费孝通、杨堃等诸位先生在 1940 年代的努力，云南大学社会学系及其社会学研究室（"魁阁"）成为当时全球最重要的社会学学术机构之一，其中涌现了一大批 20 世纪中国最重要的社会学家、人类学家。"魁阁"因其非凡的成就，成为中国现代学术史上的一个里程碑。

　　"魁阁"的传统是多面相的，其主要者，吴文藻先生将之概括为"社会学中国化"，其含义我们可简单概括为：引进西方现代社会科学的理论与方法，以之为工具在中国开展实地研究，理解与认知中国社会，生产符合国情的社会科学知识，以满足建设现代中国之需要。

　　为实现其"社会学中国化"的学术理想，1940 年代，吴文藻先生在商务印书馆主持出版大型丛书"社会学丛刊"，在为"社会学丛刊"写的总序中，吴先生开篇即指出，"本丛刊之发行，起于两种信念及要求：一为促使社会学之中国化，以发挥中国社会学之特长；一为供给社会学上的基本参考书，以辅助大学教本之不足"。丛刊之主旨乃是"要在中国建立起比较社会学的基础"。"魁阁"的实地研究报告，如费孝通的《禄村农田》、张之毅的《易村手工业》、史国衡的《昆厂劳工》、田汝康的《芒市边民的摆》等多是在"社会学丛刊"乙集中出版的。

80多年前，社会学的前辈先贤正是以这样的方式奠定了中国社会学的基础。为发扬"魁阁"精神，承继"魁阁"传统，在谢寿光教授的主持下，云南大学民族学与社会学学院和社会科学文献出版社共同出版"魁阁学术文库"，以期延续"魁阁"先辈"社会学中国化"的理论关怀，在新的时代背景下，倡导有理论关怀的实地研究，以"魁阁学术文库"为平台，整合社会学、人类学、社会工作、民族学、民俗学、人口学等学科，推进有关当代中国社会的社会科学研究。受"社会学丛刊"的启发，"魁阁学术文库"将包含甲乙丙三"集"，分别收入上述学科综合性的论著、优秀的实地研究报告，以及国外优秀著作的译本，文库征稿的范围包括学者们完成的国家各类课题的优秀成果、新毕业博士的博士学位论文、博士后出站报告、已退休的知名学者的文集、国外优秀著作的译本等。我们将聘请国内外知名的学者作为遴选委员会的成员，以期选出优秀的作品，贡献世界。

是为序。

第十三届全国人大常委会委员、社会建设委员会副主任委员
中国社会科学院学部委员、社会政法学部主任

云南大学党委书记

目　录

绪论 环境正义地方性实践研究的意义

一 环境正义视角下的保护与发展

长期以来，包括国家公园在内的自然保护地与周边社区形成了相互作用、相互影响的自然生态和社会经济复合系统。社区生计高度依赖保护地自然资源，但保护地建设控制了社区对部分自然资源的使用，一定程度上影响社区发展。如何平衡自然保护地生态保护与当地社区发展一直是困扰地方政府和环境保护部门的难题，也引发了全球学界关于保护与发展目标兼容性的研究。

保护与发展问题早已成为全球热议的理论问题，吸引了不同研究领域的深入探讨。生态中心主义（ecocentrism）推崇排他式的保护思想，使用人与自然一分为二的哲学逻辑，以实现真正的荒野之美。该理论的实践通常采取自上而下的行政命令，强制把人类与自然生态系统剥离开，当人类的需求与生态保护发生冲突时，无论是具体实践还是道德伦理，人类的需求都是次要的，要让位于生态圈；① 可持续发展（Sustainable Development）理论承认自然的价值因为人类而存在，自然生态系统与人类社会经济系统相互耦合。因此，可持续发展视角下的保护突出了保护自然生态系统的多种服务功能，将生态保护思想融入区域发展战略，在保护地开展可持续发展项目或通过社区参与式项目提升保护效果。然而，可持续发展项目结束

---

① J. Gray, I. Whyte, P. Curry, "Ecocentrism: What It Means and What It Implies," *The Ecological Citizen* 2 (2018): 130.

后，很难继续维系保护与发展的双赢；① 新自由主义（neoliberalism）理论倾向于实现自然资源商品化，通过一系列金融工具和实现机制，把自然价值从特定的自然资源中抽象出来，作为虚拟价值在全球经济中"自由"交换。② 比如森林碳汇等虚拟金融工具的应用，不可避免地强化了技术官僚和资本主义霸权。③ 新自由主义过于强调竞争，而居住在自然保护地的原住居民长年生活在竞争相对小的区域，难以适应可能出现的各种问题；此外，保护与发展问题还与社会公平正义理论相关，即从环境正义（environmental justice）的理论视角协调保护与发展。生态保护不仅要考虑生态效益和人类福祉，也要有利于实现社会公平正义，甚至要考虑对下一代以及非人类主体的公正性影响。以社会公正为目标的生态保护，对缓解自然保护地与当地社区之间的冲突、增进理解互信都具有积极作用。本书以环境正义理论为立论基础，探讨环境正义的地方性实践。

除了以上理论视角外，保护与发展问题还是生物多样性保护工作中亟须解决的社会现实问题。不同行动者的公平正义感知和诉求可能是引发冲突和矛盾的根源，有必要进行深入研究。推进环境正义的实践，能够增进自然资源治理中不同利益相关者之间的理解和合作，在实际操作过程中容易号召支持者与反对者共同展开有效对话。环境正义实践为环境干预政策所引发的社会公正性问题提供了解决策略，有助于矛盾冲突双方的相互妥协与有效调和。

从区域发展看，在发展中国家，自然保护地或国家公园通常建在经济欠发达地区，其社区自身经济发展条件有限，社区居民生产生活受到自然保护地管理制度的约束，其法定权利和习惯权利可能被剥夺，社区居民甚至有可能被迫离开家园。④ 而在发达国家，即使保护政策让社区居民收入

---

① J. Ferguson, L. Lohmann, *The Anti-Politics Machine: "Development" and Bureaucratic Power in Lesotho* (Minnesota: University of Minnesota Press, 1994).

② J. Igoe, D. Brockington, "Neoliberal Conservation: A Brief Introduction," *Conservation and Society* 5 (2007): 432-449.

③ B. Büscher et al., eds., *Nature Inc.: Environmental Conservation in the Neoliberal Age* (Arizona: University of Arizona Press, 2014), p. 3.

④ W. Adams et al., "Biodiversity Conservation and the Eradication of Poverty," *Science* 306 (2004): 1146-1149.

增加，保护政策对传统资源权属和文化的影响也会带来不公正感受，减少当地居民的福祉，甚至影响生态保护效果。① 因此，无论是在发展中国家还是在发达国家，开展以环境正义为目标的保护研究都是有意义的。

从国际生物多样性保护条约来看，保护目标越来越关注社会公平正义。2010年联合国《生物多样性公约》之《获取和惠益分享名古屋议定书》阐述了生物多样性保护中对公平正义的关切。②《获取和惠益分享名古屋议定书》颁布后，全球主要的国际机构和保护组织修订了它们的宗旨或发布了新政策，以确保受生态保护影响的当地人的权利不受侵犯，重新校准了环境保护与地方利益之间、全球利益与地方利益之间的平衡；③ 2022年12月通过的《昆明-蒙特利尔全球生物多样性框架》第22个目标明确指出："要确保土著人民和地方社区所有人群能够充分、公平、包容、有效、性别平等地代表和参与决策，并获得与生物多样性有关的公正和信息，尊重并认可他们的文化及其对土地、领土、资源和传统知识的权利。"④

从中国的国家生态保护战略和重大保护工程看，加快构建"以国家公园为主体的自然保护地体系"就是把最重要的自然生态系统、最独特的自然景观、最精华的自然遗产、最优先的生物多样性保护区域纳入国家公园这一保护地类型，⑤ 这是中国促进人与自然和谐共生的一项有效举措，也是履行全球生物多样性保护责任的积极行动。中国的自然保护地体系正在经历一场深刻的历史性变革，从过去的以自然保护区为主体向以国家公园为主体转变。⑥

---

① A. E. Clark et al. , "Relative Income, Happiness, and Utility: An Explanation for the Easterlin Paradox and Other Puzzles," *Journal of Economic Literature* 46（2008）: 95–144.

② 《生物多样性公约: 获取和惠益分享名古屋议定书》，2010 年 10 月，www. cbd. int/abs/text/，最后访问日期: 2021 年 4 月 1 日。

③ A. Martin, S. McGuire, S. Sullivan, "Global Environmental Justice and Biodiversity Conservation," *The Geographical Journal* 179（2013）: 122–131.

④ 《昆明-蒙特利尔全球生物多样性框架》，2022 年 12 月，www. cbd. int/article/cop15-cbd-press-release-final-19dec2022，最后访问日期: 2023 年 3 月 15 日。

⑤ 《建立国家公园体制总体方案》，2017 年 9 月，www. gov. cn/zhengce/2017-09/26/content_5227713. htm，最后访问日期: 2020 年 3 月 17 日。

⑥ 唐芳林:《构建以国家公园为主体的自然保护地体系》，《光明日报》2017 年 11 月 4 日，第 9 版。

2022 年底最新遴选了 49 个国家公园候选区，[①] 中国正努力建设全世界最大的国家公园体系。在这一过程中，国家公园受到了各级政府、国际组织和社会团体的热切关注，也吸引了拥有不同学科背景科研人员的跨学科实践研究。

云南拥有 21 个国家级自然保护区和 13 个具有国家公园头衔的自然保护地，[②] 全部涉及人类居住社区并且大部分是少数民族社区。出于社会公正的目的，各级政府出台了一系列环境干预政策措施，如生态补偿、合作共管、特许经营、提供生态管护公益岗位等，这些保护政策对保护自然生态系统和地方发展做出了积极贡献。长期生活在国家公园周边的少数民族群众是受这些政策影响最深的利益相关者，他们既是最直接的获益群体或利益受损群体，更是当下中国国家公园体制改革的亲历者。普达措国家公园是中国的第一个国家公园，是首批国家公园体制试点区，也是 49 个中国国家公园候选区之一。从 2006 年建立至今，一直采用包容式的保护策略，当地藏族、彝族社区没有任何村寨或任何一名原住居民被迫迁出。经历了多年实践探索，周边越来越多的少数民族群众在生态保护中尝到了甜头，享受到国家公园生态旅游红利。然而，国家公园与当地社区之间的关系并不是一直融洽的，围绕利益分配、决策制定、社区发展、权属认同等产生过一些矛盾，也曾因为分配公正等问题发生过冲突。在国家公园最严格的保护要求下，当地出现了农牧业生产受限、集体土地不允许开荒、矿业设施不允许发展、旅游收入补偿机制不稳定和不健全等保护与发展的矛盾与问题。解决好国家公园保护与发展兼顾的问题，直接关系到这些少数民族社区的经济发展和社会和谐，更关乎普达措国家公园以及"三江并流"世界遗产的生态保护效果。

二 田野点概况

本书调查研究田野点位于云南省迪庆藏族自治州香格里拉市境内的普

---

① 姚亚奇：《到 2035 年——基本建成世界最大国家公园体系》，《光明日报》2023 年 1 月 3 日，第 10 版。
② 云南省的香格里拉普达措国家公园、高黎贡山国家公园、哀牢山-无量山国家公园、西双版纳热带雨林国家公园进入 2022 年 9 月获国务院批准的 49 个国家公园候选区。

达措国家公园，距离香格里拉市城区 20 多公里。普达措国家公园总占地面积为 602.1 平方公里，按照当前国家公园旅游反哺社区方案，共涉及 2 个乡镇 3 个村委会 29 个村民小组。① 本书选取距离国家公园传统旅游区较近且受影响较大的两个行政村开展田野调查。它们分别是建塘镇红坡行政村，位于国家公园内部及西线入口附近，共有 15 个村民小组，99% 以上的人口为藏族；洛吉乡九龙行政村，共有 11 个村民小组，其中 6 个村民小组靠近国家公园南线入口（靠近碧塔海），受国家公园影响较大，人口全部是彝族。

（一）　普达措国家公园

20 世纪末，迪庆藏族自治州借鉴西方国家公园理念，在全国率先进行了国家公园建设试验。在 1984 年设立的碧塔海省级自然保护区基础上，2005 年又整合了"三江并流"风景名胜区属都湖和尼汝片区，将原碧塔海保护区 141.33 平方公里保护面积扩大到 602.1 平方公里，探索建立了中国第一个国家公园，并于 2007 年 6 月 21 日正式揭牌。2015 年，普达措国家公园被列为全国 9 个国家公园体制试点之一，是云南唯一入选的国家公园。2018 年 8 月，原普达措国家公园管理局与原碧塔海省级自然保护区管理所进行了归并整合，新的香格里拉普达措国家公园管理局正式成立，负责国家公园体制试点的统一管理。2022 年底，根据《国家公园空间布局方案》，普达措国家公园遴选成为 49 个国家公园候选区之一。

普达措国家公园规划范围位于"三江并流"世界自然遗产地核心区，

---

① 2020 年底，在国家公园体制试点评估验收工作中，国家验收组提出了《香格里拉普达措国家公园体制试点区范围优化建议》，建议云南省"合理布局普达措国家公园空间范围，按照生态完整性原则研究整合周边具有重要生态价值的区域"。2021 年 4 月，云南形成《香格里拉普达措国家公园体制试点区范围优化建议方案（省级反馈稿）》，拟将香格里拉普达措国家公园体制试点区的面积从 602.1 平方公里扩大到 1537 平方公里，拟调出试点区域内 89.32 公顷的永久基本农田，同时调入 935 平方公里的新增区域。新方案将涉及迪庆州香格里拉市所辖建塘镇、洛吉乡和格咱乡 3 个乡镇，红坡村、诺西村、九龙村、洛吉村、尼汝村、格咱村 6 个村委会。在田野调查期间，普达措国家公园扩容方案还未批准并正式发布，本书依然按照国家公园 602.1 平方公里占地面积及所涉及行政村为范围开展研究。另外，本书中的"村民小组"也作"村小组"，如洛茸村民小组也作洛茸村小组。

是滇西北高原生物多样性保护与水源涵养的国家重点功能区，也是全球三个生物多样性热点地区（喜马拉雅山区、印缅地区、中国西南山区）的交界处。从方位看，普达措国家公园由北向南沿云南和四川省界向西南延伸。根据《香格里拉普达措国家公园总体规划（2010—2020年）》，公园由严格保护区、生态保育区、游憩展示区、传统利用区四个功能区组成，通过对公园4.58%面积的开发利用，实现对公园95.42%面积的有效保护。① 2016年被列入国家公园体制试点区后，在原占地面积不变的情况下进行重新规划，由原来的四个功能区划为两个区域：核心保护区319.23平方公里，占53.02%；一般控制区282.87平方公里，占46.98%。②

普达措国家公园位于青藏高原与云贵高原过渡带，是横断山脉的核心区域，地质构造复杂，地势东南高西北低，海拔高差大，范围在2300—4670米。国家公园所处区域是印度季风湿润气团进入青藏高原的水汽通道，受南亚季风环流影响，加之地势高，形成了独特的高原季风气候。香格里拉地区多年平均气温为6.1℃，一般7月最热，1月最冷。公园内湖泊一年有5个月左右的积雪期，冬季湖面会封冻并结薄冰。③

普达措国家公园高原生物多样性非常丰富。公园内森林覆盖率达84%，包含了较为原始、完整的森林灌丛、高山草甸、湿地湖泊、地质遗迹、河流峡谷生态系统。根据不同的海拔及日照阴、阳面，生长着云杉、高山松、高山栎、短刺栎、红杉、红桦、山杨、白桦、杜鹃、箭竹、苔藓、忍冬等珍稀植物。国家公园内有国内发育最好的硬叶常绿阔叶林生态系统，是中国亚热带西部和西南部青藏高原东南线及横断山脉地区特有的硬叶常绿阔叶林的核心分布区域。④ 公园范围内有国家Ⅰ级保护植物5种，

① 国家林业局昆明勘察设计院：《香格里拉普达措国家公园总体规划（2010—2020年）》，2010年。
② 《国家公园体制试点进展情况之九——香格里拉普达措国家公园》，2021年4月，www.ndrc.gov.cn/fzggw/jgsj/shs/sjdt/202104/t20210426_1277473.html，最后访问日期：2021年4月6日。
③ 西南林业大学等：《普达措国家公园综合科学考察报告》，2020年。
④ 国家林业局昆明勘察设计院：《香格里拉普达措国家公园总体规划（2010—2020年）》，2010年。

国家 I 级重点保护野生动物 10 种,其中鸟类 6 种。①

近年来,普达措国家公园生态保护成效显著。利用 Landsat8 卫星晴空遥感资料对普达措国家公园植被进行遥感监测的结果表明,2020 年普达措国家公园自然植被区 NDVI② 均值为 0.69。其中,林地、草地、灌木林的 NDVI 值分别为 0.70、0.65 和 0.68。2014—2020 年,普达措国家公园 ND-VI 值总体上呈上升趋势,自然植被 NDVI 值变化率为每年提升 0.71%。③

普达措的"措"在藏语里是湖、海的意思。"普达",有的人认为是梵文音译,译为舟船;有的人认为来源于佛教,有普陀山教化众生的意味,意为普度众生到达理想彼岸的舟湖。当地藏族称"普达措"就是"碧塔海"的藏语原名。最早记载"普达措"的文字来自《格萨尔史诗》有关藏传佛教噶玛巴活佛第十世法王的故事。法王前往姜人辖下的圣地游历山川,到达了建塘边一处名叫普达的湖泊,这里被誉为建塘天生之"普达胜境",犹如卫地观音净土(布达拉),僻静无喧器,湖水明眼净心。湖中有一心形曼陀罗的小岛,小岛周围环绕湖水,周边是无限艳丽的草甸,由各种药草和鲜花点缀,山上森林茂密、树种繁多。普达措被大成就者噶玛巴希(1204—1283 年)称为"建塘普达,天然生成",还说"卫地布达是由人力建构",而建塘普达"乃为天然显现者也"。《光绪中甸县志·山川志》记载:"碧塔海在甸东北,距城一百余里,宽长百里,内有高山巍峨葱茏,前有土番木王到山觅宝,建庙于上,未得其宝,后庙宇毁坏,今存基址。"④ 传说古代姜、岭两国大战中,姜国转败为胜得益于碧塔山神护佑,姜国便在小山上建造庙宇,也有人认为该岛是明代纳西木氏土司的避暑之地。

普达措国家公园内主要景点由属都湖、碧塔海、弥里塘草甸组成。2017 年 9 月起,弥里塘草甸观景区关闭,又开辟了季节性开放的一条全长约 2.2 公里的徒步观光路线——悠幽步道。碧塔海是一个封闭状的高原湖

---

① 迪庆藏族自治州人民代表大会常务委员会:《云南省迪庆藏族自治州香格里拉普达措国家公园保护管理条例》,2014 年。
② NDVI≤0 表示区域无植被覆盖,NDVI 值为 1 表示覆盖程度最高。
③ 云南省气候中心:《云南省生态遥感年度报告(2020)》,2020 年。
④ 吴自修等修,张翼夔纂《光绪中甸厅志·山川志》,云南省图书馆藏清光绪十年稿本。

泊湿地生态系统，湖面海拔为 3568 米，东西长约 3000 米，南北宽约 700 米，水域面积约为 1.6 平方公里，平均水深 20 米。湖面变化较小，湖水补给稳定，湖水水质较好。碧塔海四周被茂密的针叶林山地包围，人类干扰较少，未遭受过灾难性变迁，其自然地理结构和自然景观基本保持原始状态。碧塔海内生活着云南特有物种中甸叶须鱼（Ptychobarbus chungtienensis），是在青藏高原隆升地质背景下裂腹鱼类三级演化过程中的特化等级物种。[①]

（二）普达措国家公园当地社区

社区是普达措国家公园非常重要的组成部分，"社区发展"也被列入普达措国家公园体制试点五大功能之一。普达措国家公园涉及的社区主要有建塘镇红坡村委会（辖 15 个村民小组，共 448 户 2372 人）、洛吉乡九龙村委会（辖 11 个村民小组，共 365 户 1300 余人）、洛吉乡尼汝村委会（辖 3 个村民小组，共 124 户 600 余人）。[②] 其中，尼汝村与红坡村洛茸村民小组在国家公园内部，其他村民小组分布在国家公园周边。本书田野调查主要涉及的社区有：建塘镇红坡行政村 15 个村民小组以及洛吉乡九龙行政村靠近国家公园的 6 个村民小组。普达措国家公园内部及周边社区居民以藏族、彝族为主，还有少部分傈僳族、纳西族、汉族等，形成了以藏传佛教文化为主，多宗教和谐共融的文化现象。

1. 建塘镇红坡村

红坡村因为建于红土坡上，所以取名红坡，距香格里拉市区约 20 公里，平均海拔 3300 米。红坡村下辖 15 个村民小组，共 448 户 2372 人，藏族占比 99.8%。红坡村占地面积 198 平方公里，共有林地 233112 亩，其中国家级公益林 45210 亩、省级公益林 139661 亩、商品林 48241 亩。红坡村农作物总播种面积为 5623.23 亩，人均耕地约 2.4 亩，适合种植青稞、马

---

① 香格里拉市地方志编纂委员会编纂《香格里拉县志（1978—2005）》，云南人民出版社，2016，第 417—419 页。

② 数据来源于 2020—2021 年田野调查资料。

铃薯、油菜、荞麦等农作物和高原中药材。①

红坡村曾经是典型的高寒山区贫困村，生产方式以半农半牧为主，经济来源以畜牧业为主。因海拔高、耕地少、农作物经济效益差、牲畜生长周期长等条件限制，当地居民生活曾经十分贫困。随着普达措国家公园旅游业发展，各项生态扶贫政策和旅游反哺政策落地，当地社区经济结构开始偏向旅游产业。2019 年红坡村人均纯收入达 9661 元。②

红坡村境内除普达措国家公园外，还有天生桥地热公园、亚拉嗦香格里拉赛马表演场、国家传统文化村落霞给村、印经院、大宝寺等旅游景区。大宝寺建于明永乐年间，寺名藏语称"乃钦吉哇仁昂"，意为"五佛圣地"。大宝寺原为藏传佛教噶玛噶举派寺院，清康熙时被强令改宗格鲁派，划为松赞林寺属寺。目前大宝寺由松赞林寺直接管理，每年由松赞林寺派 2 名僧侣看守，并划拨经费维持日常运作。该寺庙为迪庆地区藏传佛教圣地，很多外地香客慕名而来。

红坡村洛茸村民小组村社以及所有土地、集体林地都位于普达措国家公园内，该小组共有 36 户 183 人。"洛茸"是纳西语音译，洛为箐，茸为小，意思为小箐；③外界认为"洛茸"藏语意思是"与世隔绝的地方"，洛茸村民小组组长则把它译为"路好走的地方"，映射出洛茸村村民好相处，因为"路好走、人好处"④。按普达措国家公园四个功能区划分，洛茸村归为传统利用区，人均拥有耕地 10 亩左右，大多数为藏族原住居民。洛茸村经济收入主要来自：一是林下经济收入，以季节性采集松茸为主，年收入从几千元到几万元不等；二是传统畜牧业收入，以养殖牦牛、藏香猪等为主；三是传统种植业收入，以种植青稞、马铃薯为主；四是享受普达措国家公园旅游反哺及优先就业等政策，所有农户全部属于反哺一类区，此外还享受在国家公园内优先就业机会，从事环卫、巡护、特许经

---

① 红坡村委会提供的"红坡村村情概况"，来源于 2019 年 10 月 3 日田野调查资料。
② 中国共产党香格里拉市委员会党史研究室、香格里拉市地方志编纂委员会办公室编《香格里拉年鉴》，云南科技出版社，2019，第 59 页。
③ 吴光范：《"三江并流"奇观·迪庆地名辞典》，云南人民出版社，2009，第 222 页。
④ 调查时间为 2020 年 9 月 28 日，被调查人为红坡洛茸村民小组组长 BM，调查地点为洛茸村（一类区）。

营、服务接待等工作。

2. 洛吉乡九龙村

九龙行政村位于香格里拉市区东部 45 公里处，距洛吉乡政府所在地 42 公里，是香格里拉旅游东环线第一村。九龙村占地面积 366 平方公里，耕地面积 204.67 公顷，均为旱地。森林植被非常丰富，林地面积约 176 平方公里，森林覆盖率高达 99.5%。九龙村为纯彝族村，辖 11 个村民小组，共 365 户 1300 余人。九龙村地处高寒半山区，平均海拔为 2900 米，为典型的半农半牧村，农业以种植洋芋、玉米、燕麦、荞麦和苹果等作物为主，畜牧业以养殖牦牛、犏牛、绵羊、黑山羊为主。2015 年精准识别后，全村建档立卡贫困户 103 户，2019 年已经全部脱贫，贫困发生率从 2015 年的 47.9% 下降到 2019 年的 0。全村 2019 年经济收入 1200.82 万元。[①]

九龙全村 11 个村民小组中，联办组、干沟组、丫口组、高峰上组、高峰下组、大岩洞组 6 个村民小组靠近普达措国家公园。其中高峰上组和高峰下组就位于国家公园界碑附近，绝大部分村集体林、牧场都在国家公园内。普达措国家公园西线正门未修好前，旅游大巴前往碧塔海风景区都从南线大门进入，通往碧塔海的南线公路就从高峰上、高峰下两个村民小组集体林中穿过，目前这条公路依然供公园内部及来往村民使用，设有公园检查站。九龙村境内有香格里拉市鼎力矿业有限责任公司，主要是东环线外侧 5 个村民小组参与。除普达措国家公园外，境内旅游资源还有天宝雪山、九龙上组彝族风情村等。[②]

三　写作结构、理论视角和研究意义

（一）写作结构

本书拟通过实证调查方法，以普达措国家公园原住居民为研究对象，

---

① 中国共产党香格里拉市委员会党史研究室、香格里拉市地方志编纂委员会办公室编《香格里拉年鉴》，云南科技出版社，2019，第 108—110 页。

② 来源于 2019—2021 年田野调查资料。

通过对国家公园所涉及的两个行政村的若干田野点进行深入的人类学调查，应用环境正义理论作为主要分析框架，呈现为实现保护与发展的协调，普达措国家公园不同利益相关者如何实践分配正义、程序正义和认同正义，他们的公正性感受、诉求和行动是怎样的，进而反思环境正义的地方性意义。

按照以上研究思路，本书写作结构由绪论、六个章节和结语组成。绪论部分对本书研究缘起、田野点具体情况、写作结构、研究方法和研究意义进行了介绍。第一章对本书的主要研究理论进行了文献回顾，并对核心概念进行了定义；第二章对香格里拉普达措国家公园成立的历史及当地自然资源保护工作进行了回顾，以期让读者更为立体地认识普达措国家公园成立及发展背景；第三章通过对相关社区的调查，分析了原住居民对普达措国家公园的认识，包括对国家公园生态服务功能和文化服务功能的认识以及当地生计变迁情况。第二、第三章都是有关普达措国家公园社会、文化等情景条件的调查研究；第四、第五、第六章，结合问卷调查和人类学田野调查资料，分别从环境正义的分配正义、程序正义、认同正义三个维度，对原住居民的公正感受进行了调查分析。

（二）理论视角

1. 环境正义（environmental justice）理论

为了利用环境正义理论分析环境干预政策，来自政治生态学、环境伦理学、生态人类学、环境经济学等专业的学者一直致力于构建自己的环境正义理论框架，对环境正义的具体实践进行结构化处理。本书利用当前受学界普遍推崇的三维环境正义理论框架为主要分析结构，从分配正义、程序正义、认同正义三个维度探讨普达措国家公园的原住居民基于不同环境伦理的公正性感受及与其他利益相关者公正性感受的博弈。分配正义维度主要讨论在国家公园现行政策下的个人或群体间分配利益和负担的公正性问题；程序正义维度主要讨论研究对象参与国家公园决策制定及实施过程的公正性问题；认同正义维度重点关注研究对象身份、文化、地方性知识等被国家公园承认或认同的情况。

2. 包容性保护（inclusive conservation）理论

包容性保护理论指生态保护政策及实际活动要充分考虑并承认多个利益相关者的多元价值和愿景。利益相关者的有效参与、缓解不平等、承认当地文化或生计等都属于包容性保护策略。包容性保护被认为能够实现更有效的生态环境保护，因为它提高了保护区原住居民的积极性，增强了他们的保护意愿。包容性保护还呼吁生态保护领域应该有更多不同的群体参与，包括不同性别、文化和学术背景的科学家和实践者，并推动和分享跨学科知识。本书认为，环境正义各维度在国家公园的有效实践促进了包容性保护。

（三）研究意义

本书根据在香格里拉普达措国家公园开展的民族学/人类学田野调查，分别探讨了在环境正义理论框架之分配正义、程序正义、认同正义三个维度下的当地原住居民的公正性感受和主张。区别于西方对社会公平正义的普遍性认知，环境正义在普达措国家公园的实践提供了权衡保护与发展的经验性见解。同时，本书也为大力推进建设以国家公园为主体的自然保护地体系贡献了普达措的实践经验。

第一，本书区别于西方社会公平正义理论对绝对公平的追求和认知，如对生而平等、民主参与、平等分配等的片面理解。就环境正义理论框架本身而言，多元多维度的价值判断有助于获取对研究对象及其背景情况的整体理解。本书以环境正义多维度框架为基础，以研究地的地方性视角为出发点，展示了在国家公园环境政策背景下的不同利益相关者不同的公正性感受，揭示了公平正义的复杂性，具有一定的理论创新。

第二，当前国际学界非常关注环境正义的相关研究，无论是基于理论的规范性研究还是基于案例的经验性研究，已成为自然资源治理和环境保护研究领域的热点，本书具有一定的学术前沿性。国内相关研究也开展了有关环境伦理学、哲学等的理论考据，但应用性研究比较欠缺，本书提供了该领域实证研究文本。

第三，建立国家公园体制，是当前我国生态文明体制改革的一项重大制度创新。环境正义在普达措国家公园的地方性实践研究就是高质量推动国家公园建设的研究，符合当前以国家公园为主体的自然保护地建设要求，具有一定的现实意义。环境正义理论框架多元多维度的价值判断有助于获得对当地生态系统与社会系统的整体理解，更好地协调自然保护和社会公平正义。对普达措国家公园环境正义各维度的分析能获取经验性见解，对其他国家公园生态保护实践朝着更加公正的方向行进具有一定的借鉴意义。

四　研究方法

为获得关于环境正义各维度的整体观点，本书采取质性研究和量化研究相结合的研究策略，通过多种研究方法收集数据，获取田野材料。本书通过民族学/人类学的长期田野调查，利用参与式观察、半结构深度访谈、深入访谈、焦点小组访谈、调查问卷、民族志等具体研究方法，围绕环境正义实践，对普达措国家公园与当地社区形成的相互作用、相互影响的自然生态与社会经济复合系统进行深入调查。除了获得来自当地社区原住居民的环境正义感知、主张和行动的相关数据外，还注意收集包括政府机构、非政府组织等其他利益相关者在参与国家公园规划、建设和管理过程中有关环境正义的实践材料。

（一）研究方法要实现的目标

本书采取了质性研究和量化研究相结合的研究策略。质性研究目的是通过多种具体研究方法获取撰写民族志材料的一手数据与个案，从整体性上理解不同利益相关者在普达措国家公园建设中关于环境正义的具体诉求和认识以及国家公园为了保证环境正义的具体做法和实践过程；量化研究通过分析国家公园建设过程中的森林覆盖、土地利用变化等数据指标，以及分析调查问卷所收集的调查对象经济状况、生计变迁、环境正义感知等数据指标，用量化数据结果进一步支持和强化质性研究结果。质性和量化相结合的数据分析策略相互支持、相互佐证。基于民族学/人类学田野调查的质性研究提升了问卷调查数据分析的质量，让数据变得鲜活、生动；

基于抽样问卷调查的量化研究也增强了民族志书写的解释力。

（二） 总体研究指标体系设计

为清晰地反映研究框架，并更为科学地编写调查问卷，本书建立了总体研究指标体系。该指标体系包括环境正义三个关键维度，并且嵌入了 12 个具体考察指标 （见表 0-1、表 0-2）。该指标体系设计拟解决的主要问题是，为实现保护与发展的协调，具体要衡量哪些指标才能体现环境正义在普达措国家公园的地方性实践。本书指标主要根据前期田野调查设置，借鉴了部分参考文献的指标设置情况，如扎夫拉等①、施雷肯贝格等②、勒古耶等③。

表 0-1　普达措国家公园环境正义调查指标体系及其定义

维度	定义	调查指标及其说明
分配正义	-指公平地分配建立及管理国家公园的利益、负担和责任	-成本/损失 （costs）：国家公园对利益相关者/原住居民造成的损失或负担 -利益 （benefits）：当地利益相关者/原住居民在可接受的分配原则下从国家公园获得的切实利益 -责任 （responsibilities）：为了保护和管理国家公园生态系统服务功能，当地利益相关者/原住居民所承担的责任
程序正义	-指各利益相关者有效参与国家公园决策 （法律法规、政策机制、工具性措施等） 制定过程	--致性 （consistency）：没有利益相关者可以搞特殊 -有效参与能力 （capacity for effective participation）：利益相关者能保证有效参与决策制定的个人或集体能力 -透明度 （transparency）：当地利益相关者能够以适当形式获取决策制定相关信息 -问责制 （accountability）：利益相关者知道向谁提出与国家公园管理行为相关的问题 -诉诸司法机制 （access to legal system）：能够利用法律机制解决冲突争端和获取公平正义的能力 -信任 （trust）：决策制定者能被利益相关者信任

---

① N. Zafra-Calvo et al., "Towards an Indicator System to Assess Equitable Management in Protected Areas," *Biological Conservation* 211 (2017)：134-141.

② K. Schreckenberg et al., "Unpacking Equity for Protected Area Conservation," *PARKS* 22 (2016)：11-28.

③ L. Lecuyer et al., "The Construction of Feelings of Justice in Environmental Management：An Empirical Study of Multiple Biodiversity Conflicts in Calakmul, Mexico," *Journal of Environmental Management* 213 (2018)：363-373.

维度	定义	调查指标及其说明
认同正义	-指对多元文化身份、法定权利和习惯权利、不同知识体系的承认和尊重	-文化认同（cultural identities）：当地利益相关者的文化身份、文化习俗等被国家公园承认和尊重 -法定权利和习惯权利（statutory and customary rights）：当地利益相关者在建立或管理国家公园方面的法定权利和习惯权利受到承认与尊重，如财产权 -多样的知识体系（knowledge diversity）：由地方社会规范和相关的非正式制度组成的传统知识系统受到承认和尊重，并被包括在国家公园的管理中

资料来源：笔者自制。

表 0-1 对本书所要考察的环境正义三个关键维度进行了定义，并归纳了对应三个维度的调查分析指标，对它们进行了定义和说明；表 0-2 分别对 12 个指标要解决的关键研究问题进行了阐述，并明确了解决研究问题的具体调查内容。

表 0-2 指标对应研究问题及具体调查内容

维度	主要指标	主要研究问题	主要调查内容
分配正义	-成本/损失	-国家公园的建立对居住在内部或附近的当地利益相关者带来了哪些生产、生活等方面的损失或负担？	-社区及农户在国家公园内的森林、牧场、耕地等的数量 -当地农户由于国家公园建立而损失的各种利益 -采取哪些行动减轻居住在国家公园内部或附近的当地利益相关者的负担 -当地利益相关者对可以选择的资源或替代生计的诉求
	-利益	-当地利益相关者从国家公园相关管理行动中获得哪些切实利益？利益如何分配？利益分配是否公正？	-农户生计状况：农牧业收入、反哺收入、林下产品收入等 -农户在国家公园工作人数及收入等 -农户参与国家公园相关旅游服务工作收入 -感知到的生计、贫困和福利等的变化 -对旅游反哺收入分配公正性的要求 -对国家公园工作岗位及收入分配公正性的要求
	-责任	-为了保护国家公园生态环境，实现生态系统的价值，当地哪些利益相关者要承担怎样的保护责任？这些责任如何分配？分配是否公正？	-巡山次数、参与森林防火活动次数等 -建新房周期、采伐指标数 -参与国家公园建设任务、义务劳动、植树造林活动等情况

维度	主要指标	主要研究问题	主要调查内容
程序正义	一致性	-国家公园决策中是否存在精英捕获问题？	-是否有特殊群体或个人被区别对待的情况？ -脆弱群体被特殊关怀和照顾
	有效参与能力	-个人能力或集体能力是否影响了有效参与国家公园决策的制定？	-参与国家公园决策的人员构成 -村民小组组织、社区干部的领导能力对有效参与决策的影响 -参与国家公园规划、边界划定等讨论或正式会议的次数 -参与旅游反哺协商会议的次数
	透明度	-国家公园计划、管理等政策措施制定是否透明？	-当地利益相关者是否能够获得有关国家公园计划、管理的信息？ -感知到的国家公园相关制度、决策制定的透明度
	问责制	-当地利益相关者是否知道在解决与管理行为相关的问题时应该向谁提出要求？	-当地利益相关者反映诉求的渠道 -当地利益相关者成功解决问题的过程
	诉诸司法机制	-有多少当地利益相关者通过使用现有（法律）机制令人满意地解决了冲突和争端？	-参与国家公园决策并对其施加影响的机会 -当地利益相关者通过现有机制修改决策的机会
	信任	-决策制定者是否被利益相关者信任？	-国家公园到社区宣传展示次数 -感知到的对决策制定者的满意程度 -感知到的国家公园对当地传统生计活动、传统文化活动等的认识和支持程度
认同正义	文化认同	-当地利益相关者的文化认同是否受国家公园管理者的尊重？对国家公园管理行为的设计和实施是否有贡献？	-开展传统民俗活动、民族宗教信仰活动的情况 -国家公园对当地传统文化、传统宗教活动的影响 -当地利益相关者的文化、宗教身份是否被国家公园承认和尊重 -感知到的国家公园对当地传统生计活动、传统文化活动等的认识和支持程度
	法定权利和习惯权利	-当地利益相关者在建立或管理国家公园方面的法定权利和习惯权利（如财产权）是否受到承认和尊重？	-当地利益相关者失去建立或管理国家公园的一些权利的情况 -当地利益相关者财产权变化情况

续表

维度	主要指标	主要研究问题	主要调查内容
认同正义	-多样的知识体系	-由地方社会规范和相关的非正式制度组成的传统知识系统是否受到国家公园的承认和尊重？是否被包含在国家公园的管理行为中？	-感知到的国家公园对当地传统生计活动、传统文化活动等的认识和支持程度

资料来源：笔者自制。

（三）具体研究方法

2019 年 8 月至 2022 年 5 月，笔者对香格里拉普达措国家公园及当地社区进行了多次田野调查，走访了普达措国家公园涉及的两个乡镇 3 个行政村的 18 个村民小组，并选定建塘镇红坡村 11 个村民小组、洛吉乡九龙村 6 个村民小组为主要调查区域。

1. 研究对象的确立

本书设定的田野调查研究范围是普达措国家公园及当地社区，以及当地各级国家公园管理部门、旅游公司等利益相关者。当地社区调查具体研究对象包括两个行政村村委会工作人员、村民小组组长、各类别护林员、普通村民等。此外，普达措国家公园管理局、迪庆州旅游集团有限公司普达措旅业分公司、云南省和迪庆州林草部门工作人员以及相关 NGO 工作人员等也是本书的研究对象。

2. 数据收集及分析方法

本书采取质性分析与量化分析相结合的研究方法，对研究对象开展田野调查，对调查所获数据和资料进行整体分析。

文献综述法：在国内外既有文献的基础上，对相关知识进行梳理，对国内外典型案例、重点研究理论等进行阅读、翻译和注释。

数据图视化分析法：利用地理信息系统软件，图视化国家公园建立前后 10 年当地的植被变化、土地利用变化等，分析当地生物多样性保护状况等。

量化研究方法：通过面对面访谈的方式对普达措国家公园当地社区

研究对象进行随机抽样调查，再应用 Excel 等软件进行统计分析。笔者于 2021 年 4 月至 5 月田野调查期间，对研究对象进行了预调查，采取面对面访谈的方式在 6 个不同的村民小组随机进行了问卷访谈。根据实际访谈和回馈情况，进一步修改完善调查问卷，最终确立正式调查问卷文本。

质性研究方法：2019 年 10 月至 2022 年 5 月，笔者多次前往普达措国家公园开展田野调查，除受疫情影响中断外，总调查时间超过 11 个月。质性研究围绕研究指标体系，通过具体质性研究方法，挖掘田野调查过程中利益相关者对研究问题的各种行为、反应和观点。

半结构深度访谈：田野调查期间，笔者对以下具体访谈对象（见表 0-3）进行了半结构深度访谈，收集案例及数据信息。

表 0-3 半结构深度访谈主要访谈对象

访谈对象类型	具体组成
村委会成员	红坡、九龙村委会主任、副主任或村委会成员，共访谈 5 人
村民小组组长	红坡村 8 名村民小组组长，其中一类区 3 名、二类区 3 名、三类区 2 名；九龙村 2 名村民小组组长
村民	红坡村 24 名村民，其中一类区 10 名、二类区 8 名、三类区 6 名；九龙村 8 名村民
护林员	红坡村 5 名护林员，其中一类区 2 名、二类区 2 名、三类区 1 名；九龙村 2 名护林员
旅游公司	迪庆州旅游集团有限公司普达措旅业分公司工作人员 4 名
各级政府人员	香格里拉市政府工作人员 1 名、建塘镇政府工作人员 1 名、普达措国家公园管理局工作人员 2 名、迪庆州林业和草原局工作人员 2 名；白马雪山国家级自然保护区管理局工作人员 1 名
非政府组织	大自然保护协会（TNC）原工作人员 1 名、原云南省生物多样性和传统知识研究会（CBIK）工作人员 1 名
科研单位专家	西南林业大学专家 2 名、云南省社会科学院专家 1 名

资料来源：笔者根据田野调查情况自制。

焦点小组访谈：针对红坡村部分村民小组组长、红坡村妇女群体、红坡洛茸村村民、红坡村吾日牛场牧民、九龙高峰上和高峰下村民，笔者各开展了一次焦点小组访谈。

参与式观察：笔者通过长时段民族学/人类学田野调查，参与主要研究对象（农户）的日常生产、生活活动，参与了当地原住居民放牧、捡松茸、神山烧香、巡山、旅游反哺资金谈判会、村民小组会议、建新房等活动，以当事人的角度观察并理解相关行动的意义，理解不同的正义诉求和实践，并加以诠释。

3. 问卷调查研究

问卷调查的抽样措施是从当地社区研究对象中抽取一部分进行定额抽样问卷调查，并用这部分抽样调查数据推断总体研究对象情况。本书研究区域位于滇、川、藏三省交界区域，各个行政村人口不多，调查范围虽然大，但调查户数比其他农村地区少许多。因为对各个村民小组的问卷调查时间不一致，调查对象是否在场情况也不一致，所以，借鉴布瑞曼（Bryman）的方法，① 本书在总样本量不大的基础上，采用分层定额随机抽样的方式，对每个村民小组随机抽取 20% 的定额的农户进行问卷调查。为减小样本误差，对每一个村民小组抽样数四舍五入取整，并且在实际问卷调查工作中适当增加调查户数，扩大样本容量，以获得更多的有效样本。此外，为了减小样本误差，调查人员采取了现场快速检测问卷的方式，如果面对面访谈结束获取的是无效问卷，将再进行一次随机问卷调查。因为调查人员由同专业硕士研究生、博士研究生组成，受过专业训练，能够识别通过问卷获取的数据的有效性。本书抽样调查策略简化了分层抽样原则，把村民小组作为唯一分类标准，当地农户民族构成单一，外出务工人员并不多，能够完成调查任务。

在前期田野调查基础上，2021 年 10 月 20 日至 27 日，包括笔者在内的由民族生态学专业硕士研究生、博士研究生组成的问卷调查小组组建完毕。调查问卷在前期已经发给每一位调查人员进行熟悉，在对小组成员进行开会培训后，对计划抽样的村民小组进行了 6 个工作日的问卷调查。调查小组由 9 人组成，2—3 人一组，每 1—2 组负责 1 个村民小组的

---

① A. Bryman, *Social Research Methods* (New York：Oxford University Press, 2001).

问卷调查。按照抽样定额目标，每个调查小组采用"滚雪球"的方式，挨家挨户地调查，如果没有人在场，就调查邻近的住户，直至完成抽样定额目标。目标是要调查不同年龄、不同性别、不同民族的村民，但是这取决于时机，如果男、女两方同时在场，我们倾向于采访户主或更愿意回答问题的家庭成员。问卷调查结束后，调查小组成员对问卷进行了核对及录入。最终具体抽样目标及实际有效调查问卷发放情况如表0-4所示。

表0-4 普达措国家公园环境正义调查问卷实际发放情况

单位：户，份

地区	2020年户数	20%户数抽样	实际回收有效问卷
红坡村调查问卷实际发放情况			
一类区	洛茸 36	7	8
	吓浪 43	9	9
	基吕 22	4	5
	次迟顶 22	4	4
小计	123	24	26
二类区	吾日 37	7	9
	浪丁 30	6	5
	洛东 46	9	10
	扣许 49	10	12
	崩加顶 47	9	10
小计	209	41	46
三类区	达拉 24	5	6
	林都 13	3	2
	古姑 30	6	4
	祖木谷 22	4	5
	给诺 15	3	2
	西亚 12	2	3
小计	116	23	22

地区	2020 年户数	20% 户数抽样	实际回收有效问卷
九龙村调查问卷实际发放情况			
二类区	高峰上 15	3	4
	高峰下 25	5	6
	干沟 53	11	10
	丫口 18	4	5
	联办 58	12	14
	大岩洞 25	5	4
小计	194	40	43
总计	642	128	137

资料来源：笔者根据调查问卷自制。

本书计划抽样调查 128 户，在实际问卷调查中，为防止无效问卷过多而影响样本量，调查人员根据实际情况稍微增加了问卷调查量。最后，对所有问卷进行统计，剔除了无效问卷（指没有完成所有问卷问题、回答全部选择"不清楚"选项的问卷），共收回 137 份有效问卷。对这 137 份有效问卷的受访者及受访家庭基本特征的分析如图 0-1 所示，按照受访农户

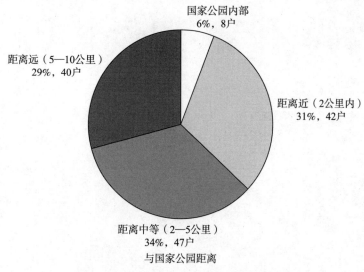

图 0-1　受访者及受访家庭基本特征的分析

资料来源：笔者根据调查问卷自制。

住所与国家公园大致距离，国家公园内部洛茸村问卷访谈 8 户、距离近（2 公里内）的村民小组问卷访谈 42 户、距离中等（2—5 公里）的村民小组问卷访谈 47 户、距离远（5—10 公里）的村民小组问卷访谈 40 户；按照受访者男女比例，男性 73 人、女性 64 人；按照受访者民族身份，藏族 94 人、彝族 43 人；按照受访者家庭贫困程度，受访者家庭曾被列为建档立卡贫困户的有 22 户，非建档立卡贫困户有 115 户。

第一章 环境正义的理论与实践研究

本书将利用环境正义理论框架，以滇西北普达措国家公园范围内及周边的社区及其原住居民为主要研究对象，探讨普达措国家公园的环境正义的地方性实践情况。本书从四个方面梳理了国内外学界的相关研究：第一是对生态保护思想与自然资源治理模式变迁的国内外研究文献的梳理；第二是对主要理论框架环境正义相关研究的文献梳理，关注环境正义的理论脉络与实证研究；第三是回顾了文化与生态系统关系以及自然圣境等方面的文献；第四是梳理了有关普达措国家公园现有研究的情况。对以上国内外研究的学术史、研究现状和研究热点的梳理和评述，可以厘清本书在学术领域和实践层面中所处的位置及可能突破之处。

一 生态保护思想与自然资源治理模式变迁

自然是什么？人类是不是自然的一部分？看似简单的问题引出了本书研究的核心。自然资源保护的最初目标是保护原始"荒野"，19 世纪末美国黄石国家公园的诞生开启了人与自然一分为二哲学指导下的自然资源保护和治理的实践。这种人类中心主义的伦理观认为人类主宰自然，因此，自然保护地的治理普遍采用排他式保护（exclusive conservation）的策略；20 世纪中叶，人类有意识、自觉的生物多样性保护活动在全球兴起，弱人类中心主义的哲学观承认自然的价值因人而存在，包容式保护（inclusive conservation）策略被广泛采用，当地社区和原住居民权益不断受到重视；后工业化时代，随着对自然的探索增多，人类发现自然生态系统的复杂性。自然资源保护与治理的思想变迁是人与自然关系哲学要义的变化，是从排他式到包容式保护模式的变化，是从单一到混合治理形式的变化。

（一）生态保护思想的变化

在近50年的发展历程中，保护生态环境已经成为全人类的共识。总体而言，生态保护思想也从排他式的人类中心主义向包容式的弱人类中心主义或非人类中心主义演进。

20世纪60年代以前，自然保护地管理普遍采用排他式方法，人类的存在被认为对生态系统造成威胁。① 这种保护思想被贬义地称为堡垒式保护，即通过建立不包括人类的自然保护区来保护野生动物及其栖息地。② 堡垒式保护受到了广泛且激烈的批判，它致使自然资源使用者成为"保护难民"，他们被迫离开世代生活的家园，而且没有其他生计选择。此外，堡垒式保护在重要决策过程中没有包含广泛的本地参与者，使原住居民群体福祉急剧降低。③ 包容式保护思想旨在承认多个利益相关者的多元价值观和愿景。④ 包括共同管理、赋予地方权力、提供文化和生计福利在内的包容式保护能够实现保护区更好的保护与社会经济的结果。⑤ 然而，包容式保护也不乏批评者。包容式保护的主流观点认为自然资源的内在价值可以与经济价值相兼容，这种协商一致的政治掩盖了不平衡的权力关系，忽视了潜在的相互竞争和边缘人群的存在。⑥ 批评还认为包容式保护并没有摒弃有选择性的参与，关键的社会参与者可能被排除在国家公园的

---

① M. D. Spence, *Dispossessing the Wilderness: Indian Removal and the Making of the National Park* (Oxford: Oxford University Press, 2000).

② 《探索黄石国家公园的历史区域》，www. nps. gov/thingstodo/yell-tour-fort-yellowstone. htm，最后访问日期：2022年3月2日。

③ P. R. Wilshusen et al., "Reinventing a Square Wheel: Critique of a Resurgent 'Protection Paradigm' in International Biodiversity Conservation," *Society &Natural Resources* 15 (2002): 17-40.

④ H. Tallis, J. Lubchenco, "Working Together: A call for Inclusive Conservation," *Nature* 515 (2004): 27-28.

⑤ J. A. Oldekop et al., "A Global Assessment of the Social and Conservation Outcomes of Protected Areas," *Conservation Biology* 30 (2016): 133-141.

⑥ B. S. Matulis, J. R. Moyer, "Beyond Inclusive Conservation: The Value of Pluralism, the Need for Agonism, and the Case for Social Instrumentalism," *Conservation Letter* 10 (2017): 279-287.

管理之外。①

　　1972 年在斯德哥尔摩召开的首届人类环境大会，开启了"生态保护""可持续发展"等保护性话语流行的时代，在这一话语体系下，人们对自然保护的观点也发生了几次转变，从更强调物种的保护到强调生态系统的整体保护，进而强调与人类社会的互动。乔治娜（Georgina）在《科学》杂志上发表的论文认为，西方发达国家自然保护思想大致经历了四个阶段的变化（见表 1-1），基本代表了全球自然保护思想的变迁。尽管如此，新的自然保护思想框架并没有完全取代旧的框架，今天我们的自然保护思想应用的是一种多框架嵌套的形态。②

表 1-1　现代自然保护思想框架经历的四个主要阶段

大致时段	自然保护思想框架 （人与自然的关系）	保护的核心观点与意图	科学基础
1960—1970 年	保护自然本身 （Nature for Itself）	-物种保护 -荒野 -自然保护区	-有关物种、栖息地和野生生命的生态学
1980—1990 年	保护人为影响的自然 （Nature despite People）	-灭绝、威胁 -濒危物种 -栖息地消失 -污染 -过度开发	-种群生物学 -自然资源管理
2000—2005 年	保护造福人类的自然 （Nature for People）	-生态系统 -生态系统方法 -生态系统服务 -经济价值	-生态系统功能 -环境经济学
2010 年以后	保护人与自然和谐共生 （Nature and People）	-环境变迁 -韧性 -适应性 -社会生态系统	-多学科 -社会与生态交叉科学

　　资料来源：G. M. Mace, "Whose Conservation? Changes in the Perception and Goals of Nature Conservation Require a Solid Scientific Basis," *Science* 345（2014）：1558-1559.

---

① C. Wamsler et al., "Beyond Participation：When Citizen Engagement Leads to Undesirable Outcomes for Nature-Based Solutions and Climate Change Adaptation," *Climate Change* 158,（2020）：235-254.

② G. M. Mace, "Whose Conservation? Changes in the Perception and Goals of Nature Conservation Require a Solid Scientific Basis," *Science* 345（2014）：1558-1559.

20 世纪 60 年代以前，自然保护思想属于保护自然本身，优先考虑荒野和完整的自然栖息地，通常把人类排除在外，以野生动植物生态学、自然史、理论生态学等为科学基础。这种思想关注物种保护和自然保护区管理，今天仍然是许多地区自然保护的主导思想。20 世纪 70 年代至 80 年代，人类活动的影响迅速增大，自然栖息地遭破坏，过度捕捞、物种灭绝、水污染等问题接踵而至，出现了减少人类威胁的保护思想，即保护人为影响的自然。这种思想的保护策略是重点关注人类对物种栖息地的威胁，通过自然资源管理、生物种群保护等措施减小人为影响。有关极小生物种群保护、社区参与自然资源管理、野生资源可持续利用等举措都起源于这一时期，并持续到现在。[1] 21 世纪初，随着联合国千年发展计划的公布，生态系统服务功能及自然提供的潜在利益变得越来越清晰。[2] 自此，保护造福人类的自然思想开始出现并活跃在自然资源管理领域；自然保护的思想已经从一种潜在的过于功利的观点——管理自然以最大程度造福人类，转变为一种更微妙的观点——认识到人与自然之间的双向、动态关系。[3] 这种人与自然和谐共生的思想强调了文化结构和制度对于发展人类社会与自然环境之间可持续的弹性互动的重要性。[4] 以上四种思想框架的转变发生在相对较短的时间内，因此，现在支撑自然保护的观点和动机呈多元化特征。这四种思想共同支撑着当前自然保护的科学理论与实践，并相互支持。

侯鹏等认为中国生态保护观念经历了三个历史阶段的转变，分别是：启蒙及形成的初期阶段（1973—1991 年），把生态保护纳入经济社会发展计划；可持续发展阶段（1991—2012 年），从发展中保护向保护中发展转变，即从只注重生态环境问题末端治理向注重全过程治理，注重源头保护、自然恢复的综合治理转变，这一阶段也是生态文明理念的形成时期；

---

① W. Adams, *Against Extinction: The Story of Conservation* (New York: Routledge, 2004).

② R. Costanza, "The Value of the World's Ecosystem Services and Natural Capital," *Nature* 387 (1997): 253-260.

③ S. R. Carpenter et. al., "Science for Managing Ecosystem Services: Beyond the Millennium Ecosystem Assessment," *Proceedings of the National Academy of Sciences* (*PNAS*). 106 (2009): 1305-12.

④ G. M. Mace, "Whose Conservation? Changes in the Perception and Goals of Nature Conservation Require a Solid Scientific Basis," *Science* 345 (2014): 1558-1559.

生态文明阶段（2012 年至今），生态文明建设与经济、政治、文化、社会建设同等重要，已经成为"五位一体"总体布局的重要部分，即从人与自然对立统一的理念向人与自然和谐共生的理念转变。① 中国共产党第十八届三中全会对推进生态文明建设做出全面安排和部署，明确将紧紧围绕建设美丽中国深化生态文明体制改革。生态文明成为党和国家的执政理念，② 生态保护成为中国生态文明建设的重要任务之一。③

（二）自然资源治理模式的变迁

第二次世界大战后，很多发展中国家采用命令与管制的方法（command and control approach）对自然资源进行管理，当地居民被排除在自然资源利用和管理之外。20 世纪 80 年代后，自然资源治理理论和实践逐渐从单一的治理模式向多中心的混合治理模式转变，地方政府、社区、当地居民、企业、社会组织等扮演越来越重要的角色。20 世纪 90 年代以来，以社区为基础的自然资源管理模式（community-based natural resources management，简称 CBNRM）受到了包括世界银行在内的国际组织和绿色环保组织的欢迎和推荐。这种管理模式认为，如果生态保护行动要获得长期的成功，就必然需要那些生活在保护区及其附近人群的支持与合作。以社区为基础的转变意味着超越以往的以生态保护为唯一目标的模式，转向与当地经济发展相结合，并利用保护区作为缓解贫困的手段。④ 该管理模式强调当地居民参与资源管理，通过集体行动优势促进经济欠发达的地区实施有效的自然资源保护。⑤ 研究发现，社区可以通过规则设定和文化习俗的影响，建立起集体行动和公共事务管理的逻辑和制度，制约成员的机

---

① 侯鹏等：《中国生态保护政策发展历程及其演进特征》，《生态学报》2021 年第 4 期。

② 李干杰：《积极推动生态环境保护管理体制机制改革　促进生态文明建设水平不断提升》，《环境保护》2014 年第 1 期。

③ 孙贵艳、王传胜、刘毅：《生态文明建设框架下的生态保护研究》，《生态经济》2015 年第 10 期。

④ 左停、苟天来：《社区为基础的自然资源管理（CBNRM）的国际进展研究综述》，《中国农业大学学报》2005 年第 6 期；A. Agrawal, C. C. Gibson, "Enchantment and Disenchantment: The Role of Community in Natural Resource Conservation," *World Development* 27 (1999): 629-649。

⑤ Y. Huang et al., "Development of China's Nature Reserves over the Past 60 Years: An Overview," *Land Use Policy* 80 (2019): 224-232.

会主义行为和"搭便车"的行为，改变哈丁描述的公地悲剧的结果。①

在现实中，自然资源权属不明确，生态系统规模不确定且复杂多变，单一的以国家、市场、社区或私人为基础的自然资源管理模式是无法完全解决问题的。② 可持续的自然资源管理要求更综合地考虑社会、环境和经济领域的结果。③ 阿格拉沃尔（Agrawal）带领的研究团队构建了一种混合的自然资源管理模式，政府、市场、社区共同发挥协同作用，其中政府与市场是公私伙伴关系，政府与社区对自然资源共同进行管理，市场与社区是合作伙伴关系。④ 奥斯特罗姆则以此为基础，发展了多中心治理理论，不同层次的行动者，能够把自己组织起来开展自主治理，通过避免市场失灵和政府失灵的方式促进环境外部性的内部化。⑤

（三）自然保护地的分类及中国国家公园的设立

建立自然保护地体系是一种"就地保护"措施，就是通过建立自然保护区系统，对有价值的自然生态系统和野生生物及其栖息地予以保护，是达成保护生物多样性目标最有效的方法之一。⑥ 世界各国各地区陆续建立了各种各样的自然保护地，对其解释和分类也各不相同。世界自然保护联盟⑦（IUCN）一直致力于自然保护地分类系统的国际标准研究。1978 年，IUCN

---

① 埃莉诺·奥斯特罗姆：《公共事物的治理之道：集体行动制度的演进》，余逊达、陈旭东译，上海译文出版社，2012。

② A. Agrawal, E. Ostrom, "Collective Action, Property Rights, and Decentralization in Resource Use in India and Nepal," *Politics & Society* 29 (2001): 485–514.

③ A. Agrawal et al., "From Environmental Governance to Governance for Sustainability," *One Earth* 5 (2022): 615–621.

④ M. C. Lemos, A. Agrawal, "Environmental Governance," *Annual Review of Environment and Resources* 31 (2006): 297–325.

⑤ E. Ostrom, "Polycentric Systems for Coping with Collective Action and Global Environmental Change," *Global Environmental Change* 20 (2010): 550–557.

⑥ 《生物多样性公约》，1992 年，www.cbd.int/convention/text/，最后访问日期：2021 年 4 月 1 日。

⑦ 世界自然保护联盟（International Union for Conservation of Nature，简称 IUCN），是世界上规模最大、历史最悠久的全球性非营利环保机构，也是自然环境保护与可持续发展领域唯一作为联合国大会永久观察员的国际组织。IUCN 发布的自然保护地分类指南已成为全球学术界及各国政府认可的自然保护地全球性标准，用于指导本国或本地区划分自然保护地管理类型。

就发布了第一份自然保护地分类标准研究报告，经过不断审议和修订，在1994 年"世界自然保护大会"上发布了《IUCN 自然保护地管理分类应用指南》，将保护地划为 6 个类型（见表 1-2）。① IUCN 提供的分类标准从广义上对保护地进行分类，获得了国际广泛认可并成为各国借鉴的经验。不同国家和地区对自然保护地的定义和分类有所不同。IUCN 保护地分类系统主要依据管理目标进行分类，要求保护地在建立时应依法确定管理目标，明确具体保护功能定位。IUCN 将国家公园归为类别Ⅱ，即"大面积的自然或接近自然的区域，设立的目的是保护大尺度的生态过程，以及相关的物种和生态系统特性。这些自然保护地提供了环境和文化兼容的精神享受、科研、教育、娱乐和参观的机会"。②

表 1-2　IUCN6 类保护区分类系统

类型	分类描述
Ⅰa	严格意义的保护区：主要为了科学研究
Ⅰb	荒野区：主要为了荒野保护
Ⅱ	国家公园：主要为了生态系统的保护与娱乐
Ⅲ	自然纪念物保护区：主要为了特殊自然特征的保护
Ⅳ	生境/物种管理区：主要为了通过管理干预而对生境和物种加以保护
Ⅴ	陆地/海洋景观保护区：主要为了陆地/海洋景观的保护和娱乐
Ⅵ	资源管理保护区：主要为了自然生态系统的持续利用

资料来源：Nigel Dudley 主编《IUCN 自然保护地管理分类应用指南》，朱春全、欧阳志云等译，中国林业出版社，2016。

中国的自然保护区建设始于 1956 年，经过半个多世纪的建设，已逐步建立起面积广阔、种类完善的自然保护地体系，成为全世界自然保护地面积最大的国家之一。③ 2013 年，中国提出"建立国家公园体制"，开启了建设中国特色国家公园的进程。2017 年 10 月，党的十九大提出建设以国

---

① 菲利普斯主编《IUCN 保护区类型 Ⅴ——陆地/海洋景观保护区管理指南》，刘成林、朱萍译，中国环境科学出版社，2005，第 8—9 页。

② Nigel Dudley 主编《IUCN 自然保护地管理分类应用指南》，朱春全、欧阳志云等译，中国林业出版社，2016，第 33 页。

③ 高吉喜等：《中国自然保护地 70 年发展历程与成效》，《中国环境管理》2019 年第 4 期。

家公园为主体的自然保护地体系，国家公园改革进入实质性发展阶段。中国一直采用的是"抢救式"保护措施，对受到严重威胁的生态系统、野生生物及自然遗迹的保护起到了重要作用。① 以国家公园为主体的自然保护地体系建立后，按照"国家所有、全民共享、世代传承"的原则，包括社区、原住居民在内的利益相关者也要参与到国家公园的保护与管理中。

2017 年启动国家公园体制试点建设以前，中国对国家公园的概念和模式并无统一的认识，也无明确的立法支持。2015 年 9 月 21 日，国务院颁布了《生态文明体制改革总体方案》，明确要求对各部门分头设置的自然保护区、风景名胜区、文化自然遗产、地质公园、森林公园等的体制进行改革，提出建立国家公园体制。② 2017 年，中国启动了在现有保护区基础上建立 10 个国家公园体制试点的计划。③ 2018 年 3 月，整合多部门职能，在原国家林业局基础上组建了国家林业和草原局，并加挂国家公园管理局牌子，④ 各国家公园体制试点也成立统一管理机构。2019 年 6 月 26 日，中央发布了《关于建立以国家公园为主体的自然保护地体系的指导意见》，按照自然生态系统原真性、整体性、系统性及其内在规律，依据管理目标与效能，借鉴国际经验，将自然保护地按生态价值和保护强度依次分为 3 类：国家公园、自然保护区、自然公园。⑤ 2021 年 10 月，在昆明举办的联合国《生物多样性公约》第十五次缔约方大会（COP15）上，中国正式宣布设立三江源、大熊猫、东北虎豹、海南热带雨林、武夷山首批 5 个国家公园。2022 年 6 月 1 日，《国家公园管理暂行办法》正式下发，⑥ 这是中国

---

① J. H. Z. Wang, "National Parks in China：Parks for People or for the Nation？" *Land Use Policy* 81（2019）：825-833.

② 《生态文明体制改革总体方案》，2015 年 9 月，www.gov.cn/guowuyuan/2015-09/21/content_2936327.htm，最后访问日期：2020 年 3 月 17 日。

③ 《建立国家公园体制总体方案》，2017 年 9 月，www.gov.cn/zhengce/2017-09/26/content_5227713.htm，最后访问日期：2020 年 3 月 17 日。

④ 《深化党和国家机构改革方案》，2018 年 3 月，www.gov.cn/home/2018-03/22/content_5276728.htm，最后访问日期：2020 年 3 月 17 日。

⑤ 《关于建立以国家公园为主体的自然保护地体系的指导意见》，2019 年 6 月，www.gov.cn/zhengce/2019-06/26/content_5403497.htm，最后访问日期：2020 年 7 月 6 日。

⑥ 《国家公园管理暂行办法》，2022 年 6 月，www.gov.cn/zhengceku/2022-06/04/content_5693924.htm.，最后访问日期，2022 年 9 月。

首部国家层面的国家公园管理办法。2022 年 12 月，《国家公园空间布局方案》发布，遴选出 49 个国家公园候选区。[1] 中国计划于 2025 年初步建成以国家公园为主体的自然保护地体系，到 2035 年，基本完成国家公园空间布局建设任务，基本建成全世界最大的国家公园体系。

表 1-3 中国自然保护地分类及基本特征和保护目标

类别	基本特征和保护目标
国家公园	保护具有国家代表性的自然生态系统与独特自然景观，实现自然生态系统完整性和原真性保护
自然保护区	保护典型自然生态系统、珍稀濒危野生动植物的天然集中分布区、有特殊意义的自然遗迹，实现生物多样性的重点保护
自然公园	保护重要自然生态系统、地质地貌多样性及承载的生态、观赏、文化和科学价值

资料来源：《关于建立以国家公园为主体的自然保护地体系的指导意见》，2019 年 6 月，www.gov.cn/zhengce/2019-06/26/content_5403497.htm，最后访问日期：2020 年 7 月 6 日。

根据《关于建立以国家公园为主体的自然保护地体系的指导意见》，自然保护地是由各级政府依法划定或确认，对重要的自然生态系统、自然遗迹、自然景观及其所承载的自然资源、生态功能和文化价值实施长期保护的陆域或海域。国家公园在当前中国自然保护地体系中占主体地位，是自然保护地最重要的类型之一。与其他自然保护地相比，国家公园必须满足三方面条件：一是国家代表性，指生态系统、生物多样性富集程度、生物物种和自然景观都应具有国家象征，保护具有全球或国家层面的价值；二是生态重要性，国家公园内生态系统具有完整性和原真性，是自然生态系统中最重要、自然景观最独特、自然遗产最精华的大范围保护地；三是管理可行性，国家公园内自然资源资产产权以全面所有为主体，保护管理基础好，能为国民素质教育提供更多机会。[2] 当前的国家公园要将碎片化

---

[1] 《国家公园空间布局方案》，2022 年 12 月，http://www.gov.cn/xinwen/2022-12/30/content_5734221.htm，最后访问日期：2023 年 1 月 7 日。

[2] 国家发展和改革委员会社会发展司：《国家发展和改革委员会负责同志就〈建立国家公园体制总体方案〉答记者问》，《生物多样性》2017 年第 10 期；唐小平等：《中国自然保护地体系的顶层设计》，《林业资源管理》2019 年第 3 期。

的自然保护地整合起来，完整保护大范围的生态系统和大尺度的生态过程，同时兼具科研、教育、游憩等综合功能。与原来相比，国家层面设立的国家公园管理只会更加严格，管理事权上升为最高的国家事权。应成立统一管理机构（甚至跨地区）承担国家公园自然保护地管理职责，解决长期存在的"九龙治水"的问题，彻底摆脱多部门多头管理而实质上管理主体不明确、管理不到位的困境。① 国务院发展研究中心研究认为，在中国国家公园建设中，"统一"是重要的改革目标，即通过建立国家公园体制，实现重要保护地的空间整合和体制整合，将保护地的管理从形式和内容上统一起来。

二　环境正义的理论与实践研究

在环境正义理论发展过程中，学者一方面通过学理性研究丰富其理论内涵，一方面通过经验性实践提升其解决现实世界问题的能力。②

（一）环境正义的理论概念

环境正义一般有两层含义。首先，环境正义作为一种"运动式"环境群体活动，指代地区性和全球性的环境保护主义运动；其次，环境正义是一种探索环境问题的分析方法，环境正义概念框架被用来对环境问题进行社会科学探究。

1. 环境正义理论化——超越社会公平正义理论

环境正义概念产生于美国环境保护主义运动，逐渐成为环境社会行动和环境政治抵制活动的重要话语，直至今日依然通过话语引领环境群体活动。20 世纪 70 年代至 80 年代，美国少数族裔、弱势群体通过反抗性群体活动，反对政府在环境污染方面做出的非公正安排，进而反对种族歧视现象。③

①　唐小平、栾晓峰：《构建以国家公园为主体的自然保护地体系》，《林业资源管理》2017年第 6 期。

②　王韬洋：《环境正义的双重维度：分配与承认》，华东师范大学出版社，2015，第 9—13 页。

③　A. Szasz, *Ecopopulism: Toxic Waste and Movement for Environmental Justice* (Minnesota: University of Minnesota Press, 1994), pp. 51-52.

如果说地区性环境保护主义运动起源于美国，那么全球性环境保护主义运动涉及范围更广，也更为复杂，如全球气候变暖引发的气候正义讨论、生物多样性丧失引发的保护正义讨论，以及全球以环境正义为目标的社会公平正义运动。①

由西班牙巴塞罗那自治大学环境科学与技术研究所开发的网络版"环境正义全球地图集"（EJAtlas-Global Atlas of Environmental Justice），全面记录了全球围绕环境问题的社会正义冲突和运动。该地图集旨在收集世界各地为环境正义而斗争的故事，截至 2020 年 10 月，已经收集了 3331 起环境抗争与冲突事件。地图集的可视化界面，使这些运动更引人注目，并提醒全球各有关机构需承担的责任。该地图集试图作为一个虚拟空间，让那些致力于解决环境正义问题的人获得信息，找到其他致力于解决相关问题的活动小组，并增强环境冲突的可见性。②

正义是一个很难定义的概念，人们对正义的理解也各不相同。社会公平正义学家倾向于在一定的社会规范的基础上发展和定义公平正义的普遍原则，探索它们对具体情况和问题的适用性。③ 从 18 世纪的边沁到 19 世纪的穆勒，功利主义正义理论强调对个人自由权利的保护，要让人生乐最多、苦最少，以满足功利的最大化，所以正义是要满足"最大多数人的最大幸福"。④ 20 世纪最具影响力的政治哲学家——约翰·罗尔斯，在其最知名著作《正义论》中提出了正义的两个基本原则：一是"平等原则"，即法律面前人人机会均等；二是"差别原则"，即要考虑到不平等现象的存在，进而创造平等。也就是说，如果存在不平等，那么福利应该流向最弱势的群体，要允许不平等在有利于穷人时是正当的。⑤ 罗尔斯提倡的是

① 侯文蕙：《20 世纪 90 年代的美国环境保护运动和环境保护主义》，《世界历史》2000 年第 6 期。
② 环境正义全球地图集网址：https：//ejatlas. org/，2020 年 10 月数据。
③ R. Holifield, J. Chakraborty, G. Walker, eds., *The Routledge Handbook of Environmental Justice* (London：Routledg, 2017).
④ 约翰·穆勒：《功利主义》，徐大建译，商务印书馆，2019。
⑤ 约翰·罗尔斯：《正义论》，何怀宏、何包钢、廖申白译，中国社会科学出版社，1988；D. Bell, "Environmental Justice and Rawls' Difference Principle," *Environmental Ethics* 26 (2004)：287-306。

一种自由主义正义理论的观点，旨在通过正义原则式设定以及道德正义、政治正义等达到绝对正义。① 罗尔斯作为自由主义正义论者，他的理论思想和论述遭到许多学者或学派的批判。

以诺奇克为代表的自由至上主义对罗尔斯提出了尖锐的批评，指出遵循罗尔斯的两条正义原则是根本不可能的，差别原则允许不平等的存在，这与平等原则是相互冲突的。罗尔斯的正义理论是乌托邦的，两个原则之间存在内部矛盾。诺奇克推崇让人们享有平等的自由，不能对个人财产施加任何限制，所以罗尔斯差别原则的实施则是在减少个人自由。② 以桑德尔为代表的社群主义强调国家、家庭和社区的价值，批评罗尔斯正义原则对个人主义的崇拜。诺贝尔经济学奖获得者阿马蒂亚·森（Amartya Sen）在《正义的理念》中也驳斥罗尔斯，认为不存在绝对的公正，不应该停留在抽象的公正制度和规则上，而要更关注现实生活中如何减少明显的不公正问题。③ 杨（Young）、西科（Sikor）等学者也批判了罗尔斯等自由主义社会公平正义理论家，认为在发展中国家难以应用规范性社会公平正义理论。大部分发展中国家之所以形成了根深蒂固的经济、政治和文化不平等现象，是因为殖民主义对这些国家的历史影响，应积极探索真正的不平等障碍是什么以及如何克服它们。④ 因此，如何超越社会公平正义理论或者与社会公平正义理论进行对话成为环境正义理论学家的重要工作。

随着 20 世纪 60 年代以来全球环境恶化问题所引发的关注与讨论，来自环境科学、社会学、政治学、人类学等多学科科研工作者，也包括环保主义活动家，着手从社会公平正义理论切入，超越环境保护主义运动的经验性研究，把环境正义理论概念化。多布森（Dobson）主编的论文集《公平与未来：环境可持续与社会正义》将社会正义与环境可持续联系起来，认为至少在三种情况下社会公平正义理论可以与环境可持续对话：第一，追求环境可持续的政策往往具有分配的内涵，应该用社会公平正义分配理

---

① 杜宁：《从伦理角度看罗尔斯的〈正义论〉》，《现代交际》2018 年第 21 期。

② 罗伯特·诺奇克：《无政府、国家和乌托邦》，姚大志译，中国社会科学出版社，2008。

③ 阿马蒂亚·森：《正义的理念》，王磊、李航译，中国人民大学出版社，2012。

④ I. Young, *Justice and the Politics of Difference*（Princeton：Princeton University Press, 1990）. T. Sikor, ed., *The Justices and Injustices of Ecosystem Services*（London：Earthscan, 2013）.

论来衡量政策的有效性；第二，从美国环境保护主义运动可以看出，为正义而斗争与为环境可持续而斗争具有一致性；第三，对环境可持续来说，最重要的是要"可持续地保存什么"（what is to be sustained），而社会正义最关注的是分配公正问题，也就是"分配什么"（what is to be distributed）。①从这个角度来说，环境可持续就是要求我们思考如何将环境"善物"保存至未来，而社会公平正义理论就是要我们思考在现在和未来如何分配环境"善物"。由此可以看出，环境可持续与社会公平正义理论两者是可以对话的，这也是环境正义的概念理论化。

2. 环境正义理论的多维度发展

犹如温茨（Wenz）所说："我们需要一个多元的环境正义理论。"②应在多元主义的社会应用多元正义观的理论理解和解释社会事实，并验证差异和重叠。分配问题是社会公平正义理论讨论的核心，然而仅从分配正义的角度已经不能完整把握正义的全部内涵，学者开始关注多维度的正义理论。

在社会公平正义学者中，南茜·弗雷泽（N. Fraser）尤为突出。弗雷泽是美国当代著名的政治哲学家、批判理论及新马克思主义女性主义的重要代表人物。弗雷泽正义理论发展经历了两个阶段。第一阶段是20世纪末苏联解体和东欧剧变。她围绕再分配与承认之间的关系发表了大量成果，包括著名的《再分配，还是承认？——一个政治哲学对话》。她认为再分配与承认作为正义的两个诉求是相互独立且不可跨越的，而参与公正是再分配和承认的基础。③第二阶段是进入21世纪，弗雷泽着眼全球化世界的研究，通过分析全球化对正义的影响，将正义理论由再分配与承认两个维度扩展到三个维度——再分配、承认、代表权。她在《正义的尺度——全球化世界中政治空间的再认识》中对正义理论进行了一元多维讨论，分别指正义的经济（再分配）、正义的文化（承认）和正义的政治（代表权）

---

① A. Dobson, ed., *Fairness and Futurity: Essays on Environmental Sustainability and Social Justice* (Oxford：Oxford University Press, 2002), pp. 1–18.

② 彼得·S. 温茨：《环境正义论》，朱丹琼、宋玉波译，上海人民出版社，2007。

③ 鲁春霞：《南茜·弗雷泽正义理论研究》，光明日报出版社，2012。

三个方面，并认为正义的主体应该是受到制约的所有人。① 弗雷泽提供了正义理论的全面框架，获得了全球的广泛关注，也极大地影响了环境正义理论框架的构建。

施朗斯伯格（Schlosberg）通过研究美国环境保护主义运动，认为人们所要求的正义实际上有三个方面：分配环境风险、参与创造和管理环境政策的政治进程、承认受影响社区参与者和经验的多样性。② 部分学者也提出，环境正义理论不应该止步于三个正义维度。梅勒妮（Melanie）等的研究指出，评估某个政策项目的社会影响和公正性，不仅需要跟踪执行的过程和结果，还需要调查初始的社会情境条件，也就是研究在起始位置是否存在不公平。因此，有关政治、社会、历史、文化等情景性理由应该被提前评估和研究，情景性正义（contextual justice）应该作为环境正义的一个维度。③ 正义的原则必须在相关文化的背景下，参照指导行动者的信仰、实践和制度来理解。④ 生态正义（ecological justice）指人们如何公正地看待或尊重非人类物种以及生态环境对下一代的责任。生态正义被认为是一种对人类与自然关系的集体思考，可以作为分配正义和程序正义的条件或情景。⑤ 生态正义拓宽了社会正义的视野，纳入了对自然本身正义的考量。尽管如此，有的学者仍坚持认为生态正义与认同性正义重叠，"动物的生存权利在某些文化中也会得到充分的承认"。⑥ 马丁（Martin）认为，生态

① 南茜·弗雷泽、阿克塞尔·霍耐特：《再分配，还是承认？——一个政治哲学对话》，周穗明译，上海人民出版社，2009；南茜·弗雷泽：《正义的尺度——全球化世界中政治空间的再认识》，欧阳英译，上海人民出版社，2009。

② D. Schlosberg, "Reconceiving Environmental Justice: Global Movements and Political Theories," *Environmental Politics* 13 (2004) 517-540.

③ M. Mcdermott, S. Mahanty, K. Schreckenberg, "Examining Equity: A Multidimensional Framework for Assessing Equity in Payments for Ecosystem Services," *Environmental Science & Policy* 33 (2013): 416-427.

④ N. Pelletier, "Environmental Sustainability as the First Principle of Distributive Justice: Towards an Ecological Communitarian Normative Foundation for Ecological Economics," *Ecological Economics* 69 (2010): 1887-1894.

⑤ C. L. Parris et al., "Justice for All? Factors Affecting Perceptions of Environmental and Ecological Injustice," *Social Justice Research* 27 (2014): 67-98.

⑥ A. Martin et al., "Whose Environmental Justice? Exploring Local and Global Perspectives in a Payment for Ecosystem Services Scheme in Rwanda," *Geoforum* 54 (2014): 167-177.

正义只是承认了个体之间对自然界有着不同的正义概念，反映了不同的认识世界的方式，不能决定什么是公正或不公正。①

能力理论是一种基于权利的思想，将正义定义为满足个人（或集体）追求其价值目标的需求阈值，该思想在环境正义理论体系讨论中越来越具有影响力，被认为应该成为分析框架的一部分。② 正义并不是确保人们拥有相同的东西，而是确保某些基本的需求阈值得到满足。阿马蒂亚·森提出根据个人拥有的能力或实质自由（substantive freedom）来考虑门槛。森把"一个人为实现有意义的目标所必须具备的功能组合"作为基本能力，比如教育，其与各项人类福祉息息相关。③ 森的创新在于把人们的注意力引向个体，要求社会和政府关注每个人对基本能力的不同需求。努斯鲍姆（Nussbaum）认为能力是一个人的内在能力和他们所处的外部社会及政治环境的结合。努斯鲍姆列出了 10 种核心能力，用以评估个人公平正义需求阈值，如社会权利，公民要行使投票权，首先必须承认他们是某政治团体的一员，并拥有最低程度的教育、信息、安全和经济资源。④ 此外，能力理论还扩大了正义主体的范围，超越了自由主义者对个人的关注，认识到群体（如有集体认同的社区）也可以拥有能力，享有集体权利。⑤

3. 环境正义的伦理原则

环境正义是一个多维度的理论框架，是一种整体理解和把握自然资源冲突复杂性、理解环境伦理的概念，是引导我们做出权衡取舍的途径。⑥

---

① A. Martin, S. McGuire, S. Sullivan, "Global Environmental Justice and Biodiversity Conservation," *The Geographical Journal* 179（2013）：122-131.

② D. Schlosberg, "Theorizing Environmental Justice: the Expanding Sphere of a Discourse," *Environmental Politics* 22（2013）：37-55. D. Schlosberg, D. Carruthers, "Indigenous Struggles, Environmental Justice, and Community Capabilities," *Global Environmental Politics* 10（2010）：12-35.

③ 阿马蒂亚·森：《以自由看待发展》，任赜、于真译，中国人民大学出版社，2002。

④ M. Nussbaum, *Creating Capabilities*（MA：Belknap Press, 2011）.

⑤ A. Martin, A. Akol, N. Gross-Camp, "Towards an Explicit Justice Framing of the Social Impacts of Conservation," *Conservation and Society* 13（2015）：166-178.

⑥ H. Svarstad, T. Benjaminsen, "Reading Radical Environmental Justice through a Political Ecology Lens," *Geoforum* 108（2020）：1-11.

大多数正义理论家都自称多元主义者，他们接受了各式各样的伦理观念。①
在不同的语境下讨论正义会有不同的结果，这反映了人类所推崇的价值的
一些面向，② 这些正义价值面向基于的伦理原则主要有如下几点。

责任原则（duty-based principles）的正义观认为最重要的是正义的意图
而不是结果。人类做出正义与否选择的依据是我们的责任是什么，重要的
是我们要尽自己的责任做正确的事。③ 功利主义原则（utilitarian principles）
更关注正义的结果而不是意图、动机或手段，它有时被描述为一种"结果
主义伦理"。功利主义是 19 世纪末流行于英国和欧洲大陆的自然主义的政
治哲学观。边沁、密尔等都以追求最大化全体民众的福利总和为目标，认
为可以容忍人与人之间分配的不平等。④ 差别原则是罗尔斯正义第二原则，
其伦理核心在于差别是被允许的，决策中要先找到境况最差的人，然后最
大化他的福利。⑤ 森指出了罗尔斯差别原则的弊端：提高境况最差的人的
福利不会增加全社会的福利之和，原先第二差的会变成最差的。然而，罗
尔斯认为社会接着要提高第二差的人的福利，由此往复，最终社会必然达
到完全平等的分配。平等主义原则（egalitarianism principle）是一种具有左
翼乌托邦色彩的道德原则，其核心思想是平等必须不分种族和不分性别，
所以政府的政策不能因为个人的性别、种族和宗教信仰而有所偏袒。德沃
金（Dworkin）提出机会平等，即不仅要让所有人拥有同样多的权利和机
会，而且要让所有人都站在同一起跑线上，不受个人出身、社会环境、地
理条件等因素的制约。⑥ 德性伦理原则（virtue ethics principle）认为一个有
道德的人会做出正确的道德（正义）选择。德性起源于古希腊哲学家，苏
格拉底提出了"美德即知识"的命题，柏拉图则确立了著名的四德性说，

---

① 大卫·施朗斯伯格：《重新审视环境正义——全球运动与政治理论的视角》，文长春译，
《求是学刊》2019 年第 5 期。
② 姚洋：《作为一种分配正义原则的帕累托改进》，《学术月刊》2016 年第 10 期。
③ A. Martin, *Just Conservation, Biodiversity, Wellbeing and Sustainability* (London and New York：
Routledge of the Taylor & Francis Group, 2017), p. 11–12.
④ 姚洋：《作为一种分配正义原则的帕累托改进》，《学术月刊》2016 年第 10 期。
⑤ 约翰·罗尔斯：《正义论》，何怀宏、何包钢、廖申白译，中国社会科学出版社，1988。
⑥ 胡万钟：《个人权利之上的"平等"与"自由"——罗尔斯、德沃金与诺齐克、哈耶克
分配正义思想比较述评》，《哲学研究》2009 年第 5 期。

亚里士多德在总结前人的基础上，提出了自己的德性论，更注重理性。道德行为被认为是一个人的内在性格，即美德。①大多数德性伦理家都同意保护、热爱自然环境本身就是一种美德，缺乏对自然的关爱是我们所处的地球的生态危机的一个关键原因。所以，他们呼吁要培养关心自然的美德。②

(二) 环境正义三维理论分析框架

环境正义理论遵循不同于自由主义正义观的方法来定义和分析公平正义，不再假定普遍存在的正义概念，多维度是环境正义理论的一个重要特征。③ 施朗斯伯格的三维理论框架是当前学界普遍接受和广泛使用的理论分析框架（见图 1-1），也是本书应用的主要理论分析框架。环境正义的分配正义、程序正义、认同正义三个维度分别指向正义的经济、正义的政治、正义的文化三个方面。

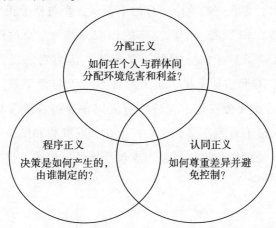

图 1-1　环境正义三维理论分析框架

资料来源：D. Schlosberg, *Defining Environmental Justice—Theories, Movements, and Nature* (New York：Oxford University Press Inc. , 2007), p. 3-11.

---

① 何良安：《论亚里士多德德性论与苏格拉底、柏拉图的差别》，《湖南师范大学社会科学学报》2014 年第 4 期。

② 罗纳德·德沃金：《至上的美德：平等的理论与实践》，冯克利译，江苏人民出版社，2012。

③ T. Sikor, ed. , *The Justices and Injustices of Ecosystem Services* (London：Earthscan, 2013), p. 6.

分配正义主要讨论个人或群体组成的利益相关者之间如何分配因环境政策或自然资源管理决策而产生的成本和收益，也就是如何分配与环境相关的利益与负担（危害）、权利与义务以及它们被分配的原则。① 分配正义不完全代表正义的经济层面，还包括政治权利、社会义务等层面的分配。公正的分配目标实现可以基于两种原则进行讨论：一是基于结果（consequence-based），现代福利经济学认为社会福利分配目标就是要实现个体效用最大化，这是一种功利主义的判断，而通过市场对社会成本和利益的有效分配，则可达到社会福利最大化的结果；二是基于规则（Rules-Based），对分配结果的判断不是基于其本身，而是基于公平规则的应用，如基于市场分配机制、生态补偿规则等。②

程序正义涉及环境治理，主要探讨决策是如何产生的以及由谁制定的。③ 关于程序是否应被视为正义的一个单独维度或是否应只被视为分配的一个决定因素，存在一些争论。有的学者认为参与性公正应该被理解为一个奋斗的目标，而不是一个可操作的标准，因为完全的民主根本不存在。④ 弗雷泽批评了只考虑分配的正义理论，认为它忽视了造成不公正的原因和过程。对弗雷泽来说，正义维度在"参与性平等"的原则下是统一的。正义需要社会安排，允许所有人以平等的身份参与社会生活。⑤ 同时，程序正义还有政治正义的意义，指在分配资源和解决争端的政治过程中的公平性。施朗斯伯格认为程序应包括承认、包容、代表和参与决策

---

① M. Mcdermott, S. Mahanty, K. Schreckenberg, "Examining Equity: A Multidimensional Framework for Assessing Equity in Payments for Ecosystem Services," *Environmental Science & Policy* 33 (2013): 416-427.

② J. Konow, "Which is the Fairest One of All? A Positive Analysis of Justice Theories," *Journal of Economic Literature* 41 (2003): 1188-1239.

③ A. Martin, *Just Conservation, Biodiversity, Wellbeing and Sustainability* (London and New York: Routledge of the Taylor & Francis Group, 2017), p.15-17.

④ D. Szablowski, "Operationalizing Free Prior, and Informed Consent in the Extractive Industry Sector? Examining the Challenges of a Negotiated Model of Justice," *Canadian Journal of Development Studies* 30 (2010): 111-130.

⑤ 南茜·弗雷泽：《正义的尺度——全球化世界中政治空间的再认识》，欧阳英译，上海人民出版社，2009。

等内容。① 本书跟随施朗斯伯格的理论，把程序正义作为一个独立的环境正义维度进行讨论。

认同正义在环境正义理论文献中，表示原住居民/土著人群的文化自觉和文化尊重。② 作为承认/认同的正义维度，认同正义一直难以被学界定义。但是在现实生活中，不公正的认同显而易见，比如对差异性缺乏尊重，比如一些人会因为性别、肤色或信仰等而受到歧视、忽视或支配。③ 弗雷泽正义理论认为，不公正源自歧视，歧视至少可以是三种机制的产物：第一，歧视源自正式的或非正式的制度所规定和分配的权利，例如，有的地方只有男性才拥有正式的土地所有权和继承权，女性被排除在土地主人行列之外；第二，歧视来自非正式的文化规范，例如，虽然土地使用权法律规定不能歧视女性，但是根深蒂固的不公正文化规范仍然导致女性比男性拥有更少的土地或者不太可能得到失去土地的补偿；第三，歧视产生于对某些知识形式给予的特权，比如认可现代科学知识体系，却不认可其他可替代的、传统的、地方性的、局部的、非正式的知识体系，也就是某些知识凌驾于其他知识之上。④

(三) 环境正义的实证研究

环境正义理论研究呈现一种多层次的、多空间的以及多方法论的发展趋势，将社会、政治、经济、空间、环境与生态进程编织在一起，覆盖了不同的环境议题。在此基础上，利用环境正义理论框架的实证性研究也非常丰富。

---

① D. Schlosberg, *Defining Environmental Justice—Theories, Movements, and Nature* (New York: Oxford University Press Inc., 2007).

② S. Vermeylen, G. Walker, "Environmental Justice, Values, and Biological Diversity: The San and the Hoodia Benefit-Sharing Agreement," in J. Carmin, J. Agyeman, eds., *Environmental Inequalities Beyond Borders: Local Perspectives on Global Injustices* (Cambridge, MA: MIT Press, 2011), p. 105–128.

③ A. Martin, *Just Conservation, Biodiversity, Wellbeing and Sustainability* (London and New York: Routledge of the Taylor & Francis Group, 2017), p. 17.

④ N. Fraser, "Social Justice in the Age of Identity Politics: Redistribution, Recognition and Participation," in L. Ray, A. Sayer, eds., *Culture and Economy after the Cultural Turn* (London: Sage, 1999).

1. 环境正义实证研究概念框架

为了有效地推动环境正义的实证研究，全球环境正义学者致力于开发可应用的环境正义分析的概念框架，如西科建立的概念框架（见图1-2）。根据长期对环境正义学理性及经验性的研究，他提出环境正义理论的具体实践可以遵循的概念框架，将维度、主体和准则三个有助于理解的概念因素作为途径来开展实证研究。该概念框架被全球范围内的环境正义实证研究广泛采用，作为开展相关研究的基础性理论准备。

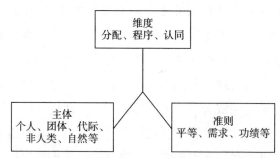

图1-2 环境正义实证研究关键概念框架

资料来源：T. Sikor et al. , "Toward an Empirical Analysis of Justice in Ecosystem Governance," *Conservation Letter* 7（2014）：524-532.

主体指受环境治理政策影响的所有利益相关者。环境正义研究对象不仅包括当代人，还包括后代人。维度指环境正义理论的各个分析方向，包括分配、程序和认同。同一问题，不同维度的涉众可能不同，比如保护区冲突问题，当地原住居民强调承认和权利，而国家机构则强调利益分享、补偿分配。准则指研究主体制定决策所遵循的伦理准则。这些准则包括平等、需求、功绩等。例如，一种自然资源的分配可以是基于平等主义的，可以是基于需求的，也可以是基于个人功利的。

2. 环境正义与人类福祉

如果自然保护不能保障穷人、妇女等脆弱人群的民生福祉，那么围绕自然资源的分配、确权、管理等都有可能造成矛盾或冲突。例如，地方性文化规范被强行取代、当地人主观幸福感受到损害。[①] 为弥合环境正义规

---

① B. Cardinale et al. , "Biodiversity Loss and its Impact on Humanity," *Nature* 486（2012）：59-67.

范性理论与实证方法之间的差距，学者们致力于研究环境正义不同维度与人类福祉之间的联系。从 20 世纪 90 年代开始，社会公平正义学家阿马蒂亚·森、努斯鲍姆等就着眼于人类福祉、能力和需求的理论性研究。[①] 马丁等对乌干达布温迪国家公园原住居民的环境正义评估，根据需求和能力理论，把环境正义各维度与人类福祉联系起来，构建了环境正义与人类福祉关系的概念框架（见图 1-3）。

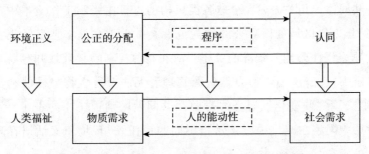

图 1-3　环境正义与人类福祉关系的理论框架

资料来源：A. Martin, A. Akol, N. Gross-Camp, "Towards an Explicit Justice Framing of the Social Impacts of Conservation," *Conservation and Society* 13（2015）：166-178.

图 1-3 理论框架使用了"能动性"这个概念来提炼一种基本能力，使人们能够"过上"他们所设想的生活，即参与是一个人的文化或知识体系得到承认的产物，而这反过来又决定了分配结果。公正分配的目的之一就是通过干预措施，努力帮助那些未达到基本需求阈值的人获益。社会需求所体现的能力阈值也是一样的，即弱势群体应具有与其他人一样的"社会机会"，按照他们自己的社会结构和文化习俗中所重视的要素自由行动。程序被认为是分配和认同结果的先决条件，程序正义成为决定分配正义和认同正义的关键因素。[②] 分配正义满足人类福祉的物质需求，认同正义满足人类福祉的社会文化需求，程序正义是人类能动性的体现。环境正义的目的是使人类过上值得的生活，人类福祉才是正义保护的核心。这种对多元主义的承诺拒绝用功利主义的方法来评估正义，赞成以权利、需求等为

① G. A. S. Edwards, L. Reid, C. Hunter, "Environmental Justice, Capabilities, and the Theorization of Well-Being," *Progress in Human Geography* 40（2016）：754-769.

② G. Brock, *Global Justice: A Cosmopolitan Account*（Oxford：Oxford University Press, 2009）.

基础的方法。马丁利用基于权利的思维方式，根据满足个人（社区）福祉的阈值来构建正义，这种方法在环境正义思维中的影响力越来越大。

3. 环境正义的全球化趋势

环境正义为我们提供了一面强有力的透镜，通过它可以审视世界范围内因为环境或生态保护问题引发的冲突、反抗、和解等事件或运动。大量文献显示，全球范围内对环境正义的关注在不断增长，已经创造了一种国际政治共同体，相关表述在全球各类机构的宣言主张和工作文本中都出现过。[①] 跨国、跨区域的国际公约和规范性文本也越来越多地提及正义，比如《生物多样性公约》批准的关于获取和利益共享的《获取和惠益分享名古屋议定书》，解决弱势的自然资源管理者无法获得生物多样性利益的问题；《联合国气候变化框架公约》中"共同但区别责任"的表述，发达国家和发展中国家在减排中应该承担不同的责任。[②] 环境正义话语在环境政治中无处不在。

从环境正义全球地图集记录来看，全球环境正义问题多样且分布广泛，环境正义的话语已经横向扩展，并被参与全球化问题研究的学者和社会活动家所应用。[③] 沃克（Walker）认为环境正义的发展既是理论与框架的横向扩展，也是环境正义话题的纵向延伸，超越国界，涉及国家之间、区域之间等的关系，成为真正的全球性问题。[④] 环境正义被认为可以有效促进自然保护区生物多样性的管理，为全球社会及环保活动人士提供了一个重要舞台。[⑤] 2014 年国际学术杂志《地理论坛》（Geoforum）出版了一期特刊，以环境正义的全球化为视角，用跨学科的研究方法探讨了不同地区的环境冲突与政治经济进程之间的关系，这些政治经济进程通常被认为加

---

① G. Walker, *Environmental Justice: Concepts, Evidence and Politics* (New York：Routledge, 2012).

② A. Martin, S. McGuire, S. Sullivan, "Global Environmental Justice and Biodiversity Conservation," *The Geographical Journal* 179 (2013)：122-131.

③ D. Schlosberg, "Reconceiving Environmental Justice：Global Movements and Political Theories," *Environmental Politics* 13 (2004) 517-540.

④ G. Walker, "Beyond Distribution and Proximity：Exploring the Multiple Spatialities of Environmental Justice," *Antipode* 41 (2009)：614-636.

⑤ N. Dawson, A. Martin, F. Danielsen, "Assessing Equity in Protected Area Governance：Approaches to Promote Just and Effective Conservation," *Conservation Letters* 11 (2018).

速了环境不公的产生。①

全球环境正义研究促进了环境正义学者在全球环境政治研究方面与国际政治经济学研究进行接触和实质性交流。政治生态学研究经常与发展中国家的背景联系在一起,② 许多环境正义学术研究也越来越多地关注发展中国家的环境保护主义运动。环境正义的全球化话题为学者们提供了新的研究舞台,正义诉求的多元性和全球化知识生产的不公平性,促使学者们反思自己所研究的案例的全球位置。

(四) 国内环境正义相关研究

国内有关环境正义的研究大部分是从环境伦理学、环境法学、环境哲学等方面展开讨论的。曾建平从中国视角分别剖析了国际环境公正、族际环境公正、域际环境公正、群际环境公正、性别环境公正、时际环境公正六个大问题;③ 有的学者从环境伦理学视角,讨论了环境公正行为的伦理系统;④ 郭琰强调环境正义是一个集分配正义、参与平等和承认政治于一体的系统概念;⑤ 许多学者从管理学、环境法学的视角,讨论了环境正义与中国农村环境保护问题,认为农民环境权问题本质上是环境正义问题。⑥总体上看,国内生态环境恶化的现实以及生态文明建设的大背景赋予了环境正义研究非常大的研究范围,但国内环境正义的概念定义仍较为局限,⑦与环境正义的经验性研究存在一定的断裂。

目前环境正义理论还没有被广泛应用于国内民族学、人类学讨论的范畴。少部分研究成果包含了环境正义的理念。景军以我国西北地区一个村

---

① T. Sikor, P. Newell, "Globalizing Environmental Justice?" *Geoforum* 54 (2014): 151-157.
② S. Pooley, M. Barua, W. Beinart et al., "An Interdisciplinary Review of Current and Future Approaches to Improving Human-Predator Relations," *Conservation Biology* 31 (2017): 513-523.
③ 曾建平:《环境公正:中国视角》,社会科学文献出版社,2013。
④ 刘湘溶、张斌:《环境正义的三重属性》,《天津社会科学》2008 年第 2 期;张斌:《环境正义德性论》,《伦理学研究》2010 年第 2 期。
⑤ 郭琰:《中国农村环境保护的正义之维》,人民出版社,2015。
⑥ 李淑文:《环境正义视角下农民环境权研究》,知识产权出版社,2014;刘海霞:《环境正义视阈下的环境弱势群体研究》,中国社会科学出版社,2015。
⑦ 张也、俞楠:《国内外环境正义研究脉络梳理与概念辨析:现状与反思》,《华东理工大学学报》2018 年第 3 期。

庄的环境抗争过程为案例开展了人类学调查研究，把地方性知识与农民生态环境意识连接起来。① 司开玲通过福柯的"审判性真理"在具体情境中的实践和操作，开展了对南方某村的人类学调查，探讨了农民环境抗争的意义。② 包智明等研究基于民族地区矿产资源、土地资源、水资源等问题案例，分析了民族地区环境公正问题的原因，认为与政府西部大开发在资源开发、环境保护与社会发展之间的失衡有关。③ 更多的研究应该超越关于环境正义的学科限制，超越环境正义的严格定义，通过更丰富的研究视角、思路及方法来思考及解决当前复杂的环境与社会问题。

三　文化与生态系统

越来越多的国内外研究认为，在自然资源管理中，特别是处理保护与发展等问题时，要寻求超越物理性解决方案和技术性修复路线的方式，将文化、社会关系、知识和权利等因素纳入思考和实践，因为地方性知识在维持自然生态系统完整性和可持续发展方面有特殊的作用。

（一）文化与生态系统的关系

生态人类学的生态保护思想立足于人与自然共同构成的整体复杂系统，探讨在人类文化不断调节并适应生态环境的过程中，人类与生态环境相互影响的实践、特点和规律等。美国人类学家斯图尔德（Steward）以考古学和民俗志为依据，将生态学观点引入人类学研究领域，他将文化视为适应环境的方法，研究分析单元从人类学的文化转向人类文化影响下的生态种群。④ 进入 20 世纪 80 年代后，人类学家的研究更注重对现实的关怀，将人、文化、环境作为一个整体纳入大的生态社会系统中进行研究，赋予自然更明

---

① 景军：《认知与自觉：一个西北乡村的环境抗争》，《中国农业大学学报》2009 年第 4 期。
② 司开玲：《知识与权力——农民环境抗争的人类学研究》，知识产权出版社，2016。
③ 包智明、石腾飞等：《环境公正与绿色发展——民族地区环境、开发与社会发展问题研究》，中央民族大学出版社，2020。
④ 朱利安·斯图尔德：《文化变迁论》，谭卫华、罗康隆译，贵州人民出版社，2013，第26—28 页；罗康隆、吴寒婵、戴宇：《中国生态民族学的发展历程：学科背景与理论方法》，《青海民族研究》2022 年第 1 期。

确的文化维度，强调环境是文化的建构，更多地揭示生态与文化表现出的互动性。① 范可认为，在过去，生态于人类是外在的、与文明无关的存在，随着权利意识的强化，生态环境已经不仅仅是外在的物理性存在，而是与人类生存相关的具体的外在条件。②

杨庭硕等学者在《生态人类学导论》中对文化与生态系统的关系做了较为深入的探讨：生态系统对人类的作用是无法被替代的，人类文化通过生物性适应和文化性适应不断调试与生态环境的关系，其中，文化的整体性、功能性、习得性等属性与生态环境的运行有较为直接的关系，生物多样性与文化多元并存且相互关联。③ 廖国强、关磊对文化与生态系统关系下的生态文化概念展开研究，形成了两种观点：其一是将生态文化视为一种人类应当采取的新的文化形态，以区别于以资源破坏和环境污染为代价的传统文化，如普遍认为的人类文化发展从传统文化、农耕文化、工业文化等向生态文化转变，生态文化适应和顺应自然规律，促进人与自然的协同发展；其二则是从人类文明演进的角度，将生态文化视为一个历史范畴或文化的有机组成部分，认为生态文化是一种思维方式、价值观，是人类在遭遇了环境问题压迫后做出的新的文化选择。④

（二）文化嵌入生态系统治理

生态系统治理项目的实施常常受到许多社会文化因素的影响。研究发现，在生态补偿项目中，如果生态系统服务的提供方已具有的社会文化心理是鼓励和强化保护，那么他们在生态补偿计划中相应会主动承担更多的保护和管理责任，相比制度性强化保护更有效。如果作为生态补偿方案的获益方已有的地方法律责任或传统文化是保护自然资源，再给予其生态补偿，保护者就会自愿地保留更多的土地用于自然保护区建设，生态补偿项

---

① 余达忠：《自然与文化原生态：生态人类学视角的考察》，《吉首大学学报》2011 年第 3 期。
② 范可：《人类学视野里的生存性智慧与生态文明》，《学术月刊》2020 年第 3 期。
③ 杨庭硕等：《生态人类学导论》，民族出版社，2007，第 65—71 页。
④ 廖国强、关磊：《文化·生态文化·民族生态文化》，《云南民族大学学报》2011 年第 4 期；廖国强：《中国少数民族生态观对可持续发展的借鉴和启示》，《云南民族学院学报》2001 年第 5 期。

目实施将不会遇到太多的阻力。但是，如果当地居民并没有保护自然生态系统的法律责任、文化或习惯法，生态补偿计划就需要加大强制执法力度。[①] 森林的生产功能可能导致森林被开发和砍伐，而森林的文化和精神功能则拯救了许多森林，在这些地区开展生态补偿项目也相对容易并可以取得积极效果。因此，在制定生态补偿具体措施时，应有意识地更多考虑人们的文化和精神需求，这有助于实现森林资源的可持续利用与人类社会的积极发展。[②] 比如中国退耕还林生态修复治理工程实践，案例研究发现，作为项目实施主体的各级政府建议种植的树种与当地农民通过传统知识选择种植的树种相比，并没有大幅度提高森林覆盖率，这是政策推荐树种选择不当以及难以管理造成的后果。如果生态补偿项目能够确保当地农民积极主动参与，尊重和吸收当地居民传统知识中树种的选择或良好传统管理方式，会提升退耕还林工程的生态效果。[③] 文化因素在自然资源管理实践中塑造着参与者的共同理解和共同认识，并影响着行动者的策略选择。村规民约、社会认同、历史渊源等文化因素在引导村级自然资源采集者和管理者、指导自然资源市场交易的买方和卖方获取相关资源及市场中起到了重要作用。[④]

（三）民族生态文化与自然圣境

中国学者从少数民族生产生活领域、制度文化领域、宗教文化领域、生态伦理观等方面对各地区不同少数民族的生态观念和生态行为进行研究。[⑤] 许多少数民族拥有与生态环保理念相关的生态伦理意识和概念，包括生产生活方式、图腾崇拜、创世神话等。特有的民族生存方式孕育着特有的民族生态意识，而这种特殊的生态意识又体现出民族对待自然特有的

---

① K. M. Chan et al., "Where Are Cultural and Social in Ecosystem Services? A Framework for Constructive Engagement," *Biology Science* 62 (2012): 744-756.

② 包刚升：《反思波兰尼〈大转型〉的九个命题》，《浙江社会科学》2014 年第 6 期。

③ 何俊：《当代中国生态人类学》，社会科学文献出版社，2018，第 73—91 页。

④ 何俊：《当代中国生态人类学》，社会科学文献出版社，2018，第 13—33 页。

⑤ 廖国强、何明、袁国友：《中国少数民族生态文化研究》，云南人民出版社，2006。

方式。① 研究认为，生物多样性是文化多样性形成的基础，而文化多样性可以丰富并保护生物多样性。保护生物多样性首先要保护民族地区的文化多样性，要将民族传统文化中的有益成分用于生态环境的保护和生物资源的可持续利用。② 张桥贵认为，传统的原始宗教文化在加强生态保护等方面也发挥着不可替代的重要作用，我们应该珍视和发掘传统宗教的现代价值。③

《森林树木与少数民族》一书通过案例研究，阐述了云南少数民族中普遍的森林生态伦理观、宗教文化中的森林生态观、植物文化、林地经营技术文化、生态保护乡规民约等。如彝族的祭山，傣族的"禁猎鸟"与"禁伐"，傈僳族的"封泉"习俗，哈尼族的梯田文化，哀牢山区爱尼人的"孝神树""祭竜山"，宁蒗摩梭人、普米族的山林崇拜与祭祀，白族的"风水"习俗，等等。④ 少数民族生态文化对森林资源的管理包括对森林资源的保护（对森林、树种、幼苗、古树等的保护）、对森林资源的培育（植树造林、绿化环境、营造特用林）、对森林资源的合理利用（分类管理、林间耕作）、对森林经营活动的约束影响。⑤ 布朗族的龙山传统对生物多样性的保护做出了积极贡献，通过保护热带雨林结构的完整性，进而保护了很多珍稀动植物，不捕猎、不采集的禁忌保护了动植物珍稀物种。⑥ 郑晓云对傣族的长期研究认为，傣族形成的水文化特征，包括传统水观念、与水有关的社会生活习俗、水资源保护的制度规范等，对当地保护水环境发挥了重要作用。⑦ 麻国庆、张亮在对内蒙古的研究中指出，蒙古族的游牧传统和在此基础上形成的民间环境知识是数千年来维系内蒙古草原

---

① 李本书：《善待自然：少数民族伦理的生态意蕴》，《北京师范大学学报》2005年第4期。
② 薛达元：《论民族传统文化与生物多样性保护》，载中国科学技术协会编《第十六届中国科协年会——开放、创新与产业升级论文集》，2014年5月。
③ 张桥贵：《云南少数民族原始宗教的现代价值》，《世界宗教研究》2003年第3期。
④ 云南省林业勘察设计院编，何丕坤、於德江、李维长编著《森林树木与少数民族》，云南民族出版社，2000。
⑤ 张慧平等：《浅谈少数民族生态文化与森林资源管理》，《北京林业大学学报》2006年第1期。
⑥ 吴兆录：《西双版纳勐养自然保护区布朗族龙山传统的生态研究》，《生态学杂志》1997年第3期。
⑦ 郑晓云：《傣族的水文化与可持续发展》，《思想战线》2005年第6期。

生态的关键因素，而当前内蒙古严重的沙漠化等问题则是由游牧向定居的经营方式变革过程中民间环境知识的废弃造成的。① 研究发现，各个少数民族都有利用特有方法和技术进行生产生活的实践，地方性知识的应用提高了生产力水平，具有特殊的智慧，反驳了目前普遍认为的只有正规现代技术才能带动少数民族地区提高生产力和经济效益的认识。②

自然圣境也被称为文化景观保护地，是以传统文化为依托，以保护自然生态系统中的动植物及生态服务功能为目的，由原住民族和当地人公认的赋有精神和信仰文化意义的自然地域。神山、圣山、圣湖、圣林、龙山、动植物崇拜、道教圣山、佛教圣山等都是自然圣境的名称，地处不同地区，属于不同民族。1992 年，美国弗吉尼亚大学召开的学术会议首次讨论并统一命名了自然圣境一词。③

自然圣境的相关研究始于 20 世纪 80 年代，包括中国、印度、英国、美国等国家开展了相关的调查研究。中国科学院昆明植物研究所裴盛基等学者，开启并推动了中国关于自然圣境的研究，特别是提出保护西双版纳最大的自然圣境——竜山。2008 年，世界自然保护联盟与联合国教科文组织联合发布《自然圣境——保护地管理指南》，确定自然圣境的 4 项管理原则和 45 项管理指南。中国科学院昆明植物研究所民族植物学团队对云南7 个自然圣境进行了调查研究，这些自然圣境代表氐羌、百濮、百越、苗瑶和汉民族等 5 个不同民族族群传统自然圣境文化。④ 研究发现：在自然圣境的特殊区域，"文化物种"普遍存在，如神树、神田内保护的树种、稻种等；自然圣境是当地社区和村民精神文化寄托与表达的重要场所，是不可或缺的传统文化，自然圣境也是村民进行动植物保护教育的生动课堂，许多有关动植物和森林的知识是从自然圣境获得的；自然圣境的生态

---

① 麻国庆：《草原生态与蒙古族的民间环境知识》，《内蒙古社会科学》2001 年第 1 期；麻国庆、张亮：《进步与发展的当代表述：内蒙古阿拉善的草原生态与社会发展》，《开放时代》2012 年第 6 期。

② 何俊：《当代中国生态人类学》，社会科学文献出版社，2018，第 10~17 页；J. Xu, D. R. Melick, "Rethinking the Effectiveness of Public Protected Areas in Southwestern China," *Conservation Biology* 21（2007）：318-328。

③ 裴盛基：《自然圣境与生物多样性保护》，《中央民族大学学报》2015 年第 4 期。

④ 裴盛基：《自然圣境与生物多样性保护》，《中央民族大学学报》2015 年第 4 期。

服务功能随面积增大而显著，森林面积较大的自然圣境终年流水不断，动物增多；自然圣境在生态恢复与森林重建中发挥着重要的"基因库"作用，有效保护了乡土树种和众多的药用植物；自然圣境管理模式基本沿袭传统社区管理模式，村民自治管护，有专职人员负责，每年定期举行祭祀活动等，管理投入很少，成效显著。①

研究发现，神山文化所产生的禁忌保护着生态环境及生物多样性，同时也发挥着重要的服务功能。研究人员选取云南迪庆某行政村神山与相邻非神山，在山脚、山腰、山顶设立样方对比研究，神山的腐殖质层厚度比非神山要厚，神山的乔木等优势种数比非神山要多，神山的森林群落水平及垂直结构也更加完整。这表明，神山在当地藏民的保护下，保留了更多高大的乔木树种和优质的树木基因。整个神山森林系统受到了更少的人为干扰，其森林更有利于腐殖质层的形成与保护，为森林植被的恢复与发育创造了充足的有利条件。② 神山为当地提供丰富的非木质林产品，成为当地居民的重要资源和经济来源。神山文化中人与自然和谐相处、万物平等的思想深刻影响着藏族人民，进而对当地的环境和生物多样性保护起到积极作用。③

总体看来，学者们对各地区、各民族生态文化和自然圣境都进行了深入研究，然而，在当前社会文化变迁下，许多少数民族生态文化或自然圣境文化要素影响不断减弱甚至丧失，对生物多样性保护、生态系统保护、环境综合治理等产生了消极的影响。学者们都呼吁，要重视少数民族生态文化和自然圣境文化的价值，重新理解这些文化对少数民族地区可持续发展产生的积极且深远的影响，这对国家生态文明建设具有重要的现实意义。

---

① 罗鹏、裴盛基、许建初：《云南的圣境及其在环境和生物多样性保护中的意义》，《山地学报》2001 年第 4 期；A. Cuerrier et al. ， "Cultural Keystone Places: Conservation and Restoration in Cultural Landscapes," *Journal of Ethnobiology* 35 （2015）：427-449。
② 杨立新、裴盛基、张宇：《滇西北藏区自然圣境与传统文化驱动下的生物多样性保护》，《生物多样性》2019 年第 7 期。
③ 李子恒、李建钦：《云南藏区神山文化与生物多样性保护的内在逻辑研究》，《环境科学与管理》2020 年第 5 期。

四 核心概念界定

(一) 平等、公平和正义概念辨析

平等、公平、正义概念的辨析一直是哲学、法学、伦理学研究的范畴。这几个概念指向性广泛、内涵丰富，有相似处，但各自的侧重点又有所不同。平等（equality）在法学中指社会主体具有相同的发展机会，享有同等权利。[①] 平等不是绝对平均，它是人在社会生活中受到客观对待、维持其基本权利的一种概念。平等是一种评价尺度，可以通过一定的判断、评估来认定。公平（equity）既有公正、公道的含义，也有平等、相等、均等的含义。公平所强调的是衡量标准的"同一尺度"，也就是说，要用同一尺度衡量所有的人和事，要一视同仁，防止采取不同标准的情形出现。凡是公平的事情必定是平等的事情，但是平等的事情不一定是公平的事情。正义（justice）更侧重于价值范畴，是人的主观价值判断。不同历史时期、不同阶级甚至不同的个人都有着不同的正义观。[②] 正义带有公平的内涵，是一个范畴更广且带有个人及群体立场的概念。

在英文研究文献中，环境正义（environmental justice）和环境公平（environmental equity）都被使用，有的学者认为它们之间可以互换，有的专家认为，之所以选择正义而非公平是因为正义一词越来越多地出现在生物多样性保护的公共话语中，且占主导地位。[③]马丁认为，到目前为止，依然难以在选择使用正义还是公平上进行有意义的、明确的和系统的区分。本书使用了环境正义的表述，主要原因如下。

首先，当应用于环境问题时，正义倾向于给予更广泛的保护，这在理论上可以反映所有利益相关者的信念；公平往往只适用于人类主体，但环

[①] 邹瑜、顾明总主编《法学大辞典》，中国政法大学出版社，1991。

[②] 邓玉函：《马克思主义政治哲学视阈中的政治平等研究》，中国社会科学出版社，2016，第21页。

[③] A. Martin, *Just Conservation, Biodiversity, Wellbeing and Sustainability* (London and New York: Routledge of the Taylor & Francis Group, 2017), p. 11-17.

境正义理论是能够容纳非人类利益相关者的框架。[①] 因此,正义具有将社会和生态问题结合起来的潜力,而公平往往只限于前者。其次,在空间尺度上,正义往往比公平走得更远、范围更广。环境正义考虑的不仅仅是某个特定区域的利益相关者之间分配、程序或认同的公正性问题,还考虑到全球关系[②]以及代际关系。再次,正义分析更倾向于讨论更广泛的关于不正义的方方面面。公平一词主要用来讨论社会经济利益的分配不公以及不同的利益相关者参与决策的问题。正义倾向于涉及更多的不正义问题,不仅包括分配和程序问题,还包括对文化的侵犯、歧视等问题。最后,正义这个词更多是由那些参与环境斗争运动的人士选择的。20 世纪 80 年代美国环境保护主义运动呼吁采取正义行动,这是一种强有力的形式,比呼吁公平更有说服力。

(二) 原住居民

原住民 (indigenous people),也可被译为原住居民、土著人群、当地居民等,是国际学术界常用的词语。"indigenous"(原住的)源自拉丁语,表示"本土的"或"出生在本地的"。根据其英文含义,可以追溯到部落传统权利,在一特定地区的任何已知群体、族群或社群都可以被称为"原住的"。[③] 因为"土著""土著民族"等概念有殖民地土著人群被统治、剥削、边缘化和压迫等含义,部分原住民群体起初并不支持联合国对这一概念进行定义。20 世纪后期,在全球化浪潮下,学术界和国际社会在对殖民、工业化和全球化的反思下,出于对文化多样性保护及对弱势群体权益保障的关切而提出了"原住民"概念,但并无统一和普遍接受的定义。我国有关民族或少数民族问题的正式用语中并没有"原住民"这一用法。1986 年,联合国人权委员会提议将原住民定为"在其领土上与被入侵和殖民前发展起来的社会具有历史连续性的人"。2007 年 9 月 13 日,联合国大会正

---

① D. Schlosberg, "Theorizing Environmental Justice: The Expanding Sphere of a Discourse," *Environmental Politics* 22 (2013): 37–55.

② T. Sikor, P. Newell, "Globalizing Environmental Justice?" *Geoforum* 54 (2014): 151–157.

③ 马戎:《民族研究中的原住民问题》(上),《西南民族大学学报》2013 年第 12 期。

式通过《联合国土著人民权利宣言》，指出各国政府可以根据附件和第46条自行确定"原住民"的定义。联合国这一宣言虽然没有国际法的约束力，但"在道义上和政治方面却具有巨大的影响力"。[①] 这一宣言成为各个国家设定对待原住居民的重要标准，对消除侵犯地球上原住居民的人权行为并帮助他们克服歧视和边缘化而言，是一个重要的工具。

本书根据2022年6月1日国家林业和草原局印发的《国家公园管理暂行办法》[②] 内的表述，统一使用"原住居民"一词指代这一概念。目前，联合国网站上对原住居民这一概念的描述非常宽泛："原住居民与殖民化之前的某一特定地区有着共同的历史连续性，并与他们的土地有着密切的联系。部分原住居民还维持着不同于所居住地区主流社会的社会、经济和政治制度。他们有不同的语言、文化、信仰和知识体系。"[③] 根据以上文献，本书将原住居民定义为：在自然保护地或国家公园成立以前就长期居住在这片特定区域，拥有并继承了前辈所传承下来的悠久语言、文化、信仰、实践知识体系的群体。

（三）当地社区

当地社区（local communities）是社会科学领域一个常见概念。community一词来源于古法语communauté，是联合体或有组织社会的广义术语。当地社区被定义为一群相互交流的人共享/生活的一个共同环境。这个词通常被用来指围绕共同价值观组织起来的群体，并在共同的地理位置内具有社会凝聚力，是比家庭更大的社会单位。[④] 原住居民家庭一般指在国家公园或保护区内部居住了两代人（约40年）的家庭。[⑤] 在本书中，当地社区由原住居民家庭组成，他们已经与国家公园的自然文化环境融为一体，

---

① 姜德顺：《联合国处理土著问题史概》，四川人民出版社，2012，第331页。
② 《国家公园管理暂行办法》，2022年6月，www.gov.cn/zhengceku/2022-06/04/content_5693924.htm.，最后访问时间：2022年9月。
③ 联合国网站，www.un.org/en/fight-racism/vulnerable-groups/indigenous-peoples，最后访问时间：2022年6月。
④ U. Beck, *Risk Society: Towards a New Modernity* (London: Sage, 1992).
⑤ 杨悦：《中国国家公园和保护区体系理论与实践研究》，中国建筑工业出版社，2021，第194页。

可以在国家公园内继续生活，并对他们的人居环境进行保护。而对于其他居民，则必须采取各种方式限制其在国家公园和保护区的行动。

在"自然保护"话语下，国际社区保护地联盟对"当地社区"的定义是："一个自我认同的人类群体，其集体行动有助于在漫长的时间内确定其领土和文化的方式。"① 联合国《生物多样性公约》第十次缔约方大会专家会议指出，"当地社区"指的是与其传统居住或使用的土地与水资源都有着长期联系的社区，其自然资源集体权利应该被认可。一个当地社区既可以是长期存在的（传统的），也可以是相对较新的；既可以是单一民族，也可以包含多个民族，通常通过自然繁衍、关心亲缘关系和爱护生活环境来保证其延续性。这个概念里的社区既可能是永久定居的，也可能是迁徙流动的。虽然迁徙的社区对特定地点的依恋与定居社区一样强烈，但它们通常不被人们称为"当地的"，因为这些地点可能会随季节发生巨大变化。

本书支持上述概念及内涵，"当地社区"指国家公园内部或附近地区的社区共同体，其社区建设与国家公园保护目标相协调，社区原住居民拥有相同的文化和生计传统，其土地权、财产权、文化和传统、生计活动等受到国家公园的承认。

---

① G. Reyes, Can the Recognition of the Unique Value and Conservation Contributions of ICCAs Strengthen the Collective Rights and Responsibilities of Indigenous Peoples? Manuscript Prepared for the ICCA Consortium, 2017.

第二章　香格里拉普达措国家公园的"前世今生"

国家公园，承载着保护最完整、最原真、最精华的自然生态系统的使命，而以"国家"命名，突出了国家公园在维护国家生态安全、彰显国家生态形象方面的重要意义。普达措国家公园是第一个引入国家公园理念并通过地方立法以"国家公园"名义呈现于中国的生态空间。国家大力推动以国家公园为主体的自然保护地体制建设，普达措国家公园已被遴选为49个国家公园候选区之一，正式走上了"国家级"国家公园建设道路。在这之前，普达措经历了20世纪60年代至80年代迪庆州毁林开荒、森工采伐的无序发展，直至1999年进入"天保区"才全面停止天然林采伐。此外，为解决当地各族群众深度贫困问题，20世纪末，在"国家公园"理念加持下，当地大力发展生态旅游业，普达措国家公园首先成为先行先试的旅游高地。在这一过程中，普达措国家公园不得不直面迅速发展所带来的矛盾，当然也有不断调适和"壮士断腕"后所取得的重大成就。

一　木头经济（1950—1998年）

云南迪庆藏族自治州地处横断山区，位于由怒江、澜沧江、金沙江及其流域内的山脉组成的世界自然遗产"三江并流"的核心区域，这里山高谷深、气候寒冷，属生态脆弱地带。香格里拉市原名中甸县，2001年，经批准由中甸县更名为香格里拉县，2015年香格里拉县撤县设立县级香格里拉市。香格里拉市毗邻四川稻城县、木里县、得荣县，为迪庆州府所在地，全市共有 7 个乡 4 个镇，下辖 57 个村民委员会和 6 个社区居民委员会。目前普达措国家公园全部位于香格里拉市境内。

（一）茂密的原始森林

据中国科学院横断山科学考察及相关考古调查研究，香格里拉在中生代三叠纪早期至中期普遍被海水淹没。后随着山地抬升，地形起伏，加上气候向温凉干旱变化，至新生代时期演变成高原地势，形成了以云杉、冷杉、松树为主的针叶林，由白桦、栎、松等组成的落叶阔叶林，由旱生草本植物组成的灌丛以及草原的植被形态。这样的林木种类和自然植被与今天香格里拉市境内基本一致。[①] 香格里拉森林树种与植物区系成分都十分丰富，"中甸县属丛山叠嶂，森林密布，数不胜计。其各种木材以松、杉、桧三种居多数；其余杨、柳、柏、竹居百分之三，概系天然森林，鲜人工种植"。[②] 按照《云南植被》划分标准，香格里拉地处亚热带常绿阔叶林植被区向青藏高原高寒植被区过渡地带，共有十种植被类型：亚热带常绿阔叶林、硬叶常绿阔叶林、落叶阔叶林、暖性针叶林、温性针叶林、竹林、稀树灌木草丛、灌丛、草甸、高原湖泊水生植被。[③] 植被分布南北差异明显，一般来说，海拔 4500—4700 米为垂直带雪线，有高山草甸、灌丛植被生长；3000—4200 米为亚高山、高山寒温性针叶林类型；2100—3000 米为暖温性针叶林。其中，2800—3100 米有多种温凉性针叶树种、落叶阔叶树种，与其混交构成混交林。[④]

迪庆州蕴含非常丰富的森林资源，是云南乃至西南地区的重要林区。元、明、清时期，境内森林植被处于原始森林分布区。1947 年全国森林调查称滇西北"森林茂盛、林相很好""森林面积和蓄积量极高"等。[⑤] 香

---

① 杨学光主编、香格里拉县林业局编《香格里拉县林业志》，云南民族出版社，2006，第
　　78 页。
② 和清远、冯骏、冯树勋纂修《中甸县纂修县志材料》，1937 年纂抄本。
③ 香格里拉市地方志编纂委员会编纂《香格里拉县志（1978—2005）》，第 112—113 页。
④ 杨学光主编、香格里拉县林业局编《香格里拉县林业志》，云南民族出版社，2006，第
　　80 页。
⑤ 杨学光主编、香格里拉县林业局编《香格里拉县林业志》，云南民族出版社，2006，第
　　78 页。

格里拉市也以山多、水多著称，境内大小河流达 244 条，多条汇入金沙江，生态地位十分重要。香格里拉森林资源和生物多样性都十分丰富，2005 年森林覆盖率就达 72%，远远高于云南省 40.8% 的平均水平，10 年后香格里拉森林覆盖率达到 76%，也远高于全省 55.7% 的平均值。

解放前，迪庆交通不便，林业采伐技术水平不高，经济发展水平低，林业产业基本没有发展，保存了较大面积的原始森林和森林群落结构完整的高原立体生态系统。当地长期处于封建农奴社会，中甸（香格里拉）区域，森林和土地资源权属归寺院和正户拥有，农奴没有土地。土地及森林资源管理方式主要有两种，一种是由寺院管理，一种是按"属卡"管理。按"属卡"管理则由有门户的人家和无门户的人家分别管理。有门户的是正户，就是有土地或森林的人家；无门户的是无土地的人，一般是奴隶。[①]"属卡"内设有专管森林的村官"纳伯"。资源纠纷由松赞林寺的"吹云"会议（僧俗结合的最高权力机关）处理。[②] 1950 年 5 月中甸解放后，离村寨较远的大片森林交由政府管理，但由于未进行土改，林权未作具体划分，直至 1957 年很多地区仍沿袭旧管理办法。一般来说，集体林地由社队统一管理，出售集体森林资源的活动多为集体共同进行，相对而言比较有计划性。1954 年丽江专署虽下文规定"采伐 10 棵树以下由区（今乡镇）批准，100 棵以下由县政府建设科批准，200 棵以上由省林业局批准"，但此规定仅在国家机关、企事业单位中实施。[③]

1956 年前，中甸境内没有像样的公路，森林资源的功用基本上就是满足当地农户日常生产生活，商品材采伐量极少，仅县城人向周边藏民购买少量建房木材，且价格很低。1957 年丽江至中甸通车，而后中甸—德钦公路、中甸—乡城公路相继通车，内陆有关国家机关、企事业单位开始每年到中甸县采购木材，县内各机关、学校、医院等纷纷建立，亦需要消耗木材。1957 年前，中甸乱砍滥伐行为极少。此后，因为大办工业、开办公社

① 资料来源于 2022 年 8 月 17 日对云南省社会科学院藏族专家章忠云研究员的访谈。
② 云南省中甸县志编纂委员会编《中甸县志》，云南民族出版社，1997，第 257 页。
③ 杨学光主编、香格里拉县林业局编《香格里拉县林业志》，云南民族出版社，2006，第 138 页。

食堂等，大量森林被伐作薪炭，乱砍滥伐行为遍及全县，据统计，至 1960
年砍伐森林量达 20 余万亩。①

（二）木头财政的"崛起"

20 世纪 70 年代到 90 年代末期，伴随中国经济的发展，国家加大对金
沙江沿岸林区的开发力度。作为云南最大的林区，迪庆凭借良好的自然禀
赋，大力推进天然林采伐产业，支援国家经济建设并增加地方财政收入。
1970 年后，中甸县木材商品化程度不断提高，县、乡、村相继成立各自的
采伐队伍，还相继成立了各级森工企业。如在原有县木材购销点（1974 年
成立）建立了由原中甸县林业局管理的县木材公司（1979 年成立）、迪庆
州原林业局管理的州木材公司（1977 年成立），以及洛吉乡、大中甸（今
建塘镇）、中心镇（今属建塘镇）等 8 个乡镇采育林场（1980 年后）、县
城木材供应站（1996 年）。1980 年实行家庭联产承包责任制后，农村私有
载重货车、拖拉机等运输设备增加，私人盗伐盗运木材事件屡禁不止，中
甸县出现第二次乱砍滥伐高潮。②

售卖木材可以获得高额回报，回报远远超过从传统农牧业获得的现金
收益，有些当地老百姓愿意为之铤而走险而砍伐原始森林。尽管如此，笔
者在田野调查过程中仍听说了彼时当地一些村寨老人、村干部极力阻止砍
树行为的故事。据红坡洛茸村村民讲述，当时村里有几位老人都站出来反
对村民参与这种无序砍树活动，用"砍不得""带来灾害""遭报应"等
话语规劝大家，再加上洛茸村当地交通不便，洛茸村内并没有大规模偷砍
盗伐行为。红坡一社③社队干部让村民到玛尼堆前发誓，不偷砍盗伐，由
此震慑并阻止偷木材行为。此外，社里还提高了护林员工资，并且对偷砍
盗伐的村民罚款 500—800 元不等。随着旅游业的发展，当地村民也意识到

---

① 杨学光主编、香格里拉县林业局编《香格里拉县林业志》，云南民族出版社，2006，第
196—197 页。

② 杨学光主编、香格里拉县林业局编《香格里拉县林业志》，云南民族出版社，2006，第
196—200 页。

③ 一社由红坡洛茸村、吓浪村、基吕村、次迟顶村组成，也是后来划入旅游反哺社区一类
区的四个自然村。

靠偷木材赚钱只是一时的，没有树游客也不会来，赚钱不能急功近利。

1982—1983 年中甸县划定了"两山"，集体林分到社队，但是管理中仍有偷砍盗伐行为发生。林业"三定"时，中甸县划定了三个自然保护区（哈巴雪山、碧塔海、纳帕海）为特种用途林，划出金沙江沿岸防护林、涵养林，并划定海拔 3800 米以上及远离村寨深山林地为禁伐区。[①] 值得庆幸的是，普达措国家公园碧塔海、属都湖周围的森林因道路没有修通，加上当地藏民的自然圣境信仰，森林基本没有严重损失。虽然国有林场在采伐中设有育林基金，但到 1998 年的近 20 年当中，砍伐森林的活动占重要地位，而营林和育林的活动开展得很少。[②] 当地气候严寒，海拔高，树木生长缓慢，时至今日，在普达措国家公园东环线公路两边见到的造林地，树木也只有 40—50 厘米高。

据迪庆州林草局退休干部回忆："当时无论是州、县政府还是林场，都加强了林区管理。大中甸附近就建起了六七个木材检查站，相关人员昼夜值班检查，如果发现没有砍伐手续或者手续不全的都要处理，扣押运输车辆，移交法院、公安部门。但是，管理很困难。一是处罚标准不统一，处罚因人而异，有关系的人或熟人，可能会逃避处罚。二是没有严格的管理制度或法律法规作为执行标准。虽然有采伐指标限制，但当时相关手续办理也不严格，有制度漏洞。比如，申请'次材'指标却砍伐优质木材，以好充次，在外地获得的木材砍伐指标却来本地伐木。1985 年国家颁布了《森林法》，但是迪庆落实力有限。三是财政收入压力。1998 年以前，州财政收入 80% 以上都依靠天然林采伐，突然收紧政策必然会影响迪庆发展。"[③]

过度的毁林开荒造成中甸县原始森林被大面积破坏，泥石流、山体滑坡等自然灾害频发。数据显示，长江水土流失面积从 20 世纪 50 年代的 36 万平方公里增至 90 年代初的 56 万平方公里，仅金沙江流域每年流入长江

---

① 杨学光主编、香格里拉县林业局编《香格里拉县林业志》，云南民族出版社，2006，第 124、134 页。

② 中国西南森林资源冲突管理案例研究项目组编著《冲突与冲突管理——中国西南森林资源冲突管理的新思路》，人民出版社，2002，第 250—255 页。

③ 调查时间为 2019 年 10 月 3 日，被调查人为迪庆州林草局退休干部 W，调查地点为香格里拉市。

的泥沙就达 2.6 亿吨。① 1998 年，长江、嫩江流域发生特大洪水，国家做出"全面停止长江黄河流域上中游的天然林采伐，森工企业转向营林管护"的决定，"天然林保护工程"正式实施。迪庆州自 1998 年 9 月 1 日起在全州范围内停止了一切商品性木材采伐，在关键转型期，决定把生态保护作为立州之本，全力发展以旅游业为龙头的绿色产业，实现由"木头财政"向以生态旅游、生物资源开发等为主的"生态财政"的转变。②

二　生态旅游（1998—2006 年）

1998 年长江特大洪水退去后，人们开始反思滥伐森林、过农过牧、围湖造田所造成的水土流失、土地沙化等生态破坏问题。党中央、国务院站在中华民族长远发展的战略高度，着眼于经济社会可持续发展全局，审时度势，做出了退耕还林还草的重大决策。迪庆州 1999 年在全省率先实施国家"天然林保护工程"，全面停止对滇西北金沙江和澜沧江上游天然林的采伐。然而，曾严重依赖"木头财政"来支撑地方经济的迪庆州陷入了发展困境，必须开辟新的发展途径才能发展经济、缓解贫困、改善民生，这也是当地老百姓的迫切心声。作为一个国家级深度贫困区域，迪庆州经济基础、教育水平、科技储备都比较落后，只能发挥环境和资源优势，发展环境友好型、资源非消耗型的新兴产业，如生态旅游业。正如时任州长所言："发展生态旅游是我们唯一的出路。"③在香格里拉区域发展生态旅游业也是为了适应世界旅游业发展的趋势，实施以生态环境为基础的资源节约型产业和可持续发展产业的战略。④ 普达措国家公园就是在这样的背景下应运而生的，成为寻求生态保护与社区发展、自然资源可持续管理与替代生计共同发展的试验地。起源于西方国家的国家公园理念率先在中国大

---

① 朱俊凤：《英明的决策　历史的转折——谈中国天然林保护工程》，《绿色时报》1999 年 5 月 10 日。
② 宋发荣：《香格里拉县的森林资源及其特点分析》，《西部林业科学》2008 年第 1 期。
③ 齐扎拉：《"香格里拉"保护与发展的探索及行动》，《思想战线》2001 年第 1 期。
④ 王德强（绒巴扎西）、廖乐焕：《香格里拉区域经济发展方式转变研究》，人民出版社，2011，第 135—136 页。

陆实践。

（一） 旅游带动下的绿色经济

在中央和省级机构推动自然保护区建设的同时，地方政府负责日常管理和支出。地方政府往往缺乏保护管理的动力，因为自然保护区建设难以带来收入并促进 GDP 增长。① 因此，国家和当地政府支持适当的生态旅游业发展，以推进减贫和农村发展。为了躲避城市的拥挤、嘈杂和雾霾影响，大量城市人口涌向自然景点，生态旅游成为中国旅游业发展主流。②

20 世纪 90 年代初期，随着香格里拉对外开放程度加大，国内外游客逐步增加，为香格里拉发展旅游业带来了机遇。1993 年 6 月 8 日，迪庆州第一个国有旅游企业——由原县林业局主管的 "中甸森林旅游开发公司" 在碧塔海挂牌成立。碧塔海景区开始由国有旅游企业负责运营管理，陆续修建了人马驿道、停车场、公用厕所等基础设施，并对外售票。③ 此后，迪庆州各级党委、政府加大旅游宣传力度，通过媒体向国内外力推境内景点，竭力打造 "香格里拉品牌"。从 1997 年 9 月在迪庆自治州成立 40 周年的新闻发布会上宣布 "香格里拉在迪庆"，至 2001 年 12 月 7 日国务院批准中甸县更名为香格里拉县，香格里拉知名度快速攀升，为打造当地生态旅游奠定了基础。2003 年 7 月 2 日，在联合国教科文组织于法国巴黎召开的第 27 届世界遗产大会上，云南省 "三江并流" 自然景观被列入《世界遗产名录》，其中香格里拉县的红山、哈巴、千湖山三个景区都被纳入，而普达措国家公园规划区域就位于世界自然遗产红山片区。由于香格里拉森林旅游公司管理和经营效率不佳，2000 年当地政府将碧塔海景区的经营权整体转让给天界神川发展公司。但是 2003 年 12 月，由于企业经营过程中

---

① J. Xu et al., "A Review and Assessment of Nature Reserve Policy in China: Advances, Challenges, and Opportunities," *Oryx* 46 (2012): 554-562. J. Quan et al., "Assessment of the Effectiveness of Nature Reserve Management in China," *Biodiversity Conservation* 20 (2011): 779-792.

② J. Chio, *A Landscape of Travel: The Work of Tourism in Rural Ethnic China* (Seattle: University of Washington Press, 2014).

③ 张海霞：《中国国家公园特许经营机制研究》，中国环境出版社，2018，第 59 页。

基础设施建设项目推进困难，天界神川发展公司的景区经营权被收回，遂又组建了"香格里拉县森林生态旅游有限责任公司"，2006 年改为"普达措旅业分公司"，负责普达措国家公园旅游景区的运营管理并一直延续至今。[1]

在国家公园理念进入迪庆以前，普达措当地已经自发组织起粗放型的旅游活动。虽然交通闭塞，但是依然有零散游客来到属都湖、碧塔海等景区游览，并有当地村民为其提供向导、牵马、售卖食物等服务。

> 20 世纪 80 年代起，零零散散的游客就来到我们村，请我们作为向导，带他们到碧塔海、属都湖旅游。当时到湖边没有公路，只有人自己走出来的 7—8 公里的土路，只能靠徒步或者骑马前往，游客就租我们的马匹驮行李或者自己骑。随着来的人越来越多，我们一社几个村子就开始自发地将家里的马牵出来，等待游客租。后来一社几个干部讨论，组织大家在西线开展牵马活动，1995 年洛茸村才参与进来。当时牵马收入很高，每家每户最少出 1 匹马，有些家出 3—4 匹，还要雇人来管理。旅游旺季一天可以跑几趟，跑一趟收入 25—30 元，一年一家收入可以达 2 万—3 万元。旅游旺季都牵马赚钱，偷砍木料的也少了。[2]

1998 年中甸县政府为了提升碧塔海保护区旅游业而投资修建了一条自县城到碧塔海的公路。之前，碧塔海旅游主要集中在西线，也就是当前普达措国家公园大门入口一侧。这条新修的约 30 公里的公路被称为碧塔海南线，从碧塔海经过双桥到碧塔海南部停车场，游客可以乘坐大型的旅游车到达停车场，再步行或者骑马到达碧塔海游览。自此，大量旅游团游客不再从西线进入碧塔海，转而从南线进入，南线牵马旅游项目也发展起来。南线牵马旅游项目由红坡二社[3]藏族马帮与九龙村彝族马帮

---

① 杨学光主编、香格里拉县林业局编《香格里拉县林业志》，云南民族出版社，2006，第 121 页。

② 调查时间为 2020 年 5 月 3 日，被调查人为红坡吓浪村村民 JL，调查地点为红坡村。

③ 二社由红坡吾日村、浪丁村、洛东村、扣许村、崩加顶村组成。

自发共同组织管理，收入也非常可观。公路修通后，西线游客人数骤降，对西线牵马旅游项目造成了影响。牵马及摆摊、烧烤等旅游服务经营活动的利润使当地政府和村民都受益，部分用于生态保护和当地生计发展的投资。然而，游客大量涌入，这种无序的粗放型旅游活动带来的"副作用"随即显现。

一是生态环境问题。平均每天约2000匹次马运送游客，马匹、牵马人、游客反复践踏高山草甸，对碧塔海周边生态系统造成了破坏。人畜活动造成大量排泄物进入碧塔海湖水，湖水水质富营养化明显，水质连年下降。二是森林火险等级上升。旅游旺季，为了服务每天大量的游客，当地农户在一段时间内搭建简单窝棚居住在牵马点附近，每天生火做饭成为森林火险的诱因之一。除了牵马活动，在碧塔海、属都湖周边的烧烤等经营性活动，也容易造成森林山火。三是教育问题。由于牵马的利益驱使，在旅游旺季，当地年轻人都参与往返牵马活动，不愿意去读书学习，认为靠牵马就能获得可观的收入，读书学习浪费时间还不能赚钱。笔者在田野调查期间，对30—40岁当地村民群体访谈发现，无论男女，都深刻地记着20年前参与牵马活动的疯狂场景。只要家里大人忙不过来，或者家里有几匹马要牵，年轻的他们都愿意去帮忙，甚至一段时间内住在普达措。每天想得最多的是怎么多跑几趟，多拉点客人多赚钱，学习成为次要的事情。

国家公园正式成立前，牵马活动被陆续叫停，到2007年，村民从事的与旅游相关的一些活动，包括牵马、烧烤、租借藏衣拍照等全部被禁止，公园管理部门对旅游活动实施了限制。一是为了巩固国家公园管理部门对人类活动和旅游运营的管理权威；二是为了及时停止对环境不友好的旅游项目，彻底改变过去牵马拉客、无序竞争、不顾环境影响的混乱局面。为了补助村民退出旅游服务活动的损失，相关部门对800多户家庭进行了补偿。

（二）正式引入国家公园理念

与此同时，国家公园理念正被引入滇西北并一步步尝试实践，这种新的保护地模式聚焦于解决当地生态保护与自然资源利用之间的突出矛盾，是一次开创性的有益探索。1998 年金沙江上游天然林禁伐后，迪庆州以"木头财政"为支撑的经济模式发生了根本性转变，时任政府领导希望发挥滇西北自然景观优势，通过发展生态旅游业带动地方经济社会发展，而不是依赖矿产、水电开发等对自然环境影响较大的产业。对香格里拉来说，碧塔海省级自然保护区具备了生态旅游的基础条件。但是，因为碧塔海已经属于省级自然保护区，如果继续申报国家级自然保护区，那么将会受到更严格的保护限制，所以必须探索一种既能够保护好区域内的生物多样性资源，又可以对外开放、开展生态旅游的保护地模式，而这一设想与西方国家的国家公园保护地模式相吻合。

其实早在 1996 年，云南就有学者提出按国家公园保护理念对丽江玉龙雪山进行保护地管理。1998 年，云南省人民政府与 TNC 签署了《滇西北大河流域国家公园项目建设合作备忘录》，在合作研究过程中提出了建设大河流域国家公园的构想。TNC 成立于 1951 年，是国际上最大的非营利性的自然环境保护组织之一，长期致力于在全球保护具有重要生态价值的陆地和水域，保护自然环境，提升人类福祉。2004 年，为了申报碧塔海国家级自然保护区，时任西南林学院（现西南林业大学）副校长的杨宇明教授带领团队，开展了碧塔海省级自然保护区的科学考察和规划编制工作，并提出在该地建设国家公园的构想。

1998 年，受云南省林业厅和地方政府的委托，杨宇明教授带领以西南林业大学（当时还是西南林学院）为主的科考团，对碧塔海省级自然保护区进行综合科学调查，涉及保护区的地质地貌、水文、气候、土壤、森林植被、湿地、植物动物、生物多样性等，还涉及相关社区经济、社会、林业、旅游业等多方面内容，科考队于 2001 年前后完成了调查报告。

> 1998 年后，整个迪庆州都面临保护与发展博弈的问题，我们就提出依托碧塔海自然保护区规划建设国家公园的构想，这也符合云南省政府与 TNC 签署发布《滇西北大河流域国家公园项目建设合作备忘录》的初衷。这一想法得到了时任云南省人民政府副秘书长、省政府研究室主任车志敏和时任 TNC 中国首席代表牛红卫以及时任迪庆州领

导的支持。应该说，普达措国家公园的成功建设，与时任领导们的鼎力支持是分不开的。后来在昆明滇池怡景园召开了云南方和TNC关于创建国家公园的研讨会，迪庆州政府相关领导和工作人员、云南省相关部门、我们科考团主要成员、TNC成员都参加了研讨，主要就是讨论在碧塔海、属都湖建立国家公园的可行性。当时碧塔海已经是省级自然保护区、国际重要湿地，也计划申报国家级自然保护区，但是当地老百姓发展受限，生活比较贫困。那么，通过国家公园模式是否可以破解当地经济社会发展与自然保护所面临的困境是我们讨论的主要问题。会后，我和叶文教授、TNC成员、相关政府部门一行前往九寨沟进行了考察，九寨沟国家级自然保护区生态旅游模式与在香格里拉建设国家公园无论是在理论层面还是实践层面都最接近。后来，也是在车志敏的直接推动下，几方共同开始了对普达措国家公园的科学考察和总体规划工作。当时碧塔海、属都湖是两个景区，我们在碧塔海省级自然保护区的基础上，扩大范围，把属都湖、弥里塘、尼汝片区等大面积原始森林都划入了国家公园范围，让游客感受丰富的高原生物多样性、湖泊湿地景观以及亚高山寒温带森林生态系统。①

在各级政府、高校、科研院所、非政府组织、企业的通力合作下，2005年开始，普达措国家公园的规划及建设工作，由西南林业大学杨宇明教授、叶文教授、田昆教授等代表负责的中方合作组与TNC合作协商推进。时任迪庆藏族自治州州长齐扎拉对这项工作也非常重视和支持，直接与规划组成员、相关部门就普达措国家公园规划设计中的主要内容逐一进行充分讨论与审核，并确定了用藏语"普达措"命名我国大陆第一个国家公园。迪庆藏学研究专家王晓松教授认为，"碧塔"藏文如果按照今天的音译或意译，应该是"布达"或"普陀"的含义，与浙江普陀山以及拉萨布达拉宫发音类似。按普陀胜景的解释，应是一个生态完美的胜景，香格

① 调查时间为2021年11月14日，被调查人为杨宇明教授，调查地点为云南昆明《生物多样性公约》第十五次缔约方大会会场。

里拉普达措正符合这种解释。[①]

香格里拉普达措国家公园规划坚持"生态保护优先、利用不越红线"的基本原则,处理好国家公园内民族社区传统文化的保护与可持续利用的问题,明确提出了世俗生活空间、农牧业生产空间、自然生态空间等三个规划空间的社区规划思想。2006 年,国家公园在省政府研究室的指导下,借鉴国外经验,以碧塔海省级自然保护区为依托,按照西南林业大学生态旅游学院编制的一期规划进行建设,将碧塔海自然保护区周边的属都湖湿地和尼汝片区划入国家公园范围内,保护面积由碧塔海省级自然保护区的 141.33 平方公里扩大到 301 平方公里。迪庆州人民政府将"碧塔海、属都湖景区管理局"更名为"香格里拉普达措国家公园管理局",明确由管理局对普达措国家公园资源实行"统一管理、统一规划、统一保护、统一开发"。[②] 2006 年 8 月 1 日普达措国家公园试运营,标志着中国大陆第一个通过地方立法、具备国家公园性质的保护地正式向公众开放。

在相对独立的普达措国家公园开发建设初期,由地方政府发起、非政府组织和学术界共同参与的国家公园探索之路具有科学研究先行、视野国际化、实践本土化的特点。[③] TNC 作为非政府组织,助推了国家公园保护地模式在中国的首现。与严格的自然保护区不同,TNC 所建议的国家公园遵循 IUCN 第Ⅱ类标准,即"大面积的自然或接近自然的区域,设立的目的是保护大尺度的生态过程,以及相关的物种和生态系统特性。这些自然保护地提供了环境和文化兼容的精神享受、科研、教育、娱乐和参观的机会"。[④]

1998 年,TNC 进入中国西南地区,开始了它的保护之旅。1999 年,TNC 昆明办事处成立,它积极地与中国各级政府及相关研究机构合作,在重点生态功能区和生态脆弱区保护生物多样性,促进社区绿色发展。TNC

---

① 叶文、沈超、李云龙编著《香格里拉的眼睛:普达措国家公园规划和建设》,中国环境科学出版社,2008。
② 国家林业局昆明勘察设计院:《香格里拉普达措国家公园总体规划(2010—2020 年)》,2010 年。
③ 张海霞:《中国国家公园特许经营机制研究》,中国环境出版社,2018,第 56 页。
④ Nigel Dudley 主编《IUCN 自然保护地管理分类应用指南》,朱春全、欧阳志云等译,中国林业出版社,2016。

率先将国家公园概念介绍到国内并在云南进行省级试点探索，除了普达措，还在德钦梅里雪山和丽江老君山等地开展实地示范。TNC 还在国家公园立法、组织建设、信息管理、科学调查和社区参与等方面提供了资金和技术支持。① 长期从事香格里拉普达措国家公园建设、管理工作的当地管理者介绍如下。

从 1994 年到 2005 年，我因为工作关系都在与 TNC 打交道。TNC 介绍美国驻成都领事馆领事科尔访问了中甸、德钦等地。考察访问后，科尔认为迪庆州保护得很好，并提出在迪庆州建设大河流域国家公园的设想。2005 年，时任云南省省长徐荣凯来到香格里拉，决定边试点边建设国家公园。那个时候，全国都不知道国家公园到底要怎么做，是按照湿地公园来规划，还是按照风景名胜区规划？包括后面在昆明召开的规划论证会、评审会，有很多来自林业、环保部门的专家参加，但是都不能清楚地定义国家公园到底是什么，提出了"我们云南省能做国家公园？"这样的疑问。与会领导车志敏顶住了层层压力，表示必须做成云南的国家公园。

当然，TNC 是美国的非政府组织，无论其管理运行模式还是公司性质、工作方式、工作产出，都与我们地方工作不同。比如，TNC 的一个发展项目，75%的经费都作为专家费，研究结束出具一个可行性研究报告就结项了。那个时候无论是云南省还是迪庆州，都没有多少保护发展项目资金，我们希望 TNC 能够实实在在做一些事情，比如捐赠一所学校、开展一些投资项目等。此外，TNC 提出的国家公园范围更广，希望辐射到整个迪庆州，不仅仅是普达措。但是，因为我们管理局定不下那么大的范围，而且实施起来也困难重重，所以与 TNC 就国家公园范围没有达成一致，后期相互合作就慢慢减少。但是，TCN 搭建了平台，他们组织了迪庆州、香格里拉和省里面的有关领导和工作人员到美国、新西兰、澳大利亚实地走访了西方国家运行了许多年

---

① J. A. Zinda, "Hazards of Collaboration: Local State Cooptation of a New Protected-Area Model in Southwest China," *Society & Natural Resources* 25 （2012）: 384-399.

的国家公园，考察学习当地国家公园管理经验。这段经历为未来整个迪庆的对外开放、生态旅游发展都是有贡献的。[①]

虽然 TNC 最终并没有成功实施大河流域国家公园的构想，且其工作产出与中国实际不完全匹配，但是 TNC 的保护动机赢得了中国各级政府领导人的支持，其生态保护驱动旅游产业发展的理念也被广泛接受。在香格里拉普达措国家公园创建过程中，TNC 主要在以下几个方面发挥了积极作用。

一是组织相关领导和机构人员赴国外学习考察国际国家公园管理模式。普达措国家公园创建初期，协调组织包括时任云南省省长，迪庆州、香格里拉县等相关领导，保护地管理人员及高校和科研院所的学者到美国、澳大利亚、新西兰和中国台湾考察学习国家公园的管理模式。通过考察学习，从最基层的管理人员到省、州级领导均接触到了世界通行的国家公园保护地建设先进理念、管理模式和运行机制，并结合滇西北自然保护与经济社会发展的实际情况，有选择性和针对性地应用到普达措国家公园的创建实践中。考察活动为普达措国家公园的成功建立起到了积极的作用。

二是参与了普达措国家公园的具体规划。2001 年，TNC 协助云南省政府编制了《滇西北地区保护与发展行动计划》。普达措国家公园一期规划建设完成后，在 TNC 牛红卫女士的倡议下，作为 TNC 与西南林业大学国家公园发展研究所的合作项目，TNC 资助完成了香格里拉普达措国家公园的解说系统规划和设计。TNC 帮助引入了国际上著名国家公园的解说系统规划设计理念和范本。香格里拉普达措国家公园的解说系统一度成为中国生物多样性保护知识与生态旅游解说系统的标杆。

三是推动当地社区居民积极参与国家公园保护与建设。TNC 提倡，只有在充分保护生态的同时，兼顾当地社区的利益，才能让保护行动发挥长效作用。普达措国家公园解说系统建成后，西南林业大学和 TNC 组成了培训教师队伍，为普达措国家公园培训了数批解说员和导游，其中大多数导游或解说员就是国家公园周边社区的女青年；同时将社区过去牵马揽客的

---

① 调查时间为 2021 年 4 月 26 日，被调查人为普达措国家公园管理局工作人员 B，调查地点为香格里拉市。

男青年培训为环保观光车驾驶员或保安人员，使这些社区村民转变了生计方式，成为普达措国家公园的管理者和游客的服务者，真正参与到国家公园的建设管理中，实现了从传统农牧生产方式到生态服务业的生计转变。通过保护设施与游客服务设施建设和解说系统建设及培训，当地达到了保护生态环境、展示民族文化和科普宣教的多元目的。

三　地方主导的国家公园探索建设（2006—2016 年）

经过一年时间的试点经营，2007 年 6 月 21 日，香格里拉普达措国家公园正式揭牌，标志着中国大陆第一个以"国家公园"命名的区域——香格里拉普达措国家公园正式诞生。

（一）国家公园第一试点省

云南省是首先尝试使用国家公园管理模式的省份，是以促进生物多样性保护和人类生计协同发展为目标，保护自然资源和管理自然保护地的创新性模式。[①] 2008 年 6 月 6 日，国家林业局发文批准云南成为我国国家公园建设第一个试点省，要求遵循"保护优先、合理利用"的原则，在保护好生物多样性和自然景观的基础上，更全面地发挥自然保护区的生态保护、经济发展和社会服务作用，探索出具有中国特色的国家公园建设和发展道路。[②]

2008 年云南省林业厅成立了国家公园管理办公室，全面领导和统筹协调管理全省国家公园建设工作。2009 年底，《香格里拉普达措国家公园总体规划（2010—2020 年）》通过了云南省国家公园专家委员会的评审，规

[①] D. Q. Zhou, R. E. Grumbine, "National Parks in China: Experiments with Protecting Nature and Human Livelihoods in Yunnan Province, Peoples, Republic of China (PRC)," *Biological Conservation* 144 (2011): 1314-1321. J. A. Zinda, "Hazards of Collaboration: Local State Cooptation of a New Protected-Area Model in Southwest China," *Society & Natural Resources* 25 (2012): 384-399.

[②] 国家林业局昆明勘察设计院：《香格里拉普达措国家公园总体规划（2010—2020 年）》，2010 年。

划面积为 602.1 平方公里。规划形成了以林地、未成林地、耕地、草地、水域、其他土地为主的土地利用现状。其中林地又分为针叶林、阔叶林、经济林、灌木林地、宜林地等。

2009 年 12 月 9 日，云南省人民政府下发了《关于推进国家公园建设试点工作的意见》，明确提出了国家公园建设试点工作的指导思想、基本原则和具体措施。2012 年 11 月 26 日，普达措国家公园被定为国家 AAAAA 级旅游景区。2013 年底，云南制定出台全国大陆首个国家公园地方性法规《云南省迪庆藏族自治州香格里拉普达措国家公园保护管理条例》[①]（以下简称《条例》），《条例》明确将国家公园划分为四个功能区，分别是严格保护区（限制开发，占总面积的 26.2%）、生态保育区（一般保护和生态系统恢复区域，占总面积的 65.8%）、游憩展示区（旅游休憩区域，占总面积的 4.6%）、传统利用区（允许村民使用自然公园资源区域，占总面积的 3.4%），这样的分类不仅有利于旅游开发，而且保证了当地传统的生计活动能够在园区内开展。在中央做出"建立国家公园体制"的战略部署后，云南于 2015 年成为全国"国家公园体制试点省"，普达措国家公园也于同年成为全国首批国家公园体制试点区。2016 年 6 月，国家发改委批复《香格里拉普达措国家公园体制试点区试点实施方案》，标志着香格里拉普达措国家公园建设由地方探索向国家治理模式转变。

（二）国家公园多重效益的实现

在普达措国家公园成立运营的 10 年间，相关工作主要是在国家有关政策指导下，由云南省、迪庆藏族自治州具体部门负责落实、协调和管理，是地方主导的国家公园探索建设阶段。这一阶段，在国家"保护优先、合理利用"的原则下，坚持以生态资源的适度利用实现社会、生态、经济效

---

① 《云南省迪庆藏族自治州香格里拉普达措国家公园保护管理条例》，2011 年 2 月 26 日云南省迪庆藏族自治州第十一届人民代表大会第七次会议通过，2013 年 9 月 25 日云南省第十二届人民代表大会常务委员会第五次会议批准，2013 年 11 月 13 日云南省迪庆藏族自治州第十二届人民代表大会常务委员会第十一次会议公布，自 2014 年 1 月 1 日起施行。

益的最大化，地方探索了效益最大化目标下的国家公园治理模式，这些效益表现在以下几个方面。

第一是生态效益。普达措国家公园在碧塔海省级自然保护区 141.33 平方公里的基础上，将保护面积扩大到 602.1 平方公里，把更大范围的森林、湿地、草甸、野生动植物栖息地、地质遗迹、传统民族村落等纳入保护区域。通过实施"分区管理、管经分离、特许经营"制度，将开发利用控制在最低限度，尽量减少人为干扰，任何单位和个人禁止进入严格保护区。2014 年 1 月 1 日实施的《条例》明确指出了普达措国家公园内保护对象和保护标准：要对国家公园内水系、湖泊、湿地、野生动植物、田园牧场、地质遗迹等进行保护；做好封山育林、护林防火和森林病虫害防治等工作，对公园生态环境恶化地段进行绿化造林，提高森林覆盖率；加强对公园内湖泊、河流的水质监测，建立水质监测档案，做好水污染防治工作等。国家公园建立以来，森林火灾、生态破坏、水体污染、空气污染事件得到有效控制，没有出现重大破坏自然环境和野生动植物的事件，国家公园生态系统状况日益向好、环境质量不断提升。

国家公园挂牌以来，生态环境保护效果非常明显。公司每年在国家公园生态修复、护林防火、环境卫生等方面投入上亿元。国家公园建立前老百姓粗放的旅游活动都被取消了，公司拿出旅游收入一部分补偿老百姓的损失，目的就是更有效的保护，让老百姓参与到保护中。我们公司聘用的正式和非正式护林员、环卫人员、保安有上百人，都是当地生态保护的得力助手。定期、不定期都有人在巡护，防火季节人更多。如果游客住在悠幽庄园开车进入国家公园，进门保安就会提醒游客不能开车随便进入草地，不能破坏国家公园的一草一木，开车只能走有水泥路、柏油路的地方。在采摘松茸的时节，老百姓来山里找松茸难免会破坏生态，我们组织景区护林员巡护打招呼，被破坏的地方还要及时进行修复。曾经是骑马、烧烤聚集区的岗擦坝草甸，生态修复后大变样，景色非常宜人。我们当地老百姓、政府、旅游公司都明白，只有把普达措保护好了，把独特的景观保护好了，把生态环境维护好了，才能吸引游客到来，才能源源不断带给公司收入，带给当地社区旅游反哺收入。公司有收入，才能制定更有效的生态保护措施。所以，我们和当地村民一样，我们拿工资也是依靠普达措良好的生态环境，我们必须保护好，这是对自己工作负责、对当地老百姓负责。①

普达措国家公园坚持保护优先的基本原则，将生态系统保护理念贯穿于国家公园划定、建设、保护、利用的全过程，在遵循自然生态规律的前提下，对各类生态资源实现有效保护，并促进社区经济发展。

第二是经济效益。普达措国家公园自建成并向公众开放以来，从 2006 年到 2016 年，年接待游客数量从 47 万人次增加到 137 万人次。旅游总收入从 4271 万元增加到 3.17 亿元，增长了约 642.21%，以较小的开发面积获得较大的经济效益。② 这些利润使旅游公司、当地政府和村民都受益，并用于国家公园生态保护和当地生计发展的投资。2007 年全面禁止当地村民从事与旅游相关的一些活动后，为弥补村民的损失，国家公园按农户户均和人均，以资金直补的方式，对受影响的农户进行了三次补偿。第一次是为期三年的马队补偿合同（2005 年 6 月至 2008 年 6 月），社区全面退出马队服务项目，作为对退出服务项目的补偿；而后对国家公园所涉及的800 多户农户进行旅游收入反哺，提供的补偿金额根据对不同地区农户的影响而有所不同。在 2008 年至 2013 年的第一轮评估中，公园对最受影响的家庭平均每户每年补偿 4.6 万元，在 2013 年至 2018 年的第二轮评估中，补偿金额翻了一番。除了经济补偿，国家公园还为当地村民提供就业机会，如公园保洁、消防、酒店运营、导游、驾驶旅游大巴等。这些也成为当地村民的额外收入来源。③ 10 年来，反哺资金达 1.5 亿元，促进了当地社区群众的增收和生产生活水平的提升，增加了社区的就业机会，改善了

---

① 调查时间为 2020 年 10 月 14 日，被调查人为迪庆州旅游集团普达措旅业分公司工作人员 ZX，调查地点为普达措国家公园悠幽庄园。

② 张海霞：《中国国家公园特许经营机制研究》，中国环境出版社，2018，第 60 页。

③ J. He, N. Guo., "Culture and Parks: Incorporating Cultural Ecosystem Services into Conservation in the Tibetan Region of Southwest China," *Ecology and Society* 26（2021）：12.

社区的基础设施，保持了国家公园与社区的和谐共荣发展。①

普达措国家公园内的洛茸村是受益于国家公园各项政策最具示范性的案例。洛茸村位于普达措国家公园西部区域的传统利用区，距香格里拉市区 25 公里，村庄共有 36 户，人均拥有耕地 11 亩左右，均为藏族原住居民。因为过去交通极其不便，所以洛茸村一直是红坡村最贫穷、落后的村寨。自普达措国家公园建成以来，当地社区从国家公园生态旅游发展中直接或间接受益，不仅早早脱贫，而且已经走上了生态保护致富的可持续发展道路。除了传统种植业、畜牧业、林下经济、公益林补贴收入外，农户享受普达措国家公园旅游反哺社区一类区的标准，并且签订协议优先就近享受国家公园内公益岗位就业收益。此外，与普达措旅业分公司合作的村集体经济——悠幽庄园，作为国家公园内唯一的旅游客栈，② 建成盈利后每年支付洛茸村户均 2 万元的分红。洛茸已经从过去最贫穷、落后、与世隔绝的"被遗忘"的村落，跻身成为户均年收入达 10 万元以上的"受瞩目"的村落，成为迪庆州生态致富的名片。

洛茸村民小组组长不止一次自豪地对笔者感叹：

> 普达措国家公园建成后，村里经历了翻天覆地的变化，收入高了，生态环境好了，最重要的是村民素质得到了巨大的提升，绿色发展理念已经成为当地村民的共识。③

第三是社会效益。普达措国家公园建成以来，一直将社区发展列为国家公园建设的重要部分，将公园的建设发展目标与社区村民的生计紧密结合起来，除了旅游收入反哺制度、产业发展长效扶持制度、优先就业扶持制度对社区发展的直接支持外，还通过教育扶持、公益宣传培训等间接方式提升社区村民的知识水平和教育素质，提高了原住居民的就业能力。普

① 李康：《香格里拉普达措国家公园共建共管共享探索与实践》，《林业建设》2018 年第 5 期。
② 普达措国家公园尼汝村旅游线路还有其他民宿客栈，也位于国家公园规划范围内。
③ 调查时间为 2020 年 10 月 10 日，被调查人为红坡洛茸村民小组组长 BM，调查地点为洛茸村（一类区）。

达措国家公园建设坚持"社区参与、惠益共享"的基本原则，制定社区可持续替代生计发展计划与村民优先就业政策，建立长期帮扶机制。[①] 普达措国家公园带动社区发展所产生的"软"效益，对周边社区的影响更为长久和深远。

普达措国家公园建立前，当地社区教育水平、社会建设等都很落后。自从 2008 年实施国家公园旅游收入反哺制度以来，对一类区、二类区居民，凡考上高中、大学专科、大学本科的，每人每年给予不同额度的教育补助。在当地政府的推动下，国家公园经营公司大力投入教育补助，社区村民辍学、就业难等问题得到了有效的解决。教育激励机制的实施，提升了普达措国家公园周边社区教育水平，加大了人才培养力度。在国家公园系列政策带动下，当地原住居民经济收入得到大幅提高，与外界的交往也更加紧密，越来越重视对下一代的教育，并且第一次培养出了大学本科毕业生，有效促进了社区与国家公园的和谐稳定与高质量发展。国家公园建立前，洛茸村只有 1 名大学生，10 多年来已经培养出 10 多名大学生，其中还有硕士研究生。

2008 年开始，我们红坡村考上高中、大学的娃娃在校期间每年都享受国家公园的教育补助。钱虽然没有多少，但是这个形式非常好，就像一笔奖金，激发了大家培养孩子、投入教育的决心。以前我们年轻的时候，上不上学无所谓，反正村里大家都是文盲，砍树赚钱比读书有用。现在不一样了，村子里各家各户之间、村与村之间都会比较，哪个村哪家娃娃读书好、考上哪里、找到好工作。我们现在选村委会领导，都要看看有没有读过书。[②]

普达措旅业分公司在同等条件下会优先录用周边原住居民，提供直接或间接的就业岗位，选取社区村民中有一定文化程度的青年开展专项培

---

① 杨宇明等：《云南香格里拉普达措国家公园体制试点经验》，《生物多样性》2021 年第 3 期。
② 调查时间为 2020 年 9 月 26 日，被调查人为红坡崩加顶村原村民小组组长 QL，调查地点为崩加顶村（二类区）。

训，有开车技术的成为环保观光车驾驶员，有中等文化程度的成为国家公园的导游，还录用了不少社区村民成为保安、护林员、售货员等。与游客、旅游公司管理者、各级政府工作人员、科研工作者的接触与交流，提高了村民参与国家公园保护、管理的积极性，提升了社区村民的综合能力。此外，当地社区村民生态保护意识得到提升，村民通过参与公园巡护、环境卫生整治、护林防火等活动，培养了保护好生态就是永续发展的理念。许多村民碰到破坏生态环境的行为都会主动制止，并作为监督员及时向相关单位上报、提供线索，村民的保护意识从"要我保护"的消极被动保护转变为"我要保护"的积极主动保护。

普达措国家公园建成 10 年间的生态效益、经济效益和社会效益产生了示范带动效应，带动了迪庆旅游发展和相关绿色产业发展，也推动了云南省国家公园建设。截至 2016 年 7 月，云南省建立了 13 个国家公园，包括梅里雪山国家公园、丽江老君山国家公园、西双版纳热带雨林国家公园等。

四 国家主导的国家公园建设（2016 年至今）

2015 年 1 月，《建立国家公园体制试点方案》发布，提出在包括云南在内的 9 个省份开展"国家公园体制试点"；2017 年 9 月，《建立国家公园体制总体方案》印发；2018 年 4 月，国家林业和草原局、国家公园管理局正式挂牌；2019 年 6 月，《关于建立以国家公园为主体的自然保护地体系的指导意见》印发；2021 年 10 月 12 日，习近平总书记在《生物多样性公约》第十五次缔约方大会领导人峰会上宣布中国正式设立第一批 5 个国家公园；2022 年 6 月 1 日，《国家公园管理暂行办法》印发，这是中国首部国家层面的国家公园管理办法；2022 年 12 月，《国家公园空间布局方案》公布，遴选出包括普达措在内的 49 个国家公园候选区（含正式设立的 5 个国家公园），总面积约 110 万平方公里，建成后中国国家公园保护面积将是世界最大。

（一）并入国家主导的国家公园建设轨道

IUCN 将保护地划为 6 个类型，国家公园归为类别 Ⅱ，即"大面积的自然或接近自然的区域，设立的目的是保护大尺度的生态过程，以及相关的物种和生态系统特性。这些自然保护地提供了环境和文化兼容的精神享受、科研、教育、娱乐和参观的机会"。① 2007 年 6 月 21 日揭牌的普达措国家公园确实是在中国大陆建起的第一个国家公园，但只通过了省级层面的法律认定。2017 年启动国家公园体制试点建设以前，中国对国家公园的概念和模式并无统一的认识，也无明确的立法支持。2019 年 6 月 26 日，中央发布了《关于建立以国家公园为主体的自然保护地体系的指导意见》，按照自然生态系统原真性、整体性、系统性及内在规律，依据管理目标与效能，并借鉴国际经验，将自然保护地按生态价值和保护强度高低依次分为 3 类：国家公园、自然保护区、自然公园。② 我国将具有国家代表性的重要自然生态系统纳入国家公园体系，实行严格保护，形成以国家公园为主体、自然保护区为基础、各类自然公园为补充的自然保护地管理体系。③

中国国家公园指"以保护具有国家代表性的自然生态系统为主要目的，实现自然资源科学保护和合理利用的特定陆域或海域，是我国自然生态系统中最重要、自然景观最独特、自然遗产最精华、生物多样性最富集的部分，保护范围大，生态过程完整，具有全球价值、国家象征，国民认同度高"。④ 国家公园内自然资源资产产权以国家所有为主体。⑤ 国家层面所设立的国家公园管理只会更加严格，管理事权上升为最高的国家事权。国家成立统一管理机构行使国家公园自然保护地管理职责，彻底改变多部门多头管理

① Nigel Dudley 主编《IUCN 自然保护地管理分类应用指南》，朱春全、欧阳志云等译，中国林业出版社，2016，第 33 页。

② 自然保护地是由各级政府依法划定或确认，对重要的自然生态系统、自然遗迹、自然景观及其所承载的自然资源、生态功能和文化价值实施长期保护的陆域或海域。《关于建立以国家公园为主体的自然保护地体系的指导意见》，2019 年 6 月，www.gov.cn/zhengce/2019-06/26/content_5403497.htm，最后访问日期：2020 年 7 月 6 日。

③ 关志鸥：《高质量推进国家公园建设》，《求是》2022 年第 3 期；杜群等：《中国国家公园立法研究》，中国环境出版集团，2018，第 97 页。

④ 《关于建立以国家公园为主体的自然保护地体系的指导意见》，2019 年 6 月，www.gov.cn/zhengce/2019-06/26/content_5403497.htm，最后访问日期：2020 年 7 月 6 日。

⑤ 国家发展和改革委员会社会发展司：《国家发展和改革委员会负责同志就〈建立国家公园体制总体方案〉答记者问》，《生物多样性》2017 年第 10 期。

而实质上管理主体不明确、管理不到位的困境。① 中国国家公园建设中相关制度设计还必须全面、系统且衔接生态文明基础制度。②

在中国自然保护地体系建设和管理体制机制不断创新以及改革实践不断加速的背景下，香格里拉普达措国家公园也进入国家主导的建设轨道，进入发展的新周期。2016 年以来，云南省成立了"国家公园体制试点工作领导小组"，并由常务副省长任组长，统筹推进国家公园体制试点工作。2017 年，云南省人民政府办公厅印发《香格里拉普达措国家公园体制试点工作重点任务分解方案》，进一步推进普达措国家公园体制试点工作。2018 年 5 月，云南利用国家拨付的试点区建设资金，启动普达措国家公园体制试点尼汝片区保护利用基础设施建设项目。2018 年 8 月，旧的普达措国家公园管理局与原碧塔海省级自然保护区管理所完成归并整合，新的普达措国家公园管理局正式成立。2019 年 9 月，云南省人民政府办公厅下发了《云南省人民政府办公厅关于贯彻落实建立国家公园体制总体方案的实施意见》，③ 设定了 2020 年"完成香格里拉普达措国家公园体制试点任务"以及到 2030 年"建立统一规范高效的国家公园体制，基本形成以国家公园为主体的自然保护地体系"双重目标。在国家对国家公园体制试点建设的规范要求下，普达措国家公园编修了《香格里拉普达措国家公园总体规划（2019—2025 年）》，并在 2020 年 4 月获得云南省政府批复。新的规划遵循"科学规划、严格保护、适度利用、共享发展"的原则，将国家公园原来的 4 个功能区合并为核心保护区（319.23 平方公里，占 53.02%）与一般控制区（282.87 平方公里，占 46.98%），并合理划定范围；按照国家公园保护、科研、教育、休憩和社区发展五大功能，及时关停了公园范围内的尾矿库并开展生态恢复，制定产业准入清单，形成社区产业发展长效

---

① 唐小平、栾晓峰:《构建以国家公园为主体的自然保护地体系》,《林业资源管理》2017 年第 6 期;程立峰、张惠远:《实现自然保护地共建共享的路径建议》,《环境保护》2019 年第 19 期。

② 苏扬等:《中国国家公园体制建设研究》,社会科学文献出版社,2018,第 23 页。

③ 《云南省人民政府办公厅关于贯彻落实建立国家公园体制总体方案的实施意见》,2019 年 9 月, www.yn.gov.cn/zwgk/zcwj/zxwj/201909/t20190924_182721.html, 最后访问日期: 2020 年 9 月 15 日。

扶持、旅游收入反哺社区发展、社区优先就业扶持等多项机制。云南省政府发布了《普达措国家公园体制试点工作重点任务分解方案》，明确理顺管理体制等 12 项重点任务和完成时限，并具体落实到责任部门。2020 年 7 月 3 日，《香格里拉普达措国家公园特许经营项目管理办法（试行）》发布，进一步规范国家公园特许经营，在保护的前提下实现可持续利用，更好地带动周边社区发展。[①]

（二）践行最严格的国家公园保护理念

进入中国国家公园新发展阶段，普达措国家公园正式由"地方"向"国家"转型。按照中国国家公园坚持生态保护第一、国家代表性和全民公益性三大理念，[②] 普达措国家公园全面进行体制机制改革、环境保护督察整改、试点任务落实，各项工作有序推进并取得了阶段性成果。

在践行"生态保护第一"的理念中，普达措国家公园受到了原中央环境保护督察组的严肃批评，开展了自国家公园建立以来最严格的整改工作。2017 年，中央环境保护督察组在对云南省的环保督察中，对普达措国家公园碧塔海存在的在核心区或缓冲区内开展旅游活动、实验区旅游活动过度的问题提出批评和整改要求。云南立即进行整改，2017 年 9 月起封闭了碧塔海和弥里塘景区，移出碧塔海内的游船，拆除涉水服务设施并关闭餐厅。此后几年，普达措国家公园仅属都湖景区对游客开放，门票降至 80 元，旅游收入锐减。游客没有上限是造成普达措生态问题的主要原因，旅游高峰季节每天有超过几千名游客参观公园，生态环境在一定程度上被破坏。[③] 相关工作人员指出，普达措国家公园旅游活动过度是指游客数量过多，并不是对资源过度破坏，对公园的监测表明自然资源完好无损。[④]

---

① 《香格里拉普达措国家公园特许经营项目管理办法（试行）》，2020 年 7 月，www.yn. gov.cn/zwgk/zfgb/2020/2020d16q/sjbmwj/2020 10/t20201013＿211792.html，最后访问日期：2021 年 4 月 1 日。

② 杨锐：《生态保护第一、国家代表性、全民公益性——中国国家公园体制建设的三大理念》，《生物多样性》2017 年第 10 期。

③ J. A. Zinda, "Hazards of Collaboration: Local State Cooptation of a New Protected-Area Model in Southwest China," *Society & Natural Resources* 25（2012）：384-399.

④ 张勇：《小开发大保护 普达措探索新模式》，《光明日报》2018 年 2 月 27 日，第 1 版。

碧塔海中唯一的土著鱼类——中甸叶须鱼在国家公园旅游开发下也大量减少。根据调查统计，2015 年，中甸叶须鱼在碧塔海中的资源量大约有12000 尾，在所有鱼群中的比例为 6%，而到了 2017 年，这一数量减少至2000 尾，占比为 1%。[①] 国家公园建立之后，由于在碧塔海引入了游船观光项目，燃油游船排污对湖泊造成一定的污染，对野生鱼类也有一定影响。此外，自 2009 年以来，由于放生，泥鳅、大鳞副泥鳅和鲫鱼等外来鱼类进入碧塔海自然水体，并大量繁殖，中甸叶须鱼在部分水域渐趋消失，甚至濒临灭绝。2017 年 12 月，根据云南大学陈自明教授的研究，迪庆州政协提交了《关于紧急制止用外来鱼在高原湖泊放生，抢救性保护本地鱼类的提案》，建议向放生的群众宣传不要随意放生外来鱼类，由主管部门对外来物种进行捕捞，挂宣传警示牌，出台相关的惩戒等措施。自 2018 年以来，香格里拉普达措国家公园管理局、迪庆州小中甸水利枢纽工程开发投资有限责任公司与云南大学开展了保护中甸叶须鱼的相关合作。一方面，限制外来物种数量，在碧塔海、属都湖捕捞泥鳅、鲫鱼等；另一方面，实现了中甸叶须鱼的人工繁育，促进其野外种群的稳定和逐步恢复。

2016 年以来，普达措国家公园体制试点区利用中央预算内保护利用基础设施建设项目和湿地保护与恢复资金共计 1.1 亿元，实施了 2 万余亩的封山育林和植被恢复行动，建设了资源监控平台，完善了界桩界碑、安防监控、森防监控、污水处理等设施。普达措加强与科研单位合作，建立生态定位站，重点对试点区寒温性针叶林等主要保护对象实施有效监测，共设置生态保护管理监控探头 201 个、综合监测系统 3 套（监测水质、土壤、大气、噪声等）、林火视频监控铁塔 6 座，"空天地"一体化的科学监测体系正在逐步形成。[②] 2020 年 2 月，省委编办正式批复普达措国家公园管理局划归省林草局垂直管理，明确了省林草局对国家公园范围内各类自然保护地和自然资源的统一管理、综合执法等多项职责。2020 年 8 月，香格里

---

① 欧阳小抒：《 "多样地球 多彩云南" COP15 融合报道之三十——杜鹃醉鱼》，云岭先锋网，www. ylxf. 1237125. cn/Html/News/2022/4/8/385788. html，最后访问日期：2022 年 4 月。

② 杨劼：《普达措国家公园体制试点 探索生态与民生共赢》，《中国绿色时报》2020 年 7 月 1日，第 2 版。

拉普达措国家公园野生动物救护繁育站在普达措国家公园成立。

在践行"国家代表性"的理念中，普达措国家公园按照相关要求进行了新一轮规划，通过扩容保证国家公园生态过程完整性。我国的自然保护区和国家公园，大多没有实现对完整生态系统的管理，这是因为在建立之初没有对本地自然资源及其服务功能进行通盘考虑。[①] 2018年国家公园专家组评审认为，普达措国家公园体制试点区面积602.1平方公里，虽然能够满足《国家公园设立规范》"总面积一般不低于500平方公里"的最低标准，但在全国10处国家公园体制试点区中面积最小，与《建立国家公园体制总体方案》关于国家公园"以保护具有国家代表性的大面积自然生态系统为主要目的"和《关于建立以国家公园为主体的自然保护地体系的指导意见》关于国家公园"保护范围大，生态过程完整"的要求还有一定差距。

几个试点区，普达措国家公园面积过小，与国家要实现自然资源的整体保护和联合保护还有差距，北京专家组建议往北扩围。经过综合考虑和实地调查，结合迪庆州经济社会发展状况，云南省报给国家的新的国家公园规划面积约1500平方公里，基本获得了国家认可。普达措国家公园作为国家公园体制试点，我认为最大的贡献就是对"共建、共享、共管"理念的实践，这在全国都是具有推广经验的。与三江源国家公园不同，普达措是一个"小而精"的国家公园，在过去10多年中，它依靠自身生态旅游发展所获收入，通过旅游反哺、社区支持发展等措施，既保护了国家公园生态系统，又支持和带动了当地社区发展，包括当地老百姓教育、医疗、社区环境、替代生计等的发展，虽然这样的发展模式有争议，但是的确实现了"以公园建公园"，没有过多依靠国家、地方财政支持。普达措在疫情影响下非常艰难，我们也意识到这种"造血式"的发展模式需要改革，而一些经营性的企业是否可以转型成为保护型、服务型的公

---

① 苏扬等主编《中国国家公园体制建设报告（2019—2020）》，社会科学文献出版社，2019，第55页。

司，这些我们都还在探索。①

2018 年 1 月，新整合成立的香格里拉普达措国家公园管理局由迪庆州人民政府全权负责管理，由云南省林草局负责业务监督、指导。管理局对部分自然保护地履行管理职责，试点工作完成并经国家验收后，将由国家垂直管理或委托省管理。2020 年 2 月，省委编办正式批复普达措国家公园管理局划归云南省林草局垂直管理，明确了省林草局对国家公园范围内各类自然保护地和自然资源的统一管理、综合执法等多项职责。2021 年，云南省林草局考虑多方因素后，最终决定将"三江并流"国家级风景名胜区和"三江并流"世界自然遗产总计 935 平方千米区域调入普达措国家公园体制试点区。相比国家验收组建议的新增面积有大幅度缩减，主要是因为建议新增面积大部分位于云南与四川交界处，该区域边界因为松茸、虫草等采集存在长期而复杂的资源争议问题；此外，迪庆州已开发的巴拉格宗、碧融峡谷等旅游景区若划入国家公园，存在基础设施拆迁、土地权属变迁等复杂难题。

在践行"全民公益性"的理念中，普达措国家公园通过各项举措，充分发挥国家公园的公众游憩、生态体验、自然教育等功能，把从祖先处继承的"绿水青山"完整地传递给子孙，并且肩负起开展自然保护科学研究、唤醒公众保护自然生态系统的意识等多重责任。② 国家公园就是要坚持以人民利益最大化为己任，为全体国人提供高品质休憩、审美和自然教育的机会，让游客通过了解在严格保护下的生态成果展示，进一步亲近大自然、感悟大自然、尊重大自然，从而参与到保护大自然的行动中。

在前期已建成解说栈道、宣教中心，出版《普达措国家公园观鸟手册》等工作的基础上，普达措旅业分公司进一步挖掘资源、创新形式，着

---

① 调查时间为 2021 年 4 月 26 日，被调查人为普达措国家公园管理局资深工作人员 A，调查地点为香格里拉市。

② 杨锐：《生态保护第一、国家代表性、全民公益性——中国国家公园体制建设的三大理念》，《生物多样性》2017 年第 10 期。

力为公众提供亲近自然、体验自然、了解自然、学习自然的全民共享平台。2016 年，公司在游客中心投资建设了 400 多平方米的科普展示厅，向游客宣传国家公园知识，为公众提供了科研、教育的机会和场所。普达措国家公园运营公司抽选出一些文化程度高、热心科教事业的职工组成科普宣传员服务队和科普志愿者服务队，构建了由科普工作队伍、科学教育基地、科普宣传员服务队、科普志愿者服务队组成的科普网络。① 2020 年 7 月 23 日，委托云南大学专家团队完成的《香格里拉普达措国家公园生态教育基地改造项目策划》通过专家评审，围绕普达措国家公园位于迪庆藏族聚居区的地方性，将藏文化生态文明与自然环境教育充分融合，构建起双核生态教育体系，为构建具有中国特色的国家公园生态教育功能体系做出了有益探索。

2021 年 8 月，香格里拉普达措国家公园依托碧塔海打造集阅读、文创、休憩等功能于一体的生态图书馆并对公众开放，这是中国大陆首个国家公园生态图书馆。图书馆藏书总共有 2000 册，主要设置生态阅读、生态休闲、生态研讨、生态体验等功能区域，为公众提供阅读、生态展示、科学探索等生态教育内容。此外，普达措国家公园还与云南大学生态与环境学院合作，开展了"生态文明深度研学"活动，来自迪庆和昆明的高中生，共同参加在国家公园举办的野外科考和学习生活活动。学员们还到普达措国家公园内的洛茸村与村民进行交谈，重点了解自然圣境信仰和转场放牧习俗等藏文化。

小　结

国家公园在中国大陆的正式亮相一直推迟到 20 世纪末期，起点就在滇西北香格里拉，这片詹姆斯·希尔顿在小说《失去的地平线》中所描绘的香巴拉秘境，是远离喧嚣的世外桃源和人间乐土。普达措国家公园通过省级立法成为中国第一处国家公园，虽然它没有中央政府赋予的法律地位，

---

① 解大钦、和金莲：《山清水秀景如画　科普盛宴迎客来——普达措国家公园科普宣传教育基地建设综述》，《迪庆日报》2020 年 7 月 8 日，第 4 版。

但是国家公园出现在香格里拉并不是偶然。滇西北具有丰富的生物多样性资源、高原湖泊湿地及高山-亚高山寒温性森林生态系统，这里是中国乃至全球具有保护意义的自然资源储备地，是中国金沙江和澜沧江流域的重要生态安全屏障。迪庆州是全国 10 个藏族自治州之一，67.2%的土地面积被纳入生态红线，森林覆盖率达 75.03%，正成为中国的生态高地之一。普达措国家公园是在全球生物多样性保护呼声日益高涨和经济、社会发展进程不断加快的形势下的必然产物，自然资源富集区域既要实施有效的生态保护，又要促进经济发展。普达措国家公园的建设与发展历史反映了迪庆藏族自治州从摆脱深度贫困到打赢脱贫攻坚战，向着共同富裕迈进的决心，也映射了当地从木材资源经济向资源非消耗性产业发展，最终融入国家绿色高质量发展战略的发展史。

2020 年是"中国国家公园元年"，中国第一批国家公园正式宣告建立。虽然普达措国家公园没有跻身第一批的行列，但它经历了近 20 年的地方探索，在践行国家公园保护理念的同时，不断探索适合当地发展、具有藏族地区文化特色的国家公园建设道路和发展道路，努力发挥着国家公园的生态保护、经济发展和社会服务作用。在这一过程中，大量不同的利益相关者介入，如原住居民、各级政府行政管理人员、从地方到国家的自然保护地管理者、非政府组织、科学家、游客等，他们中有环保主义者、有发展派、有生态中心主义者、有人类中心主义者，多主体利益博弈的局面已经在普达措国家公园形成。普达措国家公园的发展史绝不只是一部自然保护地改革和发展的历史，它是所处区域文明和进步的象征，是国家意识与地方意识的碰撞，是保护与发展之争后的融合，在这一过程中有太多东西值得被记录。

第三章　普达措国家公园及原住居民对其的认知

云南位于印度板块和亚洲板块接合部的南端，地质活动活跃，形成了多姿多彩的地形地貌。在滇西北的迪庆高原，中生代的石灰岩覆盖在古生代地层上，加上现代冰川的作用，形成了像阿尔卑斯山一样的美丽景观。[①]香格里拉普达措国家公园就坐落在这片古老的岩层之上、林海之中、雪水流畔。普达措国家公园灵气十足，不仅因为碧塔海、属都湖、七彩瀑布和众多大小不一的高原湖泊，如同一面面能照射出奇幻色彩的神奇镜子；不仅因为雪山环抱、丛林密布，林下松茸带来山野的神秘与纯净的天然气息；不仅因为高山牧场草色肥美，骏马、牦牛在茵茵草地上悠闲玩耍，野生动物自由独行于天地间；不仅因为大自然亲手调配的多彩四季，最美的秋季，树叶从淡黄、金黄慢慢变红；最重要的是因为这里世代生活的藏族、彝族、纳西族等原住居民，他们敬畏生命、崇拜万物，在现代国家公园理念与传统自然和谐观念结合过程中逐渐形成了围绕国家公园的生计模式和社区发展模式。他们对大自然予取有度，在自然圣境信仰和地方性知识行动体系下悉心守护着普达措，守护着他们赖以生存的家园，与国家公园的外来建设者们一道，打造吸引四海游客的旅游胜地，描绘了普达措国家公园人与自然万物共存共荣的美好画卷。

一　普达措国家公园生态系统服务功能及原住居民的认知

生态系统服务功能又称生态服务，是建立在生态系统功能基础上，

---

① 费宣：《云南地质之旅》，云南科技出版社，2016，第14页。

人类能够从中直接或间接获得惠益的功能。生态系统服务功能最先被分为 17 类，不包括不可再生资源的服务功能。[1] 生态系统服务功能概念框架将自然过程与人类活动联系起来，对自然资源的合理配置与利用、实现区域可持续发展具有重要的理论和现实意义。[2] 联合国千年生态系统评估将生态系统服务功能分为支持服务、供给服务、调节服务和文化服务4 类，[3] 这也是目前较为普遍的分类方式，这些服务功能形成并维持着人类赖以生存和发展的环境条件和效用。[4] 普达措国家公园的生态系统通过提供生态服务功能（调节服务、支持服务）、经济服务功能（供给服务）、社会和精神文化服务功能（文化服务），满足了当地生计及人类福祉需求。本书通过田野调查了解了原住居民对普达措国家公园生态系统服务功能的认识，结合当地自然地理、生态环境和社会经济等多方面统计数据及科学研究报告，对普达措国家公园生态系统服务功能进行了分析总结。

（一）生态系统的生态服务功能及原住居民的认知

普达措国家公园生态系统所提供的生态服务功能主要通过生态系统的调节服务、支持服务体现。国家公园内土壤、森林、水系、湿地等生态系统发挥着重要的生态系统服务功能，支持当地生命物质循环、生物化学循环、水文循环，保护生物物种与遗传多样性，净化环境，保持大气的稳定与平衡。这些生态系统所提供的生态服务功能是人类生存的基础。

1. 土壤物质循环与空气净化

根据对云南森林资源的调查评估，迪庆州森林生态系统产生的生态服务价值中占比最高的是生物多样性保护（42.2%），其他依次是保护土壤

---

[1] R. Costanza, R. d'Arge, R. de Groot et al., "The Value of the World's Ecosystem Services and Natural Capital," *Nature* 387 (1997): 253-260.

[2] 彭建等：《生态系统服务权衡研究进展：从认知到决策》，《地理学报》2017 年第 6 期。

[3] Millennium Ecosystem Assessment, *Ecosystems and Human Well-Being: Synthesis* (Washington DC: Island Press, 2005).

[4] G. Daily, *Nature's Services: Societal Dependence on Natural Ecosystems* (Washington DC: Island Press, 1997), pp. 1-10.

（27.07%）、涵养水源（14.86%）、固碳释氧（6.02%）等。[①]

　　普达措国家公园垂直海拔范围为 2390—4159 米，平均海拔在 3000 米以上，但山体比较平缓。国家公园内自然土壤可划分为淋溶土、高山土和水成土 3 个土纲，垂直分布棕壤（海拔 2390—3200 米）、暗棕壤（海拔 3200—3700 米）、棕色针叶林土（海拔 3400—4000 米）、亚高山草甸土（海拔 3700—4159 米）、草甸沼泽土（各海拔段的长期滞水或季节滞水区）5 个土壤类型。不同的土壤类型形成了不同的植被群落类型，比如暗棕壤形成了以云杉为主的寒温性针叶林，草甸沼泽土形成了冷杉及亚高山灌丛草甸植被。由于普达措国家公园海拔较高，气候寒冷，微生物的活动受到一定的影响，雨量又较少，养分流失少，有利于表层土壤有机质的积累，因此表层土壤有机质含量较高，从表层往下土壤有机质含量不断降低。[②]我国南方大部分土壤呈酸性至强酸性，主要是林地植被有机残体丰富，且含单宁物质较多，所形成的有机酸不能全部被盐基中和。普达措国家公园森林土壤 pH 值多为 5—6，总体上土壤具有较好的保肥能力，土壤的肥力较高。目前来看，普达措国家公园有限的人类活动并没有过多影响土壤状况。国家公园内的森林植被是很好的土壤保护层，因为苔藓类植物和枯枝落叶层的覆盖可以避免雨水对土壤的直接冲击，保护土壤不被侵蚀，保持土地生产力。[③]

　　作为生态系统的重要组成部分，土壤是生态系统中物质与能量交换的主要场所，为生物尤其是植物提供了最直接的物质基础。土壤在一定历史时期内是不可再生、不可替代的自然资源，然而研究发现，全球约 20% 的土壤由于人类活动的影响而退化。[④] 土壤与当地村民的农牧业生产活动息息相关，虽然当地村民并不掌握土壤的物质循环和生态功能等专业知识，

①　云南省林业调查规划院、中国科学院西双版纳热带植物园：《2010 年云南省森林生态系统服务功能价值评估报告》，2011 年。
②　西南林业大学等：《普达措国家公园综合科学考察报告》，2020 年，第 37—39 页。
③　欧阳志云、王效科、苗鸿：《中国陆地生态系统服务功能及其生态经济价值的初步研究》，《生态学报》1999 年第 5 期。
④　L. R. Oldeman, R. T. A. Hakkeling, W. G. Sombroek, eds., *World Map of the Status of Human-Induced Soil Degradation: An Explanatory Note* (Wageningen: International Soil Reference and Information Centre, 1991).

但是他们都在意土壤的品质，也能用自己的知识分辨肥沃与不肥沃的土壤。大部分村民都把土壤分为"森林里的土"、"地里的土"和"草场的土"3类。对他们来说，"森林里的土"品质最好，"草场的土"有退化的风险，而"地里的土"最不肥沃。

> 我们村耕地分为两块。一块地在村社附近，耕地肥力不足，只能种点青稞、蔓菁和洋芋，产量也不高，过去产量更不高，这些年用一点肥料，产量还提高了。还有一块地在碧塔海附近，那块地是我们的爷爷奶奶辈开垦出来的，因为在森林边，所以土壤肥力高，产量要比村里这些好。之所以去那么远的地方开垦荒地，是因为我们村子周围都是山，没有平一点的地方，过去每年粮食不够吃，所以碧塔海边稍微平一点的地方就开垦出来种地。但是，国家公园开发，碧塔海的地我们也不去种了，就放荒了。森林里面土壤都是好的，特别是保护得好的原始森林里面。森林里面土壤不知道是不是有什么特殊的物质，这里生长的松茸要比其他地方的品质好，而且每年都长，应该与土壤有关系。①

> 地里的土不好，冬天就是冻土，以前犁地痛苦啊，牛都拉不动。草场的土壤这几年也退化了，过去草长得又密又高，这几年感觉草越来越稀疏，牛都不够吃，回家还要给它们加餐。我也是听以前来这里调研的专家说，草地里有狼毒花说明草场土壤退化了，慢慢就变成荒地，不会长草了，虽然老百姓也这么说，但是专家说的话可信度更高。你看五六月份，普达措路两边都开着狼毒花，很鲜艳，游客都喜欢，但是牛羊都不吃，因为它叶子咬开是有毒的，人碰了手都会红肿。②

陆地生态系统的植物对大气污染、土壤污染都具有净化作用。绿色植物通过光合作用吸收二氧化碳，放出氧气，维持大气环境平衡；植物还能

---

① 调查时间为 2020 年 9 月 28 日，被调查人为红坡洛茸村民小组组长 BM，调查地点为洛茸村（一类区）。
② 调查时间为 2020 年 5 月，被调查人为红坡村委会 QL，调查地点为红坡村委会。

吸收空气中的硫化物、氮化物、卤素等有害物质。[1] 普达措国家公园内森林茂密，碧塔海、属都湖四周青山郁郁。普达措国家公园地处我国重点生态功能区，森林覆盖率高达84%，包括大面积的云杉、冷杉林和硬叶常绿阔叶林，最常见的植物有高山松、林芝云杉、长苞冷杉、黄背栎、大果红杉、白桦、红桦等，保存了发育良好的森林、湿地和草甸生态系统，发挥了非常重要的生物净化作用。据监测，从2006年至今，普达措国家公园内未发生过一起森林火灾，空气质量保持在一级，生态系统持续健康、稳定。

当地原住居民经常向笔者炫耀国家公园的空气质量。

> 我们这里空气好，呼吸的都是新鲜空气，去城里住就不习惯，因为吸进去的都是汽车废气，感觉肺不舒服。虽然普达措国家公园海拔高，但是空气是清爽的，游客都对这里的空气质量赞不绝口。我们天天呼吸这里的空气，寿命都要长一点啊![2]

虽然普达措国家公园平均海拔较高，但因为植被覆盖率很高，与同海拔其他地方相比，含氧量也高出许多，绝大部分人不会出现高原反应。

> 在属都湖栈道边，你看到树上挂着的长长的胡须就是松萝，如果空气被污染、水被污染，那么这个是长不出来的。这个松萝在湖边和山上都有。这个松萝还可以用药，我们藏药中也有，对风湿性关节炎有用。[3]

长松萝被称作"环境监测员"，它对生长的环境特别挑剔，对大气污染十分敏感，一旦空气受到一点点污染，它就会自动消失。在普达措国家

---

① 欧阳志云、王效科、苗鸿：《中国陆地生态系统服务功能及其生态经济价值的初步研究》，《生态学报》1999年第5期。
② 调查时间为2020年9月29日，被调查人为红坡洛茸村村民LR，调查地点为洛茸村（一类区）。
③ 调查时间为2021年5月29日，被调查人为红坡洛茸村村民JL，调查地点为洛茸村（一类区）。

公园属都湖沿岸可以看到长松萝，这也是滇金丝猴和猕猴最喜欢吃的食物。

2. 气候调节

生态系统对大气候及局部气候均有调节作用，包括对温度、降水和气流的影响。植被调节小气候主要通过改变太阳辐射及热量平衡，从而改变大气温度和湿度。同时，乔灌木林通过改变降雨量的分配，影响下垫面层与大气的水分交换，调节了小范围湿度，使地层的温度、湿度发生变化，出现降温增湿效应。通过植被调节小气候环境，区域生态系统趋于稳定，进而减少土壤侵蚀和水土流失。森林植被破坏容易引起局地气候的显著变化，使空气干燥、对流降水减少，温度年较差增大，冷季降温，热季升温，水土流失加剧，这也是沙漠化的原因之一。反过来，植树造林对改善气候亦能起到巨大的作用。[①]

1960—2019 年，普达措国家公园所在的香格里拉地区年平均气温呈上升趋势，增温趋势显著，年平均气温升高了 2.1℃。当地年长一点的原住居民普遍反映，近些年来，有气候总体变暖的感觉。

> 气候肯定是有变化的，我们小时候到了年底就开始下大雪，气温低，下雪次数多，有的时候几个月雪都不化。现在明显感觉下雪次数少了。气候一年一年说不清楚，去年 4—5 月还在下大雪，庄稼都冻死了。前年又特别热。[②]

香格里拉地区气候要素变化总趋势与青藏高原气候变暖总特征是一致的。60 年来，青藏高原温度上升近 2.3℃，青藏高原升温幅度是全球平均升温幅度的两倍。[③]

---

① 欧阳志云、王效科、苗鸿：《中国陆地生态系统服务功能及其生态经济价值的初步研究》，《生态学报》1999 年第 5 期。

② 调查时间为 2021 年 5 月 29 日，被调查人为红坡洛茸村村民 JL，调查地点为洛茸村（一类区）。

③ 王蔼娟：《气候变暖影响下——青藏高原冰川正在"哭泣"》，《人民政协报》2021 年 9 月 16 日，第 5 版。

普达措国家公园里面温度通常要比香格里拉市冷 2℃—3℃，早上一般都要起雾，一直到 10 点前后太阳升起来才全部散完。夏天天气热的时候，普达措的温度也要比外面低。公园里这几年极端天气越来越多，去年下冰雹，大颗大颗的冰雹下着让人害怕。要不就是特别干旱，前年好几个月不下雨。[①]

根据对 1958—2017 年迪庆气象监测数据的分析，迪庆州平均气温最低的地方是香格里拉，极端冰雹天气也在香格里拉。[②] 普达措国家公园从纬度（北纬 27°43′—28°04′）来看，属于中亚热带气候，但海拔高，气温低，具有高寒山地气候特征，加上公园内高原湖泊、大面积森林生态系统的气候调节作用，这里基本上比同纬度的香格里拉市区要寒冷一些，但比起高纬度的高寒山地又较为温暖。[③]

3. 保护生物多样性

普达措国家公园位于世界自然遗产"三江并流"腹地，所处横断山脉是全球生物多样性保护的热点区域。普达措国家公园北部是高山，西南部是峡谷，海拔高差明显，植被类型丰富多样，立体的气候孕育了区域内垂直的森林植被景观，包括硬叶常绿阔叶林、落叶阔叶林、针叶林、灌丛等。普达措国家公园内高山湖泊众多，其中面积较大的有碧塔海、属都湖等高原湖泊及湖群。据调查统计，国家公园有 17 类森林植被类型、5 类灌丛植被类型、3 类草甸植被类型。国家公园内有种子植物 2275 种、兽类 76 种、鸟类 159 种、两栖爬行类 10 种、鱼类 6 种、昆虫 42 种。云南八大名花中普达措就有 6 种。其中，列入《国家重点保护野生植物名录》（第一批）的国家 I 级保护植物有 1 种、国家 II 级保护植物有 22 种，国家级保护

---

① 调查时间为 2020 年 9 月 29 日，被调查人为红坡洛茸村村民、悠幽庄园服务员 ZHM，调查地点为洛茸村（一类区）。

② 此永芝玛七秀天和丽云：《迪庆州 1958—2017 年气候极值特征分析》，《科技研究》2018 年第 7 期。

③ 西南林业大学等：《普达措国家公园综合科学考察报告》，2020 年，第 34—38 页。

珍稀濒危动物有 29 种（如表 3-1）。① 碧塔海的四周都是大原始森林，林中有贝母鸡、红脚鸡、白鹇、野牛、马麝、猕猴、云豹、猞猁、松鼠等许多动物。碧塔海因长期未遭到污染，鱼类资源保存较为完整，有特有种"碧塔海重唇鱼"，它是第四纪冰川时期留下来的物种，距今已有 250 万年的历史了。保护生物多样性对人类来说至关重要，它有着不可替代的大生态功能，不仅提供了人类生存的自然资源，多样的生态系统还为不同种群提供了生存场所，从而避免由某一环境因子的变动而导致的物种灭绝，保存了丰富的遗传基因信息。② 研究认为，人类放牧、火烧、薪柴和建房用材等持续消耗对滇西北山地植物物种多样性存在一定程度的影响，但是还没有造成不可逆转的改变。③

表 3-1　普达措国家公园国家 I 级、II 级保护动物、植物及特有种

类型	国家 I 级保护	国家 II 级保护	特有种
植物	云南红豆杉/Taxus Yunnanensis	云南榧树/Torreya Yunnanensis 雪兔子/Saussurea Eriocephala 油麦吊云杉/Picea brachytyla var. Complanata 金荞麦/Fagopyrum Dibotrys 金铁锁/Psammosilene Tunicoides 山莨菪/Anisodus Tanguticusa 松茸/Tricholoma Matsutake 虫草/Cordyceps Sinensis 山草果/Aristolochia Delavavi 高河菜/Megacarpaea Delavayi 棱砂贝母/Fritillaria Delavayi	
动物	云豹/Neofelis Nebulosa 林麝/Moschus Berezovskii 马麝/Moschus Chrysogaster 黑颈鹤/Grus Nigricollis 胡兀鹫/Gypaetus Barbatus	豹/Panthera Pardus 猕猴/Macaca Mulatta 狼/Canis Lupus 小熊猫/Ailurus Fulgens 穿山甲/Manis Pentadactyla	碧塔海重唇鱼/Diptychus Chugtiensis Tsao

① 西南林业大学等：《普达措国家公园综合科学考察报告》，2020 年，第 62 页。
② 欧阳志云、王如松、赵景柱：《生态系统服务功能及其生态经济价值评价》，《应用生态学报》1999 年第 5 期。
③ 方震东、谢鸿妍：《大河流域的生物多样性与民族文化关系浅析》，载中国科学院生物多样性委员会等编《中国生物多样性保护与研究进展Ⅵ》，气象出版社，2005。

续表

类型	国家 I 级保护	国家 II 级保护	特有种
动物	斑尾榛鸡/Tetrastes Sewerzowl 四川雉鹑/Tetraogallus Szechenyii 绿尾虹雉/Lophophorus Lhuysii	大灵猫/Viverra Zibetha 石貂/Panthera Pardus 岩羊/Neofelis Nebulosa 猞猁/Felis Lynx 黑熊/Ursus Thibetanus	长丝裂腹鱼/ Schizothorax Dolichonema

资料来源：云南省林业调查规划院、中国科学院西双版纳热带植物园：《2010 年云南省森林生态系统服务功能价值评估报告》，2011 年。

普达措国家公园通过保护生态系统，保护了区域内生物多样性。尽管如此，国家公园在生物多样性保护方面也面临压力，主要问题是外来物种的入侵。20 世纪 80 年代至 90 年代，当地社区包括中甸中心镇都有人到碧塔海打鱼，有留给自己食用的，也有拿到市场上贩卖的。碧塔海成立自然保护区后就不能捕鱼，但是出现了"放生外来物种"这一新问题。部分外地游客会到碧塔海、属都湖等湖域放生，认为在圣湖放生可以积德，为自己和家人祈福。

> 外地人乱放鱼，在碧塔海、属都湖放生鲤鱼，鲤鱼是外来物种，我们当地人都知道不能放。因为鲤鱼会吃湖里的野生鱼（中甸叶须鱼）。野生鱼皮子薄，如果鲤鱼的鱼鳍插进去，野生鱼鱼鳍后面的皮就会被弄破。我们在属都湖都看到过皮子坏了的野生鱼，就是鲤鱼破坏的。[①]

近年来，大家对外来物种入侵给生物多样性造成的破坏都有了新认识，如果村民发现有外地人悄悄来放生的情况，就会上前制止，并报告给有关部门。

对于另外一种"本地入侵物种"狼毒花，原住居民有着不同的看法。

---

① 调查时间为 2021 年 5 月 18 日，被调查人为红坡洛茸村民小组组长 BM，调查地点为洛茸村（一类区）。

狼毒花这些年在我们这边越来越多，你看我们村委会对面那一块草场，六月份狼毒花一片一片的。在公路边的草场，从小中甸下来的车把狼毒花带来了。狼毒花开完后，青草很难再长出来。如果天气干旱，狼毒花会长得特别多、特别快。村里也有人组织过大家去挖狼毒花，但是第二年还是有长出来的。现在养牛的少了，草也够吃。①

还有的原住居民并不认同狼毒花破坏草场的说法，认为这只是个别现象，有的认为生长一点狼毒花也没有多少影响，开花还可以吸引游客。狼毒花与过度放牧以及人工草场种植单一植物破坏物种多样性有关，而狼毒花已经在当地草场稳定生长，很难用人工的办法消除。

（二）生态系统的经济服务功能及原住居民的认知

普达措国家公园自然资源为当地原住居民提供了农牧业生产生活的必要材料，比如薪柴、建筑材料、食物、树叶堆积肥等。无论是当地藏族原住居民还是彝族原住居民，在农耕过程中都习惯利用树叶作为耕地堆积肥。一般利用云南松、高山松的松针为积肥原料，藏族村民也利用多种高山栎类的栎叶为积肥原料。经常听到当地人说"砍树叶"活动，就是利用树叶做堆积肥，省去了购买化肥的额外支出。利用松针叶一般不会改变树种的上层结构，丰富的森林植被条件满足了当地人的积肥需要。

普达措国家公园生态系统供给服务还转变成丰富的旅游资源，带来了可观的旅游收入。在3000—4500米的海拔范围内，国家公园有冰川地貌、流水地貌、喀斯特地貌、构造地貌、重力地貌等，形成了属都湖、碧塔海、色列湖、南宝湖等大大小小几十个高原湖泊（含冰碛湖），弥里塘牧场、南宝牧场等高山草甸，七彩瀑布、帕木乃仙人洞等自然景观，大果红杉林、高山柳灌丛、松萝垂树、高山杜鹃林等植物景观，洛茸藏族村、尼汝藏族村、尼汝祭山跑马节、自然圣境崇拜以及辐射范围内的霞给旅游文化村、印经院、大宝寺等人文旅游资源。良好的生态环境和人文资源具备

---

① 调查时间为2021年5月19日，被调查人为红坡给诺村村民，调查地点为红坡村委会。

极高的旅游观赏价值和科学研究价值。2006 年至今，国家公园接待游客 740 万人次，实现旅游收入超过 14.5 亿元。[①] 从 2016 年迪庆州旅游开发投资公司总部和 13 家分公司（分别负责州内各重要旅游景区运营）利润情况看，只有两家分公司盈利，普达措旅业分公司盈利最高。[②]

游憩服务是国家公园的基本功能，普达措国家公园在建设和发展的过程中一直重视游憩价值的开发，将其积极转化为经济价值投入社区发展和生态保护中，实现了旅游业带动普达措国家公园周边的经济以及香格里拉市相关产业发展。普达措国家公园为当地居民提供了 1200 个左右的就业岗位，涉及公园巡护、导游、保洁、服务、基础设施修缮等固定或临时性工作。当地居民通过就近就业获取工资收入，通过国家公园的反哺社区政策获取补偿性收入，通过国家公园扶持社区发展项目获得相关集体经营性收入。国家公园建立以来，当地居民收入持续增长。

此外，普达措国家公园内国有公益林有 10 元/亩/年的补贴，集体（个人）公益林是 16 元/亩/年。公益林在创造经济价值的同时，维护了权利人因保护公益林经济利益而受到损失的补偿权利。普达措国家公园茂密的森林植被和多样的土壤种类孕育了包括松茸、冬虫夏草、灵芝等在内的 147 种野生菌，当地农户采集野生菌收益最高的一年可达 10 万元。普达措国家公园地处松潘—甘孜区中甸成矿带上，铅、锌、铜、金等多种金属丰富，以石灰岩为主的非金属矿产资源也非常丰富。普达措国家公园还拥有丰富的水资源，除高原湖泊外，主要河流有属都岗河、尼汝河，为沿途村寨以及香格里拉市提供饮用水。

（三）生态系统的社会和精神文化服务功能及原住居民的认知

联合国千年发展计划的实施使人们开始关注与生态系统相关的文化效益和价值，加强了对生态系统文化服务（cultural ecosystem services，简称 CES）的关注和研究。CES 指人们从生态系统中获得的无形的或非物质的利益，它包括文化多样性、精神和宗教价值、知识体系、教育价值、灵

---

① 西南林业大学等：《普达措国家公园综合科学考察报告》，2020 年，第 224 页。
② 张海霞：《中国国家公园特许经营机制研究》，中国环境出版社，2018，第 66 页。

感、审美价值、社会关系、场所感、娱乐和生态旅游等。[①] 现有的文献表明，CES 以不同的方式为生态保护做出贡献，包括建立文化重点场所、保护关键物种和生物文化多样性。虽然这些努力是值得被赞扬的，但是对 CES 如何促进生态系统保护的全面探索仍然是不够的，特别是来自发展中国家的研究很少。经济学家试图通过货币计算来评估文化利益和价值，虽然全球在评估生态系统服务方面做出了数十年的努力，但如何理解 CES 仍然是争论不休的议题。[②]

在精神文化服务功能上，普达措国家公园周边社区的藏族、彝族原住居民根据其文化及宗教习俗，将特定的高山、森林、湖泊、河流视为神圣的、受保护的文化景观，是当地居民祈福、开展仪式活动、进行精神寄托等的场所。在普达措国家公园内部及周边，只要有人居住、有村落出现的地方，就会出现神山。不仅藏族原住居民有神山信仰，邻近的九龙彝族村落也选择相对独立或有特点的山体作为神山，高大、相对独立的大树为神树。藏族人奉湖泊为圣湖，认为湖中有龙王，而龙王是聚宝者，象征着富有。在普达措国家公园内，碧塔海、属都湖等被视为圣湖。碧塔一词在藏语中是"栎树成毡"的意思。碧塔海是《格萨尔王传》中所提及的"毒湖"（魔湖），湖中小岛是岭国英雄格萨尔王镇压魔鬼的地方。此外，姜岭大战至碧塔海，因冰天雪地，湖光朦胧，岭国的骑士们追敌误入湖中而被淹没，转败为胜的姜国认为这是碧塔山神护佑的结果，便在小山上建造了庙宇。属都湖为"仙湖"，"属都"意为"奶渣疙瘩"，传说有一高僧祝福此地牛羊肥壮，产出的牛奶浓度高，做出的奶酪像石头一样。[③] 碧塔海、属都湖之所以神圣，是因为这里的山水风光神奇宏伟，自然景观显现了藏传佛教中的吉祥八宝和众生颂扬佛经的景象。流淌在国家公园内的属都岗

① Millennium Ecosystem Assessment, *Ecosystems and Human Well-Being: Synthesis*（Washington DC：Island Press, 2005）.

② K. M. Chan et al. , "Where Are Cultural and Social in Ecosystem Services? A Framework for Constructive Engagement," *Biology Science* 62（2012）：744 - 756. C. Bullock, D. Joyce, M. Collier, "An Exploration of the Relationships between Cultural Ecosystem Services, Socio-Cultural Values and Well-Being," *Ecosystem Services* 31（2018）：142-152.

③ 《王晓松藏学文集》，云南民族出版社，2008，第 251—267 页。

河，是当地藏族居民的水葬仪式地，带着逝去的先人流向功德无量、无限美好的向往之地。此外，每年的6—7月，人们在碧塔海还可看到一种独特的景观"杜鹃醉鱼"，这是因为杜鹃花叶含有微毒，落到水面上后，被游鱼吞食，就使鱼如同醉了一般漂浮在水面上，形成碧塔海特有的奇观。另外，据说林中的老熊也会趁月色来捞食昏醉之鱼。著名作家冯牧曾描写这种景象，从此碧塔海"杜鹃醉鱼"的景观就扬名于世。[①]

普达措国家公园在建设过程中，把促进当地社区经济社会可持续发展作为国家公园发展的基本目标之一，通过一系列举措使当地居民受益，尽可能让他们更多地参与到国家公园建设管理中。除了国家公园固定的巡护制度外，各个村落还自发组织了护林队定期巡山，自发组织了监管队做好冬季集体薪柴砍伐的测算和监督，做好采集松茸时节对自然资源合理利用的管理。普达措国家公园促进利益相关者共同保护滇西北生物多样性，政府、社会组织、科研机构、经营企业、社区居民、游客等共同合作，切实履行自己的保护责任，通过积极的态度和切实的行动倡导和践行国家公园的可持续发展理念。

二　原住居民对国家公园的认知与文化景观记忆

普达措国家公园对游客来说是旅游胜地，对科研工作者来说是寒温带生物多样性研究的沃土，对林草保护工作者来说是野生动植物的庇护地……国家公园对不同的群体意味着不同的意义和功用，它们之间有重叠、交织，也有冲突。国家公园对世代生活在当地的原住居民来说意义最复杂，功能也多元。国家公园是家园，承载着基本生计需要，保障生存空间的延续；国家公园是人文圣境，印证着虔诚与信仰，沉淀着与神灵共居的美好愿景；国家公园是最重要的自然保护地，折射出国家生态保护意识的作用力；国家公园是旅游胜地，是向游客展现最美家乡色彩的乐园，也成为增进子孙后代福祉的坚强依靠。普达措国家公园是当地少数民族群体书写集

---

① 程醉：《揭开碧塔海湿地"杜鹃醉鱼"的奥秘》，《国家湿地》2018年第42期。

体记忆的重要场所。在国家与地方的互动中，国家公园还映射了国家意识、集体权益和个人主张的相互依存与博弈。

（一）既熟悉又陌生的"载体"

生态人类学通过他者的视角来理解人与环境的关系，强调人与自然生态系统的整体性，分析人如何适应以及生态系统如何平衡，分析人与自然之间的相互影响。国家公园这一概念或者国家公园这一新的自然保护地模式在 20 世纪 90 年代末才进入香格里拉，通过政府支持、媒体宣传、科研及社会组织介入而迅速融入当地社会，形成了第一个冠以"国家公园"名号的区域。当地原住居民对国家公园的认识情况反映了他者对国家意识的接纳程度及现实感受，有助于我们更为清晰地讨论国家公园这片特殊区域对原住居民的多重意义。

原住居民对普达措国家公园的认知是既熟悉又陌生。在田野调查中，凡是普达措国家公园所辐射的社区，无论是在国家公园内部还是在国家公园周边，无论是彝族居住区还是藏族居住区，只要是有认知能力的人群都知道普达措国家公园，都能清晰地指出国家公园相对于本村的方位，部分人能够说出其到本村的大概距离。但是在 137 份调查问卷中，99 名（72%）受访者并不知道普达措国家公园挂牌的具体时间，只有 38 名（28%）受访者能够大概指出挂牌时间段，准确说明挂牌时间的寥寥无几；有 41 名（30%）受访者能够描述普达措国家公园的大致范围，61 名（45%）表示不清楚，35 名（25%）略微了解。应该说国家公园对这些受访者来说是非常重要的存在，但当地人并不关心和熟悉一些最基本的信息。而对于普达措国家公园旅游年收入这样更为专业的情况，95%（130 名）的受访者表示不知道，只有在旅游公司的工作人员和少数村干部（7 名）大概了解。但是在国家公园旅游收入反哺社区的政策上，87%（119 名）的受访者准确说出了自家或者本村享受的分配政策，特别是来自一类区、二类区的受访者，基本全部（109 名）熟悉所享受的反哺政策。红坡村大宝寺片区原三类区在最新政策中被划出了补偿区，补偿款也不高，老百姓对具体政策变化及其原因并不是特别了解，大多数只单纯表达了对不能继续享受政策的不满。

当询问到普达措国家公园建立的最主要目的时，原住居民选择最多的三个目的分别是：保护生态环境（90 人，66%）、提供旅游服务（88 人，64%）、提高老百姓收入（73 人，53%）（见图 3-1）。国家安全、香格里拉发展等类似的宏观发展愿景被受访者提及，他们认为普达措国家公园的建立能够给香格里拉市、迪庆州带来发展机遇。由此可见，当地原住居民最在意的依然是与自己日常生产生活息息相关的国家公园功能，比如旅游、休憩、社区发展等，而国民环境教育、科学研究等与原住居民的关系不是非常密切，受访者普遍比较陌生。尽管如此，原住居民仍强烈地表现出对"生态保护第一"这一国家公园基本原则的认可。

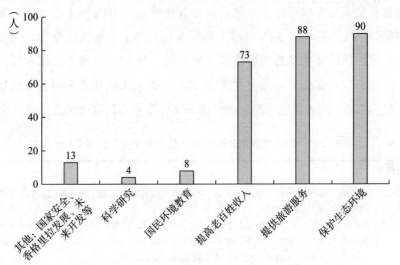

图 3-1　原住居民认为普达措国家公园建立的主要目的

资料来源：问卷调查。

普达措国家公园不是一夜之间就出现的新事物，2006 年建立以前，当地原住居民就已经参与了碧塔海高原湿地的生态旅游项目，也早就参与了"天然林保护工程""省级自然保护区"等生态保护工程下的保护工作，所以他们对国家公园的部分功能是熟悉的。但是，普达措国家公园建立以后经历了多次改革，特别是成为国家公园体制试点被国家"接管"后，当地老百姓对国家公园全民公益性功能的理解还很有限，国家公园的特殊功能对他们来说是陌生的。这种既熟悉又陌生的感知也反映出当地原住居民对民生福祉的关切，这也体现在国家公园对他们的多重意义中。

（二）集体记忆下的文化景观意义及文化实践变迁

莫里斯·哈布瓦赫（Maurice Halbwachs）提出的"集体记忆"概念是反映一个群体对相关意义、文化、价值、经验等的记忆集合，可能成为无法经历"过去"的群体成员对族群、文化、价值等认同的基本来源。哈布瓦赫始终强调集体记忆的一个显著功能就是维持群体的稳定和完整。[①] 本书使用哈布瓦赫"集体记忆"的概念，用于描述当地藏族群体成员以及彝族群体成员对文化景观共享往事的过程和结果，以说明当前国家公园文化景观意义及文化实践变迁。文化景观会发生空间上和时间上的变化。普达措国家公园建立后，表 3-2 中的文化景观在空间上没有太大变化，当地文化群体依然认同文化景观所塑造的文化价值，然而在时间上，国家公园的建立改变了当地文化群体的文化景观实践，部分文化景观不再仅提供精神文化服务功能，随着国家公园发展，部分文化景观发挥着全民公益性功能。

表 3-2　普达措国家公园部分文化景观功能及意义变迁

1. 碧塔海
景观描述：面积约 1.6 平方公里，四周由栎树、杉树原始森林围绕。湖中小岛高出湖面，建有塔状庙宇一座
集体记忆：《格萨尔王传》记录姜岭大战之地，念经转湖祈福、积累功德；不能破坏湖泊及湖泊周围生态环境，在砍树最严重时期也没有遭到破坏，植被最茂密的区域；湖水清澈，土著鱼非常多，有捕鱼的历史；划船到湖心岛烧香，转湖祈福
景观隐喻：令人敬畏的神圣区域，守望自然，维护生态秩序；守护庄稼、牦牛、家园
文化实践变化：个人不得撑船、不得上岛，湖心岛不烧香，不能捕鱼，遇事很少转湖
2. 属都湖
景观描述：面积约 1.1 平方公里，四周分布着草甸、沼泽和原始森林，有着迷人的晨雾、清澈的湖水
集体记忆：水草肥沃之地，洛茸村、红坡一社的草场所在地
景观隐喻：传说中众神饮水的地方，草场丰沃、牛羊肥壮
文化实践变化：因为游客较多，所以不会专门赶牛羊到属都湖草场放牧

---

① 莫里斯·哈布瓦赫：《论集体记忆》，毕然、郭金华译，上海人民出版社，2002，第 4—17 页。

续表

3. 神山（神树）
景观描述：藏族神山一般是相对独立或有特点的山体，每个村民小组都有自己的神山，几个村民 小组、行政村还拥有共同的大神山。神山上一般设有用水泥砌好的灰白色烧香台，有 的在山顶，有的在半山腰，四周悬挂经幡；九龙彝族村靠近普达措的几个村民小组也 有自己的神山，不悬挂经幡；每个九龙村民小组，甚至每几户选择高大、枝繁叶茂、 相对独立的大树为神树 集体记忆：节庆日或重要日子都要祭拜神山、神树；遇到病痛、不顺等可单独前往；神山、神树 神圣不可侵犯 景观隐喻：神灵居住的地方，神圣化的自然空间，是万物之本、万物之根 文化实践变化：祭祀神山更加注意森林防火

4. 白塔（包括转经筒、玛尼堆等）
景观描述：每个藏族村寨至少有一个白塔与一个转经筒以及若干玛尼堆，它们大小不一，形状有 差异，大部位于村中心或小广场附近 集体记忆：绕塔敬佛、转经或绕玛尼堆。老人每天家中煨桑后要绕塔，藏民遇到不好的事情要绕 塔，修塔是积累功德的好事 景观隐喻：佛教中清白与崇高的表现，象征着寿国佑民、佛法普照大地。藏族社区中心的象征， 个人心灵的寄托 文化实践变化：群众日常交流、活动频繁之地

5. 水葬地
景观描述：河流边相对隐蔽之地，周围生态保护完好，自然环境优美 集体记忆：非冰冻季节亲人离去而回归自然的场所，不能破坏周围任何生态，不能杀生、捕捞 景观隐喻：人与万物相互联系，众生平等、轮回转世的象征。生命由此开始，又由此结束，这是 自然万物的循环 文化实践变化：注重仪式对周边自然环境和其他群众生产生活不产生影响

资料来源：笔者根据 2019—2022 年普达措国家公园田野调查资料整理；西南林业大学等：《普达措国家公园综合科学考察报告》，2020 年，第 39 页。

对藏族生态观的研究认为，藏族与自然物结成共同体，他们保护着附着在自然物上的灵魂，以免其受到损坏而危及自己的生命。在藏族史诗《格萨尔王传》中处处可见这种生态观：黑魔国首领鲁赞的寄魂物是一面湖泊、一棵树、一头野牛和在其额头上的小鱼。藏族形成了近山崇山、近水崇水、多风地带崇风神、农业部落敬土地和水的自然崇拜文化；[①] 许多

---

① 桑才让：《藏族传统的生态观与藏区生态保护和建设》，《中央民族大学学报》2003 年第 2 期。

少数民族的文化观念里并没有独立的"自然",自然与文化是融合的,是在此基础上谈自然保护。在藏传佛教和藏族村民看来,自然与人、自然与文化并没有分离。[①]

国家公园周边社区的藏族、彝族原住居民将人视为大自然的有机组成部分,人类的存续与自然息息相关。这种天人合一的世界观伴随他们可持续地管理他们的家园。国家公园建成后,当地自然文化景观在景观空间、要素构成和呈现方式上有一定改变,比如碧塔海与属都湖修建的旅游栈道在一定程度上改变了湖岸风貌。集体记忆下的这些文化景观的意义和所释放的价值普遍被当地藏族、彝族文化共同体认同。国家公园的建立或现代化对当地的影响使传统文化景观所依赖的经济结构、社会制度、宗教组织等方面都受到了影响,具体景观的文化实践也发生了一定改变,但是这些变化和外部压力并未破坏当地文化景观基本结构,它们依旧是当地文化与大自然之间的天然联系,并且成为国家公园文化遗产的重要组成部分。

(三) 国家公园的多重意义

对当地原住居民来说,普达措国家公园并不是单纯的自然保护地或特殊自然区域,对他们来说有着多重意义。当地原住居民对国家公园有着家园故土的特殊情感,有着文化景观的特殊依恋,国家公园更是祖先和子孙后代的牵绊。搞清楚国家公园对原住居民意味着什么,更容易厘清环境正义各维度讨论的情境条件。

1. 生存家园

在田野调查中,笔者试图去理解国家公园对当地原住居民到底意味着什么,或者对他们来说,国家公园是否与国家意识里的国家公园一致。在田野调查中,当地人始终把国家公园称为"家园",无论是闲话家常、谈生计发展还是聊生态保护行动,国家公园这一新的空间划分并没有禁锢或改变当地人对"家园"空间的认可。

---

① 郭净:《雪山之书》,云南人民出版社,2012,第 286 页。

普达措国家公园建成以前，我们藏族就世代生活在此，这里是我们的家园！

普达措是我们的家园，保护它的一草一木是我们的职责。

普达措对我们来说意味着什么？肯定是生存家园啊！

这里以前就是我们的家，现在保护起来也是我们的家，我像保护自己家一样，现在做这些工作也是为了保护自己的家。[①]

人类学/社会学对"家园"内涵最基本的解析认为，家园即"人类之家以及人类之家周围那一片与'家中人'生活紧密联系的空间"。[②] 家园为人类提供基本的生存资源，如空气、住房、食物、土地、水等，并且维系着人与人、人与万物的关系。普达措国家公园所提供的生态系统服务功能（生态、经济、社会和精神文化服务功能等）为当地原住居民提供了基本的生存资源（物质）和精神文化资源（非物质），所以他们把普达措视为与"家中人"共同生活的空间。人类学认为"家园"中的人类主体是有着共同体意识的人群，而非个人或多个家庭。这些人群对家园的认同主要有两个层面，一是对家园中人的彼此认同，二是对家园整体（生命与非生命、物质与非物质）的认同。[③]

很久以前，我们彝族家就和藏族家一起在普达措里面的弥里塘草场放牛。久而久之，为了沟通方便，我们也学会了藏语，能够和他们交流。我还学会了讲一点纳西语，能和三坝纳西族交流。所以我会说彝语、藏语，还有纳西语。[④]

---

① 这是笔者于2019—2022年在普达措国家公园田野调查期间，红坡村、九龙村当地原住居民的话语。

② 李晓非、朱晓阳：《作为社会学/人类学概念的"家园"》，《兰州学刊》2015年第1期。

③ 朱晓阳：《"家园"与当代社会政治理论的实践》，载潘蛟主编《人类学讲堂》第2辑，知识产权出版社，2012，第152—170页。

④ 调查时间为2022年5月13日，被调查人为普达措国家公园南线大门管护员、九龙大岩洞村村民LZZ，调查地点为普达措国家公园南线大门。

当地藏族、彝族原住居民在国家公园建立以前就在一起放牧、采集野生菌、拾薪柴等，相互间认同彼此文化、习俗、信仰，生活中的联系也让他们学习彼此的语言。

> 我们虽然和藏族信仰不同，但是关系很好。我们不去藏族神山捡菌子，只去自家社有林，社有林一半都在国家公园里面。我们与红坡、尼汝的藏族一起放牧，有时候在山里面找牛经常会碰到，都能用藏语交流沟通。我们村经常放牛的，无论是老人还是中年人，都会说点藏语。①

国家公园建立后，虽然对资源边界、权属进行了划分，但来自不同村寨的当地少数民族群众在生产生活中难免会在国家公园范围内碰到，他们共同利用和管理国家公园内的自然资源。在现实生活中，藏族、彝族群众彼此尊重文化信仰，在交往过程中都把国家公园视为"家园"。"家园"不仅强调当地藏族、彝族原住居民的共同体性质，他们都是围绕国家公园生活，并享有和使用国家公园自然资源的共同体还强调共同体中的人通过组织、文化内涵维系人与生态系统、人与人的关系。

2. 文化空间

普达措国家公园地处云南西北少数民族聚集地，国家公园区域内的居民以藏族为主，周边地区居住着彝族、纳西族等少数民族，多种文化形态并存，形成了异彩纷呈的民族文化。普达措国家公园内的山川、湖泊、河流、草甸、植物、动物等自然资源，形成了特殊的文化景观，是当地少数民族群众举行各种宗教文化活动和仪式的特定场所。独特的自然条件造就了这里特殊的人居环境和独特的民族风情，呈现文化多样性和生物多样性的完美结合。如表3-2所示，国家公园内文化景观类型丰富，一方面，其为群众宗教文化活动和仪式提供了空间；另一方面，文化景观本身就是文化载体的呈现。当地少数民族群众的许多传统文化，从产生到发展都离不

---

① 调查时间为2021年10月3日，被调查人为九龙干沟村村民LZ，调查地点为干沟村（二类区）。

开国家公园的自然环境。比如，红坡村集体的"祛虫害"仪式就从国家公园内的洛茸村开始。红坡村自西（香格里拉市方向）向东（普达措国家公园方向）延伸，洛茸村就位于最东端，许多红坡村集体宗教文化活动和仪式的起点都是洛茸村。洛茸村村落、耕地、牧场、林地等都位于国家公园内部，所有相关宗教文化活动和仪式都在国家公园内举行。藏族是"诗意地居住在大地上"的民族，在普达措国家公园，藏族形成了以神山、圣湖自然崇拜以及藏传佛教信仰为中心的文化系统，彝族则形成了以毕摩、万物有灵、神树信仰为核心的文化系统。

> 藏族文化从来都认为人是大自然的一部分，我们红坡村的藏式房屋都建在青山绿水的自然环境中，我们出生、成长在这样的环境中，死了通过水葬还要回归这样的美好环境。所以，虽然现在有的村民去到城里，去适应不同于我们自己的文化，寻找其他生计，但是内心依然向往我们从小生活的自然环境。①

由此可见，少数民族原住居民把自我与国家公园通过"人与自然和谐共生"的文化紧密联系起来，他们认为，因为文化的牵缠、山水的召唤，所以当地人必然要回归自然。

3. 旅游胜地

普达措国家公园自 2006 年建立以来，游客规模和收入不断攀升。在2017 年中央环保督察以前，国家公园年接待游客数量从 2006 年的 47 万人次增加到 2016 年的 137 万人次，增加了 191.49%；总收入从 4271 万元增加到 3.17 亿元，增长了 642.21%。② 公园的旅游资源由自然生态景观资源和人文景观资源两部分构成。自然生态景观资源分地质地貌景观资源、湖泊湿地生态旅游资源、森林草甸生态旅游资源、河谷溪流旅游资源、珍稀动植物和观赏植物资源五大部分。人文景观资源是为普达措国家公园自然

---

① 调查时间为 2020 年 5 月 17 日，红坡村民小组讨论，参与讨论人员为红坡村 7 名村民小组组长、1 名村党支部书记、1 名红坡村委会副主任，地点为红坡村委会。

② 张海霞：《中国国家公园特许经营机制研究》，中国环境出版社，2018，第 60 页。

生态景观注入活的灵魂的藏族传统文化，包括宗教文化、农牧文化、民俗风情以及房屋建筑等。

对游客的到来，当地原住居民很少有反感和不悦的，基本上都表现出极大的热情。一些游客住在悠幽庄园，在洛茸村漫步，当地原住居民见到都会主动打招呼。游客想参观某家藏式民居，老百姓都热情招待。原住居民对旅游业的发展和游客的到来都非常欢迎，主要原因有四个。

第一，原住居民所获得的反哺资金、教育支持资金、社区发展支持资金等都来源于国家公园旅游收入。在探索国家公园旅游收入反哺社区发展政策初期，原本计划资金主要来源于本级财政预算、上级扶贫资金、旅游门票收入、风景名胜资源有偿使用费、捐赠经费五个部分，但在政策实施中，除了旅游门票收入外，其他几种资金都未能实现。[1] 第二，原住居民在普达措国家公园内就近就业以及工资收入源于旅游业的发展。根据《普达措国家公园旅游反哺社区发展实施方案》，国家公园内的交通司机、服务员、保洁员、管护员、安保等工作岗位优先安排涉及国家公园社区的原住居民，让他们能就近参与到国家公园的管理和旅游服务工作中。员工工资从起初1500元增加到目前2000—3000元，在旅游旺季，保洁员等工作还会招聘临时工。第三，国家公园旅游收入部分用来支持社区基础设施建设和集体经济项目。2008—2013年，国家公园旅游收入600万元用于一类区第一个反哺政策期的基础设施建设和集体经济项目。如洛茸村悠幽庄园酒店建设，投入300万元村集体补助资金，酒店投入运营后，由国家公园旅游公司负责管理，洛茸村36户居民每年能够分到2万元分红。第四，宣传推介家乡优美风景的自豪感。笔者添加了30多名当地原住居民的微信号，凡是普达措推出新的旅游推介视频、博文，他们都会转发，并不定时地拍摄国家公园及家乡美景，热情邀约四海游客，无不流露出自豪感。普达措国家公园对游客来说是旅游目的地，对当地原住居民来说，他们热切期盼国家公园一直是知名旅游胜地。

---

① 杨福泉、杜娟编著《云南国家公园社区带动研究》，云南人民出版社，2020，第55—56页。

三　国家生态意识与地方发展意识的权衡

一边是国家自然保护地体系建设不断推进，一边是国家发展红利带来的当地社区发展决心与信心不断坚定，国家生态革命与地方经济发展之间的碰撞或多或少会产生矛盾。我国人口众多，自然保护地/国家公园内部及周边分布着大量原住居民。国家公园要求实施最严格的保护，当地原住居民对自然资源的利用和传统生产生活方式确实受到了不同程度的限制，生态保护与社区发展的矛盾必然存在。普达措国家公园建立以来，当地原住居民在自然保护与社区发展实践中，逐渐形成了"围绕国家公园的生计模式"以及"围绕国家公园的社区发展模式"，不断适应国家生态保护政策，不断调试自身与国家公园之间的关系。

（一）围绕国家公园的生计模式

斯图尔德"文化生态学"研究文化适应自然环境的过程，把生计方式视为与环境直接相关的文化核心，生计方式一直是生态人类学传统且重点的研究内容。[1] 一个地方的生计方式是当地人民改造和利用其所处的生态环境的产物。[2] 所谓"生计模式"，是指不同的生计方式按照一定的比例构成一个赖以谋生的多元方式综合体，因此，"生计模式"的基本单位则是生计方式。[3] 过往研究把生计方式与海拔（生态位）联系起来，研究垂直分布于不同生态位的人类文化与生态环境之间的耦合关系。[4] 尹绍亭教授指出，任何一个族群的生计方式都是在其现实栖息的生态环境中形成的，

---

[1] J. H. Steward, *Theory of Culture Change: The Methodology of Multilinear Evolution* (The University of Illinois Press, 1955), pp. 30-42.

[2] 罗康智、罗康隆：《传统文化中的生计策略——以侗族为例案》，民族出版社，2009，第63页。

[3] 赵越云、樊志民：《传统与现代：一个普米族村落的百年生计变迁史》，《西南边疆民族研究》2018年第3期。

[4] 舒瑜：《海拔、生计与现代性：德昂族生计选择的生态人类学研究》，《云南师范大学学报》2019年第4期。

都是对其生境的适应方式。[①] 基于以上概念阐述，围绕国家公园的生计模式就是当地族群适应国家公园这一新的保护地模式，重新调整对原有生境的认识，根据新的生活背景重新开发的新适应方式。总体来讲，本书研究对象——国家公园原住居民的生计模式经历了四个阶段的变化，每个阶段的生计模式都由不同的生计方式按照一定比例构成（见图 3-2、图 3-3）。

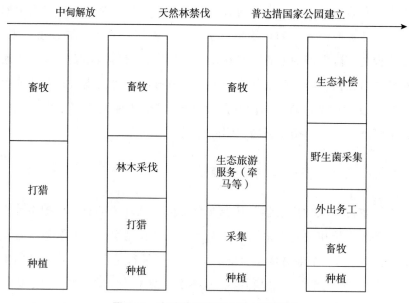

图 3-2　当地藏族主要生计模式变迁

注：生计模式中各生计方式所占比重根据田野调查资料估算整理。

资料来源：笔者根据 2019—2022 年普达措国家公园田野调查资料整理。

第一阶段为 20 世纪 50 年代中甸解放以前。当地藏族以畜牧-打猎-种植为主，生活比较贫困。畜牧业是主要生计来源，打猎获取部分食物，但是在冬季难以打猎，食物短缺现象经常发生；当地彝族则以游牧-打猎-游耕地为主，还未过上定居生活，少部分进行刀耕火种，有大量轮歇地，但因为海拔较高，所以产量不高。《光绪中甸厅志·气候志》记载："大小中

---

① 尹绍亭：《从云南看"历史的自然实验"——环境人类学的视角》，《原生态民族文化学刊》2021 年第 2 期。

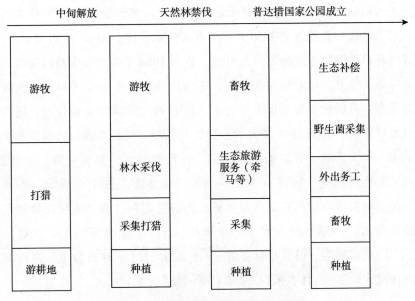

中甸解放　　　　天然林禁伐　　　普达措国家公园成立

图 3-3　当地彝族主要生计模式变迁

注：生计模式中各生计方式所占比重根据田野调查资料估算整理。

资料来源：笔者根据 2019—2022 年普达措国家公园田野调查资料整理。

甸二境系属旱坝，地高水低，山多田少，天气严寒，春冬积雪，不能布种五谷，惟青稞性能耐寒，不宜用水浇灌，必待雨泽，及时二三月播种，八九月收获，年仅一熟，居民以青稞炒磨为面，用酥油盐茶和之，曰糌粑。"[1] 红坡村主要农作物种植顺序是：2—3 月种青稞，此后种植土豆、油菜；5 月将青稞苗移栽到田地里；5 月底—6 月种植蔓菁；9—10 月收获青稞。

第二阶段为中甸解放至 1998 年天然林禁伐以前。九龙彝族来自四川大凉山地区，据当地老人介绍，目前繁衍到第 5 代至第 6 代。最早生活在这里的彝族只有 12 户，之后因为亲戚、姻亲关系而迁入。在 1957 年土改以前，当地彝族没有土地、林地，普遍过着游牧生活，向土司缴税、缴地租。土改后，政府分给这部分彝族群众耕地和山地以及定居生活的土地（宅基地）。[2] 当地藏族、彝族都有打猎的传统，中甸解放后虽然打猎行为

---

[1] 吴自修等修，张翼夔纂《光绪中甸厅志·气候志》，云南省图书馆藏清光绪十年稿本。

[2] 中国西南森林资源冲突管理案例研究项目组编著《冲突与冲突管理——中国西南森林资源冲突管理的新思路》，人民出版社，2002，第 254—255 页。

被禁止，但一直到 1995 年政府开始收缴猎枪，当地偷猎行为才被真正禁止，但当地人一直通过"放扣子"等方法获取猎物。20 世纪 80 年代至 90 年代，森林里的野生动物基本被打光，直到 1986 年碧塔海保护区建立以后生态才逐渐恢复。随着公路的修通，迪庆发展起林木采伐，林木采伐成为当地藏族、彝族的主要生计来源之一。到 1995 年国家禁止采伐时，还有极少数偷砍行为，直到 1998 年开始全面禁伐，留下的只是满山的树桩和稀疏的灌木。林下采集主要以采集野生菌、挖药材为主，包括松茸、羊肚菌、木香和黄连等药材。1996 年前后，当地开始生态旅游牵马活动，当地藏族、彝族村民可以轮流在碧塔海保护区为游客牵马，为当地村民增加了很多经济收入。当地村民大多以种植青稞、洋芋、玉米等为生。在这一阶段，当地藏族的生计模式是以畜牧-林木采伐-打猎-种植为主，当地彝族的生计模式以游牧-林木采伐-采集打猎-种植为主。

> 解放以前，主要靠打猎、放牧为生，穷得一家只有一双鞋，有的地里种一点青稞、土豆，但收成不好。冬天都要吃救济粮，还要到处借粮食吃。我记得洛茸就向尼汝借过粮食，我们还吃过日本饲料。后来县城通往林场的路修通了，大家就开始砍木头，偷着砍，拿去卖钱，生活虽然改善了，但是森林也砍没了。后来国家不准滥砍滥伐，老百姓就依靠放牧、采药材、采松茸赚一点钱。我家一直养着几十头牦牛，碧塔海搞旅游牵马的时候，我家大儿子去牵马，我还在放牛、放羊。牦牛价格还是不错的，一头可以卖八九千元，甚至上万元。现在养牦牛的越来越少了，只有我这样的老人家才会守在草场里，没有放牛的劳动力，只能在家里养一点来挤牛奶、打酥油。[①]

第三阶段为天然林禁伐至 2006 年普达措国家公园建立前。随着天然林保护工程的不断推进，林下植物种类日益丰富，各种食用野生菌也不断增加，松茸、野生香菇等越来越多。采集野生菌成为周边社区群众增加经济

---

① 调查时间为 2019 年 10 月 6 日，被调查人为红坡吾日村村民 CL，调查地点为普达措国家公园吾日村牧场。

收入的重要途径之一。普达措国家公园建立以前，当地原住居民通过在保护区周边开展牵马、售卖零食、出租民族服饰、烧烤等旅游服务活动，在1994年至1999年获得较高的经济效益，解决了在生产生活方面的困难。当地藏族主要生计模式以畜牧-生态旅游服务（牵马等）-采集-种植为主，当地彝族生计模式与当地藏族相似，只是生计方式比重不同。

> 禁止砍伐木材后，牵马带游客去碧塔海那几年，还是很能赚钱的，甚至比现在旅游反哺收入还高。过去我家一直都欠着外债，牵马以后我家不仅还清了欠款，还有了存款。过去我们九龙游牧而居，基本没有人出去打工，这几年一方面享受着补偿款，另一方面外出打工的比以前多了。现在松茸采集也是主要家庭收入，好一点一天可以卖几百元，一年户均收入可以达到6000—7000元，勤劳一点的一年有几万元的收入。我们九龙有几个海拔低一点的村寨，还种植苹果、桃子等水果。①

第四阶段为普达措国家公园正式建立后。当地藏族、彝族不断适应国家公园自然、社会和市场环境，逐渐形成了一种"围绕国家公园的生计模式"，以生态补偿-野生菌采集-外出务工-畜牧-种植为主。以当地农户不同时期的现金收入为例，现金收入的主要来源发生了如下变化（见表3-3）。

表3-3　红坡村农户不同时期主要现金收入来源变化

时期	时间	收入来源（最重要的四种）			
木头经济	20世纪50年代至70年代	打鱼/打猎	卖烧柴/木炭	运输（赶马车）	手工业等
	1970—1982年森工企业采伐	偷砍盗伐	林场打工	打鱼/打猎	卖烧柴/木炭

---

① 调查时间为2021年9月29日，被调查人为九龙高峰上村村民，调查地点为高峰上村（二类区）。

时期	时间	收入来源（最重要的四种）			
木头经济+生态旅游发展初期	1983 年碧塔海自然保护区建立至 1990 年	偷砍盗伐	运输（木材运输）	打鱼/打猎	卖烧柴/木炭
	1991—1998 年旅游发展	牵马等旅游服务	偷砍盗伐	运输	林下采集
生态旅游发展阶段	1998—2006 年天然林保护工程禁伐	牵马等旅游服务	林下采集	畜牧业	于工业等
地方主导的国家公园探索建设阶段	2007—2015 年国家公园挂牌后	林下采集	旅游反哺收入	畜牧业	外出打工
国家主导的国家公园建设	2015 年至今	林下采集	生态补偿收入	外出打工	畜牧业

资料来源：笔者根据 2019—2022 年普达措国家公园田野调查资料整理；中国西南森林资源冲突管理案例研究项目组编著《冲突与冲突管理——中国西南森林资源冲突管理的新思路》，人民出版社，2002，第 240 页。

当前当地社区形成的"围绕国家公园的生计模式"指主要生计方式受国家公园影响而发生变化，某些生计方式的出现也受国家公园影响。比如生态补偿的生计方式，包括现金补偿、教育补偿、集体经济补偿等，是国家公园旅游收入反哺社区政策的惠益；林下经济植物采集生计方式，采集活动严格遵守国家公园要求，做到护林防火、保护生态、维护国家公园环境卫生，相关活动还受到国家公园管护员、村护林员等监督，挖药材等采集行为破坏生态，已不再进行；外出务工生计方式，有相当一部分外出务工行为是在普达措国家公园内就近优先就业，问卷调查的 137 个有效样本中，有 21 户（15%）家庭中有在普达措国家公园工作的人员，有 36 户（26%）家庭中有护林员，包括天然林保护工程指定护林员（林业站指定）、生态扶贫精准护林员、普达措国家公园指定护林员、村集体经济指定护林员，离国家公园越近的社区，在国家公园内工作的人数越多，红坡村和九龙村都有；畜牧业生计方式，放牧活动严格遵守国家公园各项要求，不得在国家公园内牧场新建牛棚等建筑，放牧期间不得使用明火，要防止牛羊啃食树皮；种植业生计方式，不得私自开荒种地或采取刀耕火种的方式，严格遵守国家公园关于化肥使用、护林防火等的规定。

在国家公园建立以前，当地原住居民就参与了部分旅游服务活动，包括牵马、开饭店、售卖烧烤和小吃、卖百货、租衣服、导游等。根据问卷调查（见图3-4），在137个有效样本中，77%（105户）的农户参与过牵马活动，20%（28户）的农户曾经售卖烧烤和小吃，只有1户没有参与过任何的旅游服务活动。虽然国家公园的建立规范了无序的旅游服务活动，对退出旅游服务活动的原住居民进行了现金补助，但当地人对参与旅游特许经营项目的意愿依然强烈（见图3-5）。如果特许经营允许，48%（66户）的农户希望能继续从事牵马、骑马旅游服务活动，39%（54户）的农户希望能够从事农家乐、民宿运营等旅游服务活动，31%（42户）的农户希望能继续出租民族服饰拍照，30%（41户）的农户希望在国家公园售卖零食、小吃。8%（11户）的农户表示不想参与旅游服务活动，主要是年轻的受访者，他们希望读书后到大城市工作、生活。部分受访者原来参与过牵马但现在不选择牵马，追问后表示，牵马风险太高，可能会摔伤游客。

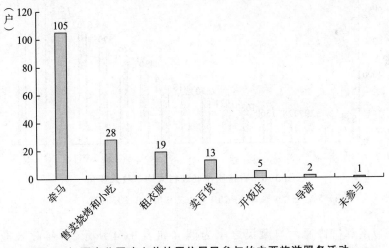

图3-4　国家公园建立前的原住居民参与的主要旅游服务活动

资料来源：问卷调查。

开展生态旅游以来，当地原住居民收入持续上升，如图3-6所示，红坡村人均年收入持续增加，20年间增长了约10倍。2006年国家公园建立初始，红坡村人均收入1360元，2018年这一数字增加到9661元。

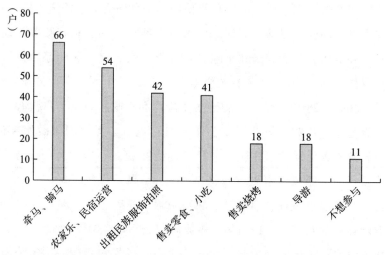

图 3-5　未来国家公园特许经营制度下的原住居民希望参与的主要旅游服务活动

资料来源：问卷调查。

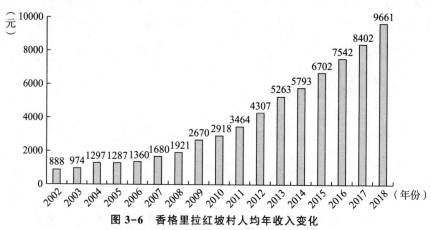

图 3-6　香格里拉红坡村人均年收入变化

资料来源：笔者根据 2003—2019 年《香格里拉年鉴》自制。

以洛茸村普通六口藏民之家为例（如表 3-4 所示），年收入能达到 11.4 万元。洛茸村从过去最贫穷、落后的村落，跻身成为收入高、环境优、发展潜力大的村落，成为迪庆州生态致富的名片。2020 年 10 月 7 日，笔者在当地田野调查之际，中央电视台财经节目中心大型融媒体行动"走村直播看脱贫"走进了洛茸村，向全国宣传介绍当地绿色发展、生态致富情况。

表 3-4　红坡洛茸村某农户生计模式

单位：元/年，%

生计方式	户均收入	占比	备注
国家公园旅游收入反哺社区政策	40000	35	6 口之家 （户均 10000 元，人均 5000 元×6 人=30000 元）
国家公园社区发展项目	20000	17	村集体经济悠幽庄园
林下经济	10000	9	以采集松茸为主
传统畜牧业	5000	4	以养殖牦牛及藏香猪为主
传统种植业	2000	2	以种植青稞、蔓菁、马铃薯为主
国家公园内优先就业	24000	21	按照 2000 元/月工资，一人 在国家公园悠幽庄园担任服务员
生态公益林补贴	10000	9	人均 1700 元/年至 2000 元/年
惠民政策收入	3000	3	农业补贴等
总计	114000	100	

注：该家庭常住人口 6 人，其中男性户主 LR 的妻子在悠幽庄园工作，LR 父母在家务农、照顾十来头牦牛和三四头猪；两幼童一人在香格里拉市上小学，一人上幼儿园，每周接送。松茸采集，只有 LR 一个劳动力。另外，当地人通常不认为传统种植业提供了收入，仅提供部分口粮和饲料。

资料来源：笔者根据 2020 年 9 月 29 日田野调查资料自制。

从生计模式上看，传统畜牧业、种植业的比重在不断减小，主要有三点原因。第一是劳动力缺乏。普达措国家公园辐射社区距离香格里拉市较近，劳动力向城市流动较为容易，原本可能从事农牧业的劳动力纷纷外出务工，导致本地劳动力缺乏。当前，老人、妇女已经成为畜牧业（在家附近的草场）和在家务农的主力，规模化畜牧业的发展需要投入较多劳动力，老人、妇女难以承担，劳动力缺乏家庭仅在房前屋后草场饲养少量牦牛。第二是当地教育水平不断提升。读书成为年青一代的选择，而教育水平相对落后的上一代也非常支持，接受高等教育后的年轻人少有回家继续从事传统农牧业的。第三是赚钱行业的驱使。近年来，国内外对香格里拉松茸等野生菌的市场需求量大，野生菌价格高、交易成本小，刺激了当地老百姓从事野生菌采集。老百姓认为采集松茸比种田放牧更能赚钱，所以在采集时节，家家户户都上山捡松茸以获取更大的收益，在外打工、放暑假的青壮年也纷纷回家参与。尽管如此，每年 10 月青稞丰收、牛羊转场的农忙时节（从高海拔夏季牧场回到冬季牧场），外出务工家庭成员还是会回家帮忙。因为劳动力缺乏，所以各个村寨也形成了农忙时节相互帮忙、集中收割的传统，近年来村委会还组织农用机械收割机帮助老百姓。虽然年青一代不再愿意专门从事农牧业，但是他们中的很多人愿意从事与国家公园相关的行业，如导游、开旅游车、管护等工作，有的也表示希望在今后能够开客栈、民宿、饭店，在家门口国家公园就近就业。

（二）围绕国家公园的社区发展模式

社区发展是开展国家公园建设必须协调处理好的一个重要课题。美国、加拿大、澳大利亚等国家在建立国家公园时，都有大片的荒野和无人区，国家公园内人口很少，社区矛盾并不突出。[①] 中国国家公园社区人口众多，国家公园实行最严格的保护，必然会不同程度地限制原住居民对自然资源的利用，传统生计方式、社区发展模式都会受到限制，社区发展与生态保护之间必然产生矛盾。尽管如此，社区仍是国家公园的一部分，两者是一个整体。[②] 社区发展需要适应国家公园建设战略和具体政策，只有这样，社区才能更好地融入国家公园，走真正可持续的发展道路；国家公园的战略和政策制定也要给予社区发展空间，指引社区发展方向，支持和辅助社区发展。国家公园保存了自然生态系统的原真性，社区则保存了社会生态系统的复杂性，两者之间只有相互依存、相互协调、相互促进，才能造就国家公园区域内人与自然和谐共生的自然、人文景观。

2022 年出台的《国家公园管理暂行办法》规定："国家公园管理机构应当引导和规范原住居民从事环境友好型经营活动，践行公民生态环境行为规范，支持和传承传统文化及人地和谐的生态产业模式。完善生态管护岗位选聘机制，优先安排国家公园内及其周边社区原住居民参与生态管护、生态监测等工作。国家公园周边社区建设应当与国家公园保护目标相

---

① 唐芳林：《让社区成为国家公园的保护者和受益方》，《光明日报》2019 年 9 月 21 日，第 5 版。

② 刘金龙：《让社区成为国家公园建设及受益的主体》，2022 年 9 月，www. china. com. cn/opinion/think/2022-09/19/content_78427319. htm，最后访问日期：2022 年 9 月 19 日。

协调。"① 在普达措国家公园，为促进生态保护与社区共同发展，国家公园相关政策的制定向社区发展倾斜，而当地社区也在不断调试与国家公园的关系，逐渐形成了"围绕国家公园的社区发展模式"。该模式坚持走社区环境友好、绿色发展道路，保证社区发展在国家公园生态保护理念指导下不走偏，同时通过具体措施使社区利益相关者从国家公园生态红利中获益，从而缓解普达措国家公园建设过程中可能存在的矛盾。

"围绕国家公园的社区发展模式"的主要做法是坚持绿色发展，带动社区居民发展多元化的环境友好型产业。普达措国家公园辐射社区基本是传统的农业型社区，产业发展相对滞后。普达措国家公园体制试点区将"社区发展"列入国家公园五大功能，形成社区产业发展长效扶持机制，在社区畜牧业、种植业发展基础上，重点支持社区生态旅游产业发展。国家公园从旅游收入中划出专项资金，支持社区基础设施建设和产业发展。比如红坡洛茸村，在 2008—2013 年第一轮反哺中，国家公园投资的 300 万元基础设施建设经费被投入旅游生态综合服务项目悠幽庄园酒店的建设，村集体以参股的形式加入，由国家公园旅游公司管理，2016 年建成后，洛茸村每户第一年获得 1.5 万元，后增加到每年 2 万元现金分红。红坡一社则把 300 万元基础设施建设经费部分投入国家公园入口处的公厕和小吃街旅游建设项目中，第一期（2010—2015 年）户均获利 2.58 万元，第二期（2015—2020 年）户均获利 4 万元左右。霞给村（一社、二社 7 个自然村）发展藏族文化生态旅游产业，凭借天然温泉，于 2005 年成立了迪庆霞给藏族文化生态旅游开发有限责任公司，并在次迟顶村建成一座集中供奉释迦牟尼十二岁等身像和藏传佛教各教派始祖佛像的噶丹·德吉林寺，周围还设有藏族传统生产生活的藏文化体验区、民俗风情体验区。2014 年霞给村被列入第三批中国传统村落保护名单，22 处藏式民居及相关自然环境、历史文化景观受到保护。② 霞给村有普达措国家公园的区位优势，游客到普

---

① 《国家公园管理暂行办法》，2022 年 6 月，www.gov.cn/zhengceku/2022-06/04/content_5693924.htm.，最后访问日期，2022 年 9 月。

② 受保护历史文化景观包括 1 处白塔，1 座寺庙，1 座印经院，3 座旗堡，19 个玛尼堆、经幡和护法天柱，风格各异的水力转经筒、铜制转经筒以及青稞架等。

达措旅游途中可以顺访，为当地带来了旅游收入。此外，国家公园支持和培训社区居民可持续利用自然资源开发环境友好型产品，在实现原住居民参与生态保护的同时，发展农牧民生态经济。比如松茸采集过程中不破坏野生菌生长所需的小生态系统，确保松茸产量；在农田、草场里只施农家肥，不用化肥，确保粮食作物与饲养牦牛的生态有机性。

普达措国家公园旅游公司每年从旅游收益中拿出 1500 余万元专项资金，用于 3700 余名社区居民的直接经济补偿和教育资助。制定优先聘用社区居民参与巡护、环卫、交通、解说等服务的政策，经营企业为社区居民提供就业岗位 100 多个，当地社区员工占企业员工总数的 1/3。通过国家公园的社区帮扶，当地社区的交通、基础设施、教育等生产生活条件得到改善，社区居民的综合素质也不断提升，更加积极地参与国家公园生态文明建设。

（三）国家公园与社区的紧密依存关系

普达措国家公园辐射了香格里拉建塘镇红坡村委会，洛吉乡九龙村委会、洛吉村委会、尼汝村委会，格咱乡格咱村委会，共 3 个乡镇 5 个村委会（见表 3-5）。

历史上，普达措周边社区都以农牧业为主要生计方式，不可避免要利用国家公园自然资源，包括林草、动物、非木质林产品等。建塘镇红坡村委会、洛吉乡九龙村委会分别分布在当前普达措国家公园大门西线及南线碧塔海管护站入口，受益于国家公园旅游开发的程度最深，旅游收入反哺社区政策中一类区、二类区的分布也最多，在国家公园内工作的原住居民也最多，是与普达措旅游开发最紧密的社区。尼汝村委会位于普达措国家公园东南侧"三江并流"世界遗产核心区，旅游开发处于起步阶段，是普达措未来重点打造的徒步、游憩区域；从文化依存上看，当地原住居民长期生活在特定地域中，与自然环境融合，产生了独特的民俗风情与文化传统，体现在饮食、方言、建筑、仪式、习俗等方面。依托普达措这一特定地理空间，当地原住居民的生产生活、社会文化、宗教仪式等，既是国家公园不可或缺的重要组成部分，也是当地社区与国家公园紧密依存关系的体现。

表 3-5　普达措国家公园主要辐射社区情况

单位：个，户，人

相对国家公园位置	乡镇	村委会/自然村	村民小组数	户数	人口数	民族
国家公园内部	建塘镇	红坡洛茸村		36	183	藏族
	洛吉乡	尼汝村委会	3	124	639	以藏族为主
合计			3	160	822	
国家公园周边	建塘镇	红坡村委会（包括洛茸村）	15	449	2376	以藏族为主
	洛吉乡	九龙村委会	11	345	1314	彝族
		洛吉村委会	23	701	2779	汉族、纳西族、彝族、傈僳族等
	格咱乡	格咱村委会	12	393	2101	以藏族为主
合计			61	1888	8570	

资料来源：西南林业大学等：《普达措国家公园综合科学考察报告》，2020 年。

在对原住居民关于国家公园与受访者家庭关系的直观感受调查中（图3-7），68%的受访者都认为受访者家庭与国家公园之间是相关的，其中23%（32人）的受访者认为国家公园与受访者家庭是密切相关的，45%（61人）的受访者认为有一定相关性。深入分析数据看，越靠近普达措国家公园的社区、越受益于国家公园生态补偿政策的社区，越认为国家公园与受访者家庭密切相关。如图3-8所示，在一类区受访者中，92%都认为国家公园与受访者家庭生产生活有关系，认为密切相关的占42%，没有受访者选择非常不相关的选项；在二类区受访者中，65.7%的受访者认为与国家公园有关系，认为不太相关、非常不相关的占34.3%；而在三类区受访者中，没有受访者选择密切相关的选项，50%的受访者认为国家公园与受访者家庭不太相关。由此可见，受访者普遍认为国家公园与受访者家庭存在一定关系，而这种依存关系的程度与社区受国家公园影响相关。一类区、二类区受国家公园影响最深，生态补偿政策也最多，老百姓与国家公园的关系也最密切。当地社区与国家公园的地理依存关系决定了社区经济、社会生活等依赖国家公园的程度，也决定了受益于国家公园旅游开发的程度。

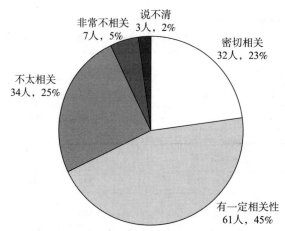

图 3-7　国家公园与受访者家庭的关系

资料来源：问卷调查。

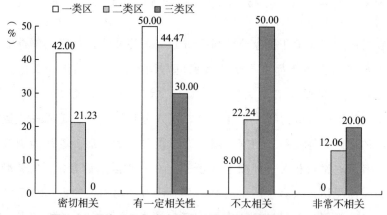

图 3-8　国家公园与来自不同生态补偿类型区家庭的关系

资料来源：问卷调查。

　　与国家公园的依存关系还表现为原住居民受国家公园"生态保护第一"理念的影响，原住居民保护意识普遍提升，从"要我保护"转变为"我要保护"。笔者在普达措国家公园田野调查期间通常住在国家公园内的洛茸村，洛茸村虽然人口不多，但是分布很广，形成了三个聚集区，被当地人称为上、中、下三个村。国家公园内唯一的游客接待酒店——悠幽庄园就位于洛茸下村，而七八处藏式民居就分散在酒店周边。清晨，煨桑结束后，藏族妇女穿梭于村落的牛圈、厨房，准备早饭，送给家中去城里打工、去国家公园上班或去草场放牧的家庭成员，还要照顾家中饲养的几头产奶牦牛。笔者早餐后经常驻足于酒店前的小广场，欣赏清晨国家公园内藏族村寨的忙碌与和谐，雾气还未散去，炊烟袅袅，烧香台内的松柏还散发着阵阵香气，牦牛悠闲散步，胸前铃铛发出悦耳声响。笔者不止一次见到，忙碌的藏族妇女低腰拾起零星散落在村寨里的垃圾，或是一张纸片，或是一片塑料，或是哪家牦牛夜里乱窜带来的枯枝烂叶。一两次这样的行为并未引起笔者的关注，但是多次发现后，笔者开始特别关注当地人在国家公园内时有发生的捡拾垃圾的行为。在公园景点不用说，当地人作为保洁员有义务维护景区清洁卫生，在村寨内要维护村庄整洁卫生，笔者还在洛茸上村的牧场、国家公园公路边小牧场观察到主动捡垃圾的行为，在国家公园公路边、洛茸村公路边看到村民清扫牛粪的行为。

　　　我们都形成习惯了，现在眼里见不得垃圾。在景区做保洁环卫工作，哪里有一点点垃圾都要捡，有游客乱扔垃圾也会制止，游客还是比较自觉的，乱扔垃圾的人非常少。有时候轮到我们去巡山，采松茸的时候，看到生活垃圾也会捡。放牛路过路边、草场，只要眼睛里看得见的垃圾，如塑料袋、瓶子、食品袋等，都会捡起来扔进垃圾桶。管理局、公司也会宣传，不能乱扔垃圾，保护环境，村民们平时都很注意，然后久而久之就形成习惯。①

　　日常的环保主义非常重要，当把自然的因素引入你自己的生活时，你对自己的生活的调节、对与自然的关系的调节、对与他人的关系的调节，就成为一种保护自然环境的新的社会样式。② 普达措国家公园与当地社区，形成了非常紧密的依存关系，当地人日常的环保行为，就是在调节与国家

---

①　调查时间为 2021 年 5 月 14 日；被调查人为红坡洛茸村村民 CCHUI，在国家公园内担任保洁员；调查地点为洛茸村（一类区）。

②　《对话自然与人的共同焦虑——"面向共生与共存的未来：由自然哲学到行星式治理"》，2022 年 9 月，https://www.berggruen.org.cn/activity/a-dialogue-on-the-common-worries-of-humans-and-nature，最后访问日期：2022 年 10 月 6 日。

公园的关系、调节与周边生态系统的关系，进而践行了国家公园的保护理念。

小　结

20世纪末以来，中央政府把生态环境保护摆在更加重要的位置，加大了对自然保护区的建设力度。在一些地区，自然景点的旅游收入已经超过了其他行业，并且增长迅速。迪庆州抓住国家公园建设契机，在模仿九寨沟、张家界等地方的大众旅游业务的同时，打造了一个独特的品牌。地方政府利用旅游业拉动经济增长，成为环境管理的核心角色。普达措国家公园正是在这样的情境下由地方政府推动而建立，是国家生态革命在地化的表现。

普达措国家公园对当地原住居民来说具有多重意义，是生存家园、文化空间和旅游胜地，这与国家公园生态系统服务的多重功能相吻合。国家公园的建立重新定义了原住居民与自然资源，特别是陆地景观的关系。地方社会环境的变迁，可为地方人民改变其利用环境资源的手段提供条件。普达措国家公园辐射社区的原住居民生计模式从半农半牧转型为"围绕国家公园的生计模式"，并形成了"围绕国家公园的社区发展模式"。在不断权衡生态保护与社区发展的过程中，当地社区适应国家自上而下的生态保护政策，也采取自下而上的当地生计策略，原住居民与国家公园紧密依存。在普达措国家公园标签下，生态系统服务功能表现出的生态产品价值更加凸显，带来的红利也惠泽当地群众，原住居民收入水平和生活质量不断提升。

虽然最严格的保护区管理制度试图排除人为影响，以实现生物保护目标，但本书结果表明，保护和发展可以相互配合和适应，以增加实现双赢的可能性。

第四章　环境正义的分配之维

对社会公平正义理论来说，最重要的问题就是"分配什么"与"怎么分配"。无论是实证研究还是理论研究，环境正义研究都无法偏离社会公平正义理论研究的重点，即公正的分配。分配正义也成为环境正义理论中非常关键的一个维度。① 在环境正义理论下，分配正义关注环境干预政策下所产生的成本以及收益的分配公正性问题。② 有的学者也将其分类为对"环境恶物"（environmental bads）与"环境善物"（environmental goods）的分配。③ 成本或"环境恶物"包括环境污染和生态破坏所产生的各类污染物、退化的生态系统、恶化的生态环境等，还包括环境干预政策所产生的负担、责任等概念；收益或"环境善物"则是环境干预政策影响下所产生积极价值的表现。④ 当分配的成本大于分配所获得的收益时，可能会发生不满与冲突，反之更易达到合作、和谐的状态。分配正义对增进人类福祉来说至关重要，它提供了良好生活的物质条件，是人们获得感的体现。

在本书中，环境正义的分配正义维度主要研究和讨论在普达措国家公园相关环境保护政策干预下所产生的利益、成本/负担以及责任是如何被分配的，分配了什么，分配给了谁，分配所遵循的原则是什么，以及分配产生了怎样的结果，其中原住居民的分配公正性感受是研究的重点。

---

① A. Dobson, ed., *Fairness and Futurity: Essays on Environmental Sustainability and Social Justice* (Oxford: Oxford University Press, 2002), p. 5.

② T. Sikor, ed., *The Justices and Injustices of Ecosystem Services* (London: Earthscan, 2013), pp. 2-3.

③ 王韬洋：《环境正义的双重维度：分配与承认》，华东师范大学出版社，2015，第65—66页。对于 goods 等有多种翻译，包括善、益品、产品、好处、利益等；bads 则有恶、坏处、害处、损失、弊端等翻译。

④ T. Sikor, ed., *The Justices and Injustices of Ecosystem Services* (London: Earthscan, 2013), p. 4.

一　利益的分配正义

普达措国家公园的建设，特别是国家公园旅游业的发展，为原住居民带来了切实的利益。利益直接关乎生计收入，是原住居民最关心、最在意，并且是最积极争取的部分。有关利益分配的讨论，本节以国家公园旅游收入反哺社区政策相关利益的分配、国家公园公益性工作岗位的分配、国家公园支持社区集体性产业发展的分配三个方面入手，探讨原住居民对利益分配的权衡以及他们所持的原则。

(一) 国家公园旅游收入反哺社区政策相关利益的分配

国家公园实行最严格的保护制度，是我国自然生态系统保护水平最高的区域。国家公园对自然资源利用有严格的管理制度，限制自然资源开采，避免原住居民根据自己的需要任意取用，出现"公地悲剧"。全球范围内各个国家都会通过生态补偿等经济手段限制自然资源使用者的行为，以达到保护的目的。同时，生态补偿也被认为是一类重要的利益，使保护地原住居民能够从保护中获益。普达措国家公园旅游收入反哺社区政策是国家公园各项治理政策中最受关注、争议最多，也是研究最多的政府政策。从国家公园建立伊始，补偿政策就开始实施，其见证了普达措国家公园原住居民与其他利益相关者的矛盾、冲突、协商与调解等，是环境正义分配正义维度调查研究的重点之一。

1. 补偿政策制定的原因

普达措国家公园是在碧塔海以及属都湖两个景点基础上建立的，2006年整体规划以前属于两个各自经营的景点，周围集体林地、耕地及草地属于不同的社区。随着当地生态旅游业的发展，社区居民自己组织在两个景点进行牵马、烧烤、出租民族服饰等旅游服务项目的经营，获得了可观的旅游收入。普达措国家公园规划实施后，国家公园制定了一系列经营管理制度，要求相关社区退出马队服务项目以及在国家公园内的所有经营服务项目（包括出租防寒服与民族服装、烧烤、照相、摆摊设点等各种经营活动），杜绝一切干扰国家公园正常运转的行为。从 2005 年 6 月 18 日始，为对社区马队退出服务进行补偿，国家公园与社区签订了为期三年的马队补偿合同，给予利益相关者一定现金补偿，该合同已于 2008 年 6 月 17 日到期。随后，为实现国家公园发展与社区发展相协调的目的，国家公园积极与社区协商，制定了《普达措国家公园旅游反哺社区发展实施方案》，国家公园运营公司拿出旅游收入的一部分对社区进行多种形式的补助，作为社区及社区居民退出旅游服务项目后生计收入减少的补偿。

国家公园建立以前，旅游经营过程中缺乏统一管理，加之相关管理机构无行政执法权，对社区群众的无序、任意的经营行为难以制止。国家公园建立后，周边社区居民在公园内的经营活动不规范，对公园的正常运转产生了影响，对公园生态环境也造成了一定污染和破坏，影响了国家公园的形象。

2008 年前后，个别村民在国家公园景区外围直接拉客，以每人 100—120 元的价格直接收取游客门票费，然后利用自己当地居民自由出入国家公园的身份权利，偷偷将游客用私家车送入景区。个别村民小组不允许国家公园在碧塔海提供游船服务，不允许在景区内售卖汉堡等食物，影响了国家公园正常的生产经营秩序。此外，村民的烧烤零售摊点在经营过程中，对周围环境造成了污染，直接影响了国家公园的形象，同时也隐藏着严重的火灾安全隐患。[1]

对于这些事件，部分原住居民有着不同的认识，他们认为国家公园剥夺了他们在国家公园内开展旅游经营活动的权利，而这些活动在国家公园建立以前是可以开展的。

2. 补偿内容和分配标准

2008 年后，根据制定的《普达措国家公园旅游反哺社区发展实施方案》，国家公园对建塘镇、洛吉乡两个乡镇的红坡村、九龙村、尼汝村三

---

[1]　调查时间为 2020 年 8 月 18 日，被调查人为建塘镇人民政府官员，调查地点为普达措国家公园悠幽庄园。

个村委会的 29 个村民小组 870 多户开展了旅游收入反哺工作。反哺对象主要是 2006 年以前在碧塔海西线、南线及在属都湖从事牵马活动和在公园内从事烧烤、租衣等经营活动的社区。根据国家公园一期规划涉及社区的土地资源面积、对社区资源影响程度大小，并对照国家公园建立前各社区在国家公园旅游经营服务量的多少，把所有涉及的社区分为三类，将影响大的社区归入一类区，影响中等的归入二类区，影响小的归入三类区（见表 4-1）。①

表 4-1　普达措国家公园旅游收入反哺社区分区

社区类型	村落及人口情况
一类区	建塘镇红坡村 4 个村民小组（123 户 582 人）：洛茸（36 户 183 人）、吓浪（43 户 192 人）、基吕（22 户 96 人）、次迟顶（22 户 111 人）
二类区	建塘镇红坡村 5 个村民小组（209 户 1082 人）：吾日（37 户 192 人）、浪丁（30 户 139 人）、洛东（46 户 249 人）、扣许（49 户 267 人）、崩加顶（47 户 235 人） 洛吉乡九龙村 11 个村民小组（365 户 1311 人）：九龙上、九龙下、高峰上、高峰下、联办、干沟、花椒坪、私家沟、大伙堂、大岩洞、丫口
三类区	建塘镇红坡村 6 个村民小组（116 户 708 人）：达拉（24 户 149 人）、林都（13 户 82 人）、古姑（30 户 173 人）、祖木谷（22 户 133 人）、给诺（15 户 92 人）、西亚（12 户 79 人） 洛吉乡尼汝村 3 个村民小组（160 户 637 人）：尼中、白中、普拉

注：三类区建塘镇红坡村 6 个村民小组仅参与了第一轮、第二轮反哺，2018 年后不再作为旅游收入反哺社区；三类区尼汝村 3 个村民小组在 2018 年后被调为二类区。

资料来源：笔者根据 2019—2020 年田野调查资料整理。

　　一类区村民小组共有 4 个，全部来自建塘镇红坡村；二类区村民小组涉及红坡、九龙两个行政村，共有 16 个村民小组；三类区涉及红坡、尼汝两个行政村，共有 9 个村民小组。其中，红坡村的 15 个村民小组分别属于不同的补偿类型。需要说明的是，这样的分类方式不是固定的。2021 年后，在普达措国家公园旅游收入反哺社区分类方案中，建塘镇红坡村的 6

① 章忠云：《香格里拉普达措国家公园的发展状况及生态补偿机制》，《西南林业大学学报》2018 年第 3 期。

个村民小组（三类区）退出受补偿社区；洛吉乡尼汝村 3 个村民小组提升补偿等级为二类区；洛吉乡九龙村 1 个移民搬迁小组被列入三类区。因为本书集中田野调查时间为 2019 年 9 月至 2022 年 5 月，2021 年新的补偿办法因资金缺口，到 2022 年底才实施，所以，本书按照 2021 年田野调查期间还在实施的社区分类方法开展研究。

国家公园在 2005 年 6 月 18 日至 2008 年 6 月 17 日对相关社区进行了 3 年期补偿，而后开始对相关社区进行两轮补偿，每轮为期 5 年。第一轮从 2008 年 6 月 18 日至 2013 年 6 月 17 日，第二轮从 2013 年 6 月 18 日至 2018 年 6 月 17 日。[①] 主要补偿项如表 4-2 所示，包括现金反哺（对农户和个人），对来自不同区的社区农户和个人分别给予不同标准的现金补偿，按年度计算，针对农户和个人的第二轮现金补偿，承诺在第一轮的基础上翻一番；教育反哺，完善教育扶持和教育激励机制，实施对在校高中（中专）生、大学专科生、大学本科生定额补助的政策，对相关社区在校学生，按照不同的学历情况给予不同标准的教育补助，按在校学年计算；环境整治费，为平衡各个社区退出旅游经营性活动补偿的差异性，以环境整治费的名义向相关社区下拨额外的整体性补助，经费具体开支内容及分配标准由各社区决定，要求进行一定的社区环境整治和基础设施建设，如洛吉乡九龙全村 11 个村民小组享受二类区政策，联办、干沟、丫口、高峰上、高峰下、大岩洞 6 个村民小组靠近普达措国家公园，获得额外环境整治费；集体经济产业，支持一类区集体经济的发展，主要是红坡洛茸村悠幽庄园的运营、红坡一社公园入口商业街的运营。

自 2006 年普达措国家公园建成并向公众开放以来，仅 2 年多时间内，就实现了旅游收入 2.3 亿多元，以较小的开发面积获得较大的经济效益。随着旅游业发展，在 2008 年实施第一轮反哺的基础上，2013 年开始实施的第二轮反哺实现了现金补偿翻一番的标准，并且村民无限憧憬第三轮、第四轮反哺资金继续翻番。普达措国家公园的旅游收入增长的确强劲，从

---

① 具体补偿时间根据各类社区与国家公园签署协议为准，如在第二轮补偿中，洛茸村协议时间自 2013 年 6 月 18 日起，而红坡一社协议时间为 2014 年 1 月 1 日至 2018 年 12 月 31 日。

表 4-2　普达措国家公园旅游收入反哺社区补偿内容和分配标准

时期 类别	3 年社区反哺 2005 年 6 月—2008 年 6 月	第一轮：5 年社区反哺 2008 年 6 月—2013 年 6 月	第二轮：5 年社区反哺 2013 年 6 月—2018 年 6 月
现金 反哺	一类区：人均 5000 元 二类区：人均 1200 元	一类区：户均 5000 元/年、人均 2000 元/年 二类区：户均 500 元/年、人均 500 元/年 三类区（仅尼汝村）：户均 300 元/年、人均 300 元/年	一类区：户均 1 万元/年，人均 5000 元/年 二类区：户均 1000 元/年，人均 1000 元/年 三类区：户均 600 元/年，人均 600 元/年
教育 反哺		一类区、二类区 高中（中专）：2000 元/年 大专：4000 元/年 本科：5000 元/年	一类区、二类区、三类区（2018 年起） 高中（中专）：2000 元/年 大专：4000 元/年 本科：5000 元/年
环境 整治 费		红坡洛茸村：10 万元/年（全部投入村集体经济）；红坡一社：25 万元/年；红坡二社：25 万元/年；红坡三社：16 万元/年；九龙 6 个村民小组：20 万元/年	九龙 6 个靠近普达措的村民小组 40 万元/年，其中 2 个距离国家公园最近的村民小组高峰上、高峰下再补助 8 万元/年
集体 经济 产业		红坡洛茸村：村集体经济参与景区投资建设悠幽庄园；红坡一社：商业街出租，2010—2015 年，每年有 190 余万元租金，每户可分红 2 万元左右	红坡洛茸村：2014 年起，悠幽庄园开始营业，全村每户每年 2 万元收益；红坡一社：商业街出租，2015—2020 年，每年有 317 万元租金，每户可分红 3.6 万元左右

注：建塘镇红坡村 3 个一类区村民小组吓浪、基旦、次迟顶通常被称为红坡一社；建塘镇红坡村 5 个二类区村民小组被称为红坡二社；建塘镇红坡村 6 个三类区村民小组被称为红坡三社。

资料来源：笔者根据 2019—2020 年田野调查资料整理。

2008 年挂牌后的 180 万元增长到 2016 年的 3.17 亿元。2017 年，中央环境保护督察组对普达措国家公园存在的过度开展旅游活动现象提出了批评，同年 9 月 3 日，普达措关闭了碧塔海和弥里塘景区，拆除了部分旅游服务设施。此后几年，普达措国家公园仅属都湖景区对游客开放，门票已降至 80 元/人。尽管如此，2018 年普达措旅游收入仍达到了 1.483 亿元。每年上亿元的旅游收入，拿出 1500 万元用于反哺社区资金支出，对普达措国家公园运营公司来说不算困难。普达措国家公园是迪庆州旅游集团有限公司在迪庆州运营的几个旅游景区中实现正增长的两个旅游景区之一，按照原住居民及部分旅游集团工作人员对笔者的讲述，普达措赚的钱要拿出来支持其他景区的运行。前两轮补偿资金都全额发放到原住居民手中。自 2020 年开始，受新冠疫情的影响，普达措国家公园旅游收入锐减，公司难以拿出反哺社区资金。第三轮反哺协议迟迟未签，更不可能兑现再翻一番的承诺。对此，国家公园原住居民非常关注，当地政府、国家公园管理局、旅游公司也积极协调，在调整了反哺政策实施范围后，按照第二轮标准，由政府垫资，已经发放了 2019 年、2020 年补偿款。

普达措国家公园内的社区享受教育激励机制，凡上高中（中专）的学生，每人享受 2000 元/年的资金补助，就读大专的每人享受 4000 元/年的资金补助；就读本科的每人享受 5000 元/年的资金补助，至今已累计 400 多人享受政策，共计支付教育补贴 120 万元。最开始，教育补贴只针对一类区、二类区的原住居民，在红坡村委会积极争取下，辖区 15 个村民小组的居民都可以享受教育激励补贴。通过十多年来的教育补贴，社区民众改变教育观念，积极培养下一代，已经涌现出许多本科和大专院校人才，国家公园周边社区受教育水平大幅提升。

3. 补偿政策实施方式

反哺社区资金在国家公园正常经营的情况下，按区和期限进行分配。反哺社区政策实施的期限为 5 年，以协议签署时间为准，5 年内按协议内容政策不变。反哺社区资金全部依靠国家公园的门票收入以及二次消费经营性项目收入。如果普达措国家公园遇特大自然灾害或其他不可抗因素导致当年 5 月至 10 月连续不能经营时，当年反哺社区资金就只能兑现 50%；导致全年无法经营时，该年度不执行反哺社区资金政策。反哺对象为公安机关认定的合法原住户籍公民，在期限内，反哺社区资金执行"增人不增户，增人增户不增补助，减人减户不减补助"的办法。社区享受反哺社区资金后，有义务对国家公园范围内的生态环境进行保护。凡因社区原因影响公园的正常经营秩序、破坏公园形象的，管理局将对该村民小组进行扣除反哺社区资金的处理，并追究煽动、组织者的法律责任。同时，管理局对公司所有经营活动进行有效的监督，对违规经营的，按相关规定追究责任人的经济和法律责任。

2008 年 8 月 5 日，云南省人民政府明确了云南省林业厅为普达措国家公园的主管部门，并在林业厅成立云南省国家公园管理办公室。普达措国家公园运营公司每半年将旅游反哺社区资金划拨给所涉及的乡镇，由乡镇按政府规定的标准发放，由管理局监督反哺社区资金的拨付、发放情况。

（二）国家公园公益性工作岗位的分配

根据 2008 年《普达措国家公园旅游反哺社区发展实施方案》政策规定及其后期的政策方案，国家公园在同等条件下优先吸收周边社区居民在国家公园内工作。目前，有 300 多名原住居民在普达措国家公园工作，或从事生态管护员、保安、大巴车司机等正式性工作，或从事旅游旺季环卫、管护等临时性工作。这些工作都属于公益性岗位，没有经过公开招聘、考试、面试、录取等一系列操作，其中一部分比较适合当地群众的工作岗位直接进行协商式招聘和培训。正式性工作包括解说、司机、服务员、管护、安保等，由普达措旅业分公司与受聘人员按照有关规定签署工作合同；临时性的工作，如旅游旺季国家公园对环卫、安保需求增加，由公司在原有工作人员基础上与村民小组组长等协商具体需求人数和工作要求。新冠疫情以前，国家公园运营公司与当地社区（一类区、二类区）签署过部分工作合同（《普达措国家公园垃圾清理承包合同》），把旅游旺季国家公园内垃圾清理工作承包给红坡一社，由一社按照公司要求每天派出一定数量的环卫工人清理垃圾和维护景区环境卫生。再如，国家公园内的道路修缮、河道清理、小型基础设施改善等，基本交由红坡洛茸村就近承包完成。

笔者在田野调查期间发现，原住居民非常看重国家公园的工作，大部分认为国家公园在考虑社区收益最大化基础上分配工作机会的利益甚至比现金补偿更可观，是最大的利益。形成这种共识的原因主要有：第一，普达措国家公园内的工作是一份长期的、有保障的正规工作，国家公园运营公司拥有国有企业背景，且近年来发展正常，政府大力扶持，在第二产业欠发达的迪庆，拥有这样一份工作提升了安全感；第二，在国家公园工作意味着就近就业，能够照顾家庭，兼顾农牧活动，工作成本降低；第三，在国家公园工作受尊敬，普达措国家公园每年吸引众多国内外游客，知名度高，在当地更是无人不知，国家公园的工作可以接触国内外游客，员工接受正规培训，自身能力得到提升。此外，国家公园的工作还意味着为保护共有的家园贡献了力量，自我的集体认同感、民族认同感得到提升。如图4-1所示，问卷调查中91%的受访者都表示非常愿意（38%，52人）、愿意（53%，72人）在国家公园内工作，只有4%（6人）的受访者明确表达了不愿意的态度，这进一步说明了原住居民对在国家公园内工作的认可。

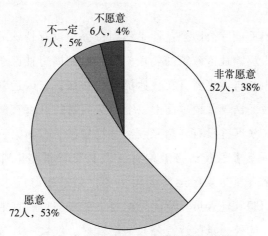

图4-1　在普达措国家公园工作的意愿

资料来源：问卷调查。

在国家公园内工作可以获得一份稳定的收入。我们家人口比较少，男人身体不好，前几年就去世了，只有一个女儿，放牛放羊没有劳动力。最开始我家砍木料赚一点钱，后来我自己去碧塔海打鱼拿到中甸去卖，周边村子都没有吃鱼的，但是城里有，每天起早贪黑，非常辛苦。后来普达措国家公园建立了，不能打鱼了，我家女儿才被优先安排在国家公园工作。她的工资收入补贴了我们家，我也慢慢在村里开起了小卖部。虽然我们家不放牛，不去捡松茸，基本不使用国家公园的自然资源，但是女儿自己工作，每个月拿工资，加上享受着国家公园的补贴，我们现在的生活越来越好。[①]

当前普达措国家公园公益性工作岗位优先照顾一类区、二类区的原住居民。他们的居住地距离国家公园最近，上班方便且成本低。红坡洛茸村就是在家门口上班，每天清晨，国家公园的大巴车按时到村口接要到国家公园各个岗位上班的村民，中午在公司食堂吃饭，下班再乘坐公园旅游车到村口下车回家吃饭，省去了交通、住宿和吃饭成本。有的当地村民认为，在普达措国家公园工作也有一定的牺牲，比如每年捡松茸的时节也是旅游旺季，白天要在景区工作，失去了捡松茸赚钱的机会。大家最看重的是国家公园工作的稳定性，每个月都能拿到稳定收入比外出打工或者放牧更有安全感。

据调查，当前国家公园公益性工作岗位分配没有特殊的分配政策，主要根据旅游收入反哺社区政策的要求，优先照顾周边社区原住居民。红坡洛茸村民小组组长告诉笔者，在普达措建立初期，景区运营公司与各社区签署反哺合同时，洛茸曾要求高中以上学历的村民可以直接到旅游公司就业。尽管如此，景区并没有专门照顾洛茸村村民。在国家公园开环保大巴车也如此，景区要求驾驶员必须持有 A 驾驶证，很多洛茸村村民都不符合。近几年，洛茸村与景区运营公司协商，如果旅游旺季开车的人手不够，景区不要招聘其他人员，应优先招聘洛茸或红坡村其他村民小组的人员作为临时工。此外，景区运营公司与洛茸村、红坡一社曾经签署过优先招聘保洁环卫服务人员的协议，承诺在某一时间段内招聘该村人员。但受疫情影响，国家公园旅游业受到重创，协议期后，国家公园并没有继续与村民小组签署服务协议。因为工作分配方式没有具体的标准和依据，很多都是口头承诺，不像补偿款的发放有明确的分类标准和协议，当地原住居民对公益性工作岗位分配的公正性感受非常集中。

（三）国家公园支持社区集体性产业发展的分配

国家公园只有制定针对性强、操作可行、创新灵活的社区管理措施，

---

① 调查时间为 2021 年 10 月 9 日，被调查人为红坡吾日村村民，调查地点为吾日村（一类区）。

充分发挥社区居民的作用，才能引导社区采用与国家公园保护目标相一致的绿色发展方式和生活方式，实现国家公园保护与社区发展的统一。[①] 普达措国家公园为支持周边社区发展，通过对集体性产业、社区基础设施、社区环境卫生等项目的支持，引导社区绿色发展，让当地社区及社区居民受益。在项目实施过程中，利益的分配、权衡是国家公园管理部门、国家公园运营公司、社区、原住居民比较关注的问题。

> 政府对红坡村每个村民小组都有支持的发展项目，比如安全饮水工程、村寨道路硬化及建设、文化活动室建设、太阳能路灯建设、太阳能热水器建设、生态围栏建设等，而且红坡村还是上海宝山区帮扶对象。普达措国家公园对红坡村发展方面的项目支持主要有洛茸村悠幽庄园项目以及一社小吃街项目。2016年，在上级党委和农业科技部门的帮助下，红坡村多次开展农业技术培训，并建设蔬菜大棚438个，实现全村覆盖。2017年，我们协调多个部门，以农业站提供种植资料、普达措方面给予资金补助、农户自行收割的方式在普达措公路沿线连片种植春油菜，打造景观大道吸引游客。2018年，红坡村种植马铃薯1500亩，分布在全村，每亩补助300元；种植秦艽30亩，分布在洛茸村，每亩补助500元，建设生态围栏3100米，共计46.5万元。[②]

作为普达措国家公园碧塔海、属都湖片区内唯一可以住宿的酒店，悠幽庄园的运营给国家公园管理部门、运营公司以及当地社区，都带来了利益。第二轮旅游反哺开始，国家公园要求社区退出所有经营活动，由运营公司统一管理。为平衡利益损失，国家公园向退出经营活动的社区进行补偿，除针对个人和家庭的补偿外，还拿出一部分资金支持社区发展项目。根据退出经营活动受影响程度，国家公园对不同社区补助了不等的社区发

---

① 唐芳林：《让社区成为国家公园的保护者和受益方》，《光明日报》2019年9月21日，第5版。

② 调查时间为2019年9月28日，被调查人为红坡村时任党支部书记W，调查地点为红坡村委会。

展项目经费。洛茸村把国家公园运营公司支持的 300 万元社区发展资金全部投资到悠幽庄园上，普达措国家公园又投资了 700 万元。洛茸村与国家公园运营公司签署协议，规定洛茸村出地、国家公园出钱并运营管理该酒店，不论酒店盈亏，酒店运营后每年给予洛茸村每户 2 万元的分红（总计 72 万元/年），首签合同期为 5 年，一直到现在依然按照该标准执行。红坡一社 3 个村民小组则把公司支持的 300 万元部分用于村内水管等基础设施改造工程，大部分投资到国家公园入口的小吃街的建设。小吃街连接国家公园停车场与公园入口，是乘车前往普达措国家公园的必经之路。该小吃街最先由一社自己运营管理，但是由于经营不济、管理混乱，小吃街最后出租给丽江私人老板运营，在 2018 年以前旅游黄金季节，一社每年每户可以分得 3.6 万元的分红。

悠幽庄园由普达措旅业分公司直接管理，聘有专门的店长，收入全部上缴公司。当前酒店运营正常，但是受疫情影响，最近几年收入减少。在营业 10 多年后，酒店也面临设施老化、风格过时等问题，急需重新装修、升级换代。悠幽庄园内有 10 名工作人员来自洛茸村，9 名女性从事前台、客服等服务工作，1 名男性为水电工。女性服务员中年龄最大的有 40 多岁，一般的有 20 多岁，有两位员工自悠幽庄园营业以来就一直在这里工作，有出生、成长在洛茸的，也有外嫁到洛茸的。酒店根据工作安排会向洛茸村首先提出用工需求，洛茸村派出合适的人参加面试，主要选择普通话流利、大方、有一定沟通能力的年轻人。到目前为止，所有服务人员都是洛茸村村民，还没有其他村的工作人员。服务人员月工资根据酒店效益为 2500—3000 元，上班期间包一日三餐。旅游淡季，趁酒店不忙，在中午吃饭时候，笔者与这些来自洛茸村的服务人员召开了小组会议。当被问到对在酒店工作的满意度时，无论是四五十岁在厨房帮厨的中年妇女、家中有两个孩童的母亲，还是刚从学校毕业几年才成婚的女青年，所有人都非常珍视这份工作。她们实现了在家门口上班，每天穿着酒店配发的传统藏族服饰，为来自国内外的游客提供服务。

我们经常参加酒店及国家公园组织的各类培训，关于服务、消防、环保生态等，还能接触到国内外游客，自身能力得到提高。最重要的是，在这里工作离家近，下班、休假期间可以照顾家。

如果家里没有其他大的开支，月工资基本够用了，酒店提供了上班期间的一日三餐，我们也没有时间去外面花钱，最主要的交通费也节省了。

现在村子环境一天比一天好了，游客来了还会到我们村里去走走，我们也向他们宣传普达措国家公园的生态保护要求，比如不能开车到洛茸村以外、不能开车到有树和草的地方、不能停车压到草地、不能乱丢乱扔垃圾等，在这里工作还是比较舒心的，感觉能实现自我价值。①

据洛茸村民小组组长介绍，普达措国家公园曾口头承诺，如果未来允许在景区做小生意，要提前考虑洛茸村。曾经有一个老板想到景区来开发热气球的项目，洛茸村极力反对，最后项目没有实施。在疫情影响下，悠幽庄园生意大不如前，非旅游旺季与运营公司一样，员工工作半个月、休息半个月，工资减半节省开支。目前，悠幽庄园在国家公园特许经营条例管理下，又开辟了专门区域，用于服务香格里拉市本地单位团建、聚餐等，从不同方面支持酒店经营。但凡笔者接触的洛茸村村民，无论是否在悠幽庄园工作，对这一项社区发展项目都非常欢迎，也对它持续运营充满希望。

疫情过后，旅游恢复，游客增加，公司资金就不会困难，到时候再对酒店进行翻新装修，未来每家每户分红怕要超过2万元。②

然而，红坡一社小吃街集体项目运作就没有那么顺利。小吃街经营权在一社，但是当地老百姓管理能力有限，采取了出租给私人老板获取租金

---

① 调查时间为2021年4月28日，悠幽庄园服务人员小组会议，小组会议地点为普达措国家公园悠幽庄园。

② 调查时间为2021年4月29日，被调查人为红坡洛茸村村民，调查地点为洛茸村（一类区）。

的方式。小吃街 40 余个摊位又由老板对外承包。刚开始游客多的时候，小吃街生意非常好。但是因为卫生环境、商品质量的问题，小吃街近年来连年亏损，私人老板合约期满后不再承包。因此，2020 年第二轮承包期满后，小吃街不得不关门歇业。一社村民认为主要有两点原因造成小吃街集体项目的失败：一是管理不善；二是因为国家公园运营公司在公园内（属都湖边、入口展览大厅等）售卖小吃和零食，把客人引到了大门内，竞争影响了小吃街的经营。一社村民希望国家公园停止售卖这些商品，因此，2020 年后，红坡一社原住居民因为小吃街的问题，对普达措国家公园运营公司意见非常大，他们也向相关政府部门进行了反映。

二 负担的分配正义

国家公园一般可以划分为核心保护区——保护最重要的自然生态系统并让生态脆弱区域得以休养生息，以及一般控制区——可以开展游憩、国民教育、传统自然资源利用活动，通常国家公园内的社区都位于一般控制区内，核心保护区禁止科学研究以外的人类活动。对于生活在一般控制区的当地社区来说，除了享受国家公园带来的利益和实惠，也必须承担生活在此的成本与负担以及随之而来的责任与义务。环境正义理论的分配正义之维不仅关注利益的分配，也关注负担和责任的分配。普达措国家公园建立后，对当地自然资源使用、传统生计方式都有一定的限制，而生态的保护所带来的人与动物冲突问题也成为当前国家公园的额外负担。

（一）自然资源的有限利用

国家《关于建立以国家公园为主体的自然保护地体系的指导意见》明确指出国家公园是我国自然保护地体系的主体，要"明确自然保护地内自然资源利用方式，规范利用行为，全面实行自然资源有偿使用制度。……保护原住居民权益，实现各产权主体共建保护地、共享资源收益"。[①] 2002

---

① 《关于建立以国家公园为主体的自然保护地体系的指导意见》，2019 年 6 月，www.gov.cn/zhengce/2019-06/26/content_5403497.htm，最后访问日期：2020 年 7 月 6 日。

年 6 月出台的《国家公园管理暂行办法》规定：国家公园核心保护区原则上禁止人为活动。国家公园管理机构在确保主要保护对象和生态环境不受损害的情况下，可以按照有关法律法规政策，开展部分活动，而国家公园一般控制区禁止开发性、生产性建设活动，只允许有限的人为活动。[①] 虽然国家公园允许暂时不能搬迁的原住居民在不扩大现有规模的前提下，开展必要的种植、放牧、采集、捕捞、养殖等生产活动，但是自然资源的利用要遵守相关法律法规，对自然资源的使用还是有一定限制。

1. 薪柴采伐

普达措国家公园西线社区在 1976 年前后就已通电，但只解决了照明问题。日常做饭、煮牲畜饲料、烤火取暖等仍然主要依靠薪柴。过去，社区群众只是上山捡干柴或砍伐枯倒树木作为薪柴。20 世纪八九十年代迪庆商业性采伐盛行时期，当地群众在利用薪柴的方式上也发生了改变，使用油锯砍伐成根的木料作为薪柴，在利用方式上造成了极大的浪费，木材的低价值消耗对森林资源破坏极大。过去当地农户一般使用三脚架取暖做饭，后来藏式铁炉（非节能灶）得到推广，一般做饭、取暖、烧水等使用新炉灶，还保留一个用来煮饲料的三脚架，再往后三脚架逐渐退出历史舞台。藏式铁炉较之前的三脚架节省了一定的薪柴，当地农户每年薪柴大概需要东风车 3—4 车，计 25 立方米左右。[②] 21 世纪初，迪庆州开始全面推广节能灶和液化气的使用。目前家家户户都用上了节能灶，主要用于取暖、烧水等，安全性更高。目前做饭基本上都使用液化气或电，完全烧柴做饭的人家已经很少。

红坡村森林覆盖率高，人均林地面积大，历史上原住居民没有因为薪柴发过愁。旅游开发前，还对外售卖烧柴和栎炭。1998 年以后，当地不准再砍柴，生活中需要使用木材必须向当地林管站申请指标。普达措国家公园建成后，规定原住居民只能在集体林范围内捡拾干柴或砍伐倒塌、枯死

---

① 《国家公园管理暂行办法》，2022 年 6 月，www.gov.cn/zhengceku/2022-06/04/content_5693924.htm.，最后访问日期，2022 年 9 月。

② 中国西南森林资源冲突管理案例研究项目组编著《冲突与冲突管理——中国西南森林资源冲突管理的新思路》，人民出版社，2002，第 244—245 页。

图 4-2 红坡村、九龙村堆放的薪柴

资料来源：笔者 2019 年摄。

的树木。目前，因为气候原因，当地用柴量最大的是取暖用的节能灶，冬季基本上一天 24 小时都保持燃烧状态。因为干柴有限，每年农忙过后（11 月后），当地进入薪柴使用比较紧张的时期。当地林业管理部门和村规民约规定，每年或间隔一年有 15 天左右时间，村民小组各自组织村民统一到集体林砍拾薪柴。这段时期，各家各户根据指标攒够一年的薪柴用量，此外不能再进山砍柴，直至下一次薪柴砍伐时段到来。一般一个人可以砍拾 1 立方米左右干柴。但是，就算是薪柴，当地人也不能砍伐湿柴（活木）。当地原住居民都很支持这样的薪柴政策，他们认为：砍伐过多会破坏森林生态，林业及环境管理部门也禁止；砍湿柴破坏树木生长，不利于松茸等野生菌生长。集体砍伐薪柴需要提前向当地林管站、国家公园以及村委会报备，包括具体砍伐时间和大概用量。砍伐期间，村里的护林员、村干部每天都会到现场监督，一是看各家各户有没有多砍、乱砍，砍伐量是否超过规定；二是监督在林区集体活动的用火安全。

> 我们村两年组织砍一次柴，2017 年去过一次，一家可以砍 2 小车，木柴垒起来大概长 5 米、高 2 米。2019 年又可以砍了，一般 11 月前后去。其实到每年 10 月中下旬，80% 的家庭的柴都不够了。有的家庭砍的柴 1 年不到就烧完了，只能从外面买柴来烧，一般 6000 元/车至 7000 元/车。一般柴火用来冬季取暖，煮一点喂牛羊的饲料。一般家里老人多的，用柴量也大，因为老人都在屋内，节能灶就要一直开着烧火。有的家庭冬天去昆明过冬了，也就用不了那么多柴。二类区

集体林并不在普达措国家公园内部，草场有一些在里面，我们不进去砍柴，但是放牛、捡松茸可以自由进入普达措国家公园。[①]

九龙村彝族群众过去习惯烧火塘，冬季薪柴消耗量较大。与红坡村一样，九龙村也定时集体砍伐薪柴，通常冬天组织。因为各个村民小组的集体林资源、集体林远近都不一样，所以各个村民小组根据自己的实际情况制定砍柴方案。有的村民小组定5—6天砍柴季，有的村民小组定半个月的砍柴季。九龙村人均林地面积大，当地老百姓告诉笔者，目前来看，只是捡干柴、砍枯树的话，薪柴够用了，1—2年内都够用。但是未来如果不能砍湿柴，不知道到时候还有没有那么多。2014年以前，九龙村每户每年可以砍2棵树（5—6立方米）用于取暖，一年砍一次，由林业部门监督。但是目前不能砍了，只能去捡干柴。目前，九龙没有从外面购买薪柴的现象（集体林面积大），捡柴就足够了。过去，旁边的红坡村村民还到九龙村购买薪柴，但是现在九龙村也不对外售卖了，只够自己烧的量。2016年，香格里拉市农村能源站向九龙村170户精准扶贫困难群众发放了环保节柴炉。

> 过去用火塘烧火，整个房子烟熏火燎，而且非常费柴，每年都要烧掉好几堆柴，眼下有了节柴炉，其不仅卫生，而且还省柴。[②]

九龙也采取在一个时间段内集体采集薪柴的方式，到附近集体林中采集。如今，走进普达措国家公园周边社区，基本上所有农户都用上了太阳能和节柴炉，农村能源建设让人居环境更卫生、更舒适，也保护了周边森林。

虽然当地社区在使用薪柴方面受到了砍伐额度的限制，但是大家都比较赞同对森林资源使用的严格管理，特别是经历过迪庆森工滥砍滥伐时期

---

① 调查时间为2019年9月29日，被调查人为红坡崩加顶村民小组组长，调查地点为崩加顶村（二类区）。
② 调查时间为2020年10月3日，被调查人为九龙高峰上村民小组组长，调查地点为高峰上村（二类区）。

的中老年人。

> 森林被砍完了，就没有家了；森林被砍完了，松茸也不会冒出来了；森林被砍完了，国家公园也要倒闭了。[①]

大家都严格遵守薪柴使用的相关规定，护林员在巡山过程中也会对相关行为进行监督管理。笔者在田野调查中发现，基本上各个社区都会照顾老人、残疾人多的家庭，让他们多砍伐一些或把自家砍伐的薪柴让给这样的家庭。有的家庭因为陪孩子在香格里拉读书，经常不在家，就不参加集体伐木活动，而是购入一定的薪柴，但是自家的砍伐指标不能转让或售卖。

2. 建房用料

红坡村传统藏式民居属于香格里拉（大中甸、小中甸）非常典型的藏式"闪片房"，为土木混合结构，配着双坡屋面的木板或瓦片屋顶。2013年，红坡村棚户区改造后，屋顶木板改为铁皮（包括房屋、柴房、猪圈等）。每座藏房一般有两层，正面都有走廊，放眼望去看到的是几根非常粗大的廊柱。香格里拉藏房非常有特点，最显著的就是那几根粗壮的木质柱子。在这样的藏房里，一般最粗最大的柱子是房屋中央的"中柱"，用于支撑整栋房屋，有的要两三个人才能合抱住。中柱越粗，代表这户人家越富有，中柱有镇宅、招财、迎祥等作用。人们都对中柱悉心管护、爱惜有加，在其顶端挂有红布。所以，在建造新房时，当地藏民都尽自己的财力，砍伐或购买最粗的木料。一座藏房要使用150—200立方米的木料，木料多为云冷杉，粗壮的需要上百年的生长期。找到原始森林里的冷杉，锯倒后通常要在原地存放一至两年，待水分蒸发、重量减轻后，才能运至盖房子的地点。香格里拉藏房非常费木料，除了大柱子以外，还有雕刻复杂的屋檐、窗户、房门等，木质雕饰基本从大理剑川等地购买，其工艺技术更精湛。在藏房中，客厅在二楼，通常很大，能容纳整个家族和亲朋好友活动，是藏族非常重要的文化交流场所。但是现在，只有过年过节、婚丧

---

① 调查时间为2020年10月4日，被调查人为红坡洛茸村党支部书记，调查地点为洛茸村（一类区）。

嫁娶等重要活动才使用客厅，平日都空闲，而选择在小客厅活动。客厅一般为全木质装修，至少两面墙体要用华丽的木雕装饰，有的甚至是四面墙；二楼还有一间佛堂，通常也都是采用木质镂雕艺术装修。香格里拉周边国有林和集体林都遭受过大规模的砍伐，要寻找粗 30 厘米以上的木料已经非常困难。

图 4-3　国家公园内洛茸村藏式民居

资料来源：笔者 2019 年摄。

建一座普通的藏式民居，从有建设意愿到交付使用，一般需要四到五年的工期。房屋中一根大柱子就要 1 万元左右，越粗越贵，一般柱子都是去丽江、大理等地购买，一座房屋整体造价几十万元，多的甚至上百万元。当前藏民家的院子，基本都有几间砖混结构的平房，一般在藏房两侧。这些平房有一间厨房和一间客厅，平时家里做饭、吃饭、聚集等都在平房里，很少使用藏房的客厅。平房内的客厅也会用木质雕饰装修，中间设有节能灶取暖、烧水、炒菜。砖混结构的平房更保暖，藏民平日更愿意待在平房里。有的平房甚至设置了几间卧室，休息也不到藏房内。所以，大部分藏房内的客厅平日都成为闲置的区域，有的家庭还用大块塑料布盖在精美的木雕、木质沙发和陈列物上，以防积灰毁坏。

图 4-4　国家公园内洛茸村新建的藏式民居

资料来源：笔者 2021 年摄。

虽然费钱、费时、费料，但藏房在当地人心目中非常重要。当地藏族不分家，无论男女，传家传给老大，老大要留在藏房内照顾父母老人，延绵子嗣。所以女性当家或者上门女婿在本地并不奇怪，更不受歧视。因此，一座藏房意味着一个藏族家庭的延续。当然，笔者认为当地也存在攀比的心理，看到别人家建新房，装了更粗大的柱子，雕饰更丰富，自己也要挣钱建房。在田野调查过程中，有的村民小组在新建的藏房中完成了客厅等基本的装修后就搬入，因为没有钱继续装修其他房间，挣钱后再慢慢进行其他房间的装修，借钱、贷款建房的比比皆是。

在木材可以砍伐的时候，建造一座藏房就是时间问题。然而当前，新建一座藏房必须严格遵守国家公园的相关规定。过去，村规民约规定当地房屋 10 年才可翻修一次，现在红坡村有的村民小组要求每年每 20 户只有一个建房指标，二社规定每年最多 2 户可以翻修或新建住房。国家公园内洛茸村修订的村规民约规定，藏房要有 30 年的房龄才可以进行翻修、新建。新建房屋可以提前向建塘林场申请砍伐 10—20 立方米的备用料，一般在本村集体林内砍伐，砍伐当天，村里党员、护林员代表会上山义务监督，如果集体林在国家公园内，一般也不安排不砍伐，而是让其到其他地点砍伐。

九龙彝族新建传统民居的用料不如藏式民居，一般为一层楼的木楞房，屋顶用石棉瓦居多。砖混结构房屋近年来也深受老百姓喜爱。但是彝族社区有分家的传统，儿子长大了要分家，女儿外嫁也不同父母居住，分家也意味着新的房屋建设。一般一座彝族房屋建设需要 10 多立方米的木料。从 2019 年开始，当地林业站每年只批准一个村民小组一户人家申请 15 立方米的新建房砍伐指标，2018 年以前是一年一村 2 户。当地护林员告诉笔者，少量"少批多砍"的现象还存在，因为按照每采伐 10 棵树木为 1 立方米计算，采伐量只看有几棵树，并不计算树木大小。

3. 生态围栏

从香格里拉市去往普达措国家公园的路上，最后 10 公里路程经过红坡村属地，你会看到一座座建筑风格非常典型的香格里拉藏式民居与青稞地、牧场相互映衬的场面，而青稞地、牧场四周都有一圈围栏。每年冬季，红坡藏民家饲养的牦牛、犏牛、羊群等从高海拔夏季牧场转场回到村社周边或国家公园内海拔稍低的夏季牧场。与高海拔夏季牧场不同，冬季牧场范围较小，必须修建一圈围栏，防止牛羊乱跑，因为草场周边都是公路，经常发生汽车撞到小牛羊的事故。这些围栏有的是木栅栏，但是基本上都年久失修，木头腐朽，人们用一些铁丝网、草绳或木棒填补破洞；有的是绿色的铁质围栏，看上去要经久耐用一些。

2019 年 8 月笔者开始在普达措国家公园周边社区开展田野调查，路两边都置有绿色铁质围栏，正要对木质围栏进行更换。据红坡村委会副主任介绍，更换围栏是当地政府的民生项目。过去，木质围栏倒塌、破损后当地村民要到村集体林地中砍伐木材，风吹日晒，用不了几年就要更换。现在不能砍树了，购买木材也很贵，木质围栏早就到了更换的时间。本着保护国家公园周边生态、支持社区农牧业发展的初衷，政府协调，免费为红坡村 15 个村民小组中的 14 个更换绿色铁质围栏。新的铁质围栏，使用寿命更长，也更为牢固。然而，国家公园内唯一的村落洛茸村不在其中。因为国家公园内部要保证景观原真性，木质围栏更符合当地藏族农牧业特色，所以国家公园运营公司、管理部门都不建议更换为铁质围栏。对此，洛茸村原住居民认为这不公平，并向有关部门反映自己的公正性感受。

村子里防止牲畜进入耕地的围栏都是木质的，我们已经向村委会申请多次更换铁质围栏，普达措外面红坡几个村子都已经换了，就是不给我们村换。听说一个原因是我们村围栏面积较大，要70—80公里铁围栏，没有预算了；二是木质围栏更好看，国家公园里面的游客喜欢看木质围栏。我也不清楚具体是什么原因，我觉得围栏花不了多少钱。木质围栏不牢固、易破损。如果损坏了，要砍树，不然牛羊到处跑，还会破坏青稞地，如果要去砍树，还要向保护所协商砍伐指标。我们村几户有钱的都自己买铁丝网围起来了，又是木头又是铁丝，更难看。[①]

同一个村委会的发展项目，外面的村有，我们洛茸没有，这样不公平。红坡其他村在政策支持下都铺设了到户的水泥路面，但洛茸为了保护国家公园，要保持原始风貌，只有我们村没有铺设到户的水泥路。洛茸村为普达措国家公园做出了牺牲，我们都无怨无悔，但是生态围栏不给我们实在说不过去。[②]

洛茸村民小组组长向笔者计算，如果政府能够批准每年给我们200立方米木质围栏的采伐指标或者发放适合的木料来做围栏，村里也可以协商修复后维持木质围栏样式。几年来，洛茸村村干部一直到各处努力，建议国家公园、政府为他们更换木质围栏。2022年5月笔者最近一次到普达措国家公园进行补充田野调查发现，洛茸村的木质围栏已经换成了绿色铁质围栏，看上去质量比3年前红坡其他村民小组更换的更好。村民小组组长说这是因为《生物多样性公约》第十五次缔约方大会在昆明召开，国家公

---

① 调查时间为2020年9月28日，被调查人为红坡洛茸村民小组组长BM，调查地点为洛茸村（一类区）。

② 调查时间为2020年9月27日，被调查人为红坡洛茸村村民LR，调查地点为洛茸村（一类区）。

园内部的社区受到了重视。

4. 自然资源限制使用的公正性感受

虽然国家公园的建立在薪柴、建房用材、生产生活用材等方面限制了原住居民使用自然资源的数量，但是当地少数民族群众创造了适应限制条件的自然资源使用和分配方式：使用自然资源产品的替代产品，比如以液化气、太阳能取代薪柴；延长自然资源的使用周期以控制使用数量，比如村规民约延长新建住房的期限；不搞平均分配，在薪柴使用中照顾特殊群体，以提高自然资源的利用率。

对原住居民来说，使用最多且现阶段还在继续使用的自然资源是木材，在日常薪柴以及建房用材方面使用量都较大，其他与树木相关的活动还有日常煨桑需要烧的松、柏树枝和堆肥所需的松针、树叶。本书还通过问卷的方式，调查了原住居民对国家公园限制采伐木材制度的态度，在137 名受访者中，95%（130 人）的受访者赞同在国家公园内禁止砍伐树木的制度，但是可以采集野菜、野果、野生菌等非木质林产品；82%（112人）的受访者赞同在国家公园内绝对禁止砍伐湿木，但可以砍伐枯树等的制度。不能砍伐湿木一方面是出于生态保护的考虑，另一方面是许多受访者认为砍伐湿木会影响松茸生长的生态条件。对于"在国家公园内部分区域绝对禁止砍伐，在部分区域可以适度砍伐木材"的提议，60%（82 人）的受访者表示赞同，40%（55 人）的受访者表示反对。从数据上看，虽然木材是当地日常生活中使用最多、联系最紧密的自然资源，但当地人对禁止砍伐的制度规定都比较认可。部分受访者也担心未来枯树会不够用，这将影响他们的日常生活，甚至迫使人们又偷砍活树。

（二）对传统生计方式的限制

正如第三章所分析的，国家公园建立后，当地形成了围绕国家公园的生计模式，而构成生计模式的生计方式内容也发生了变化。国家公园的保护与管理势必会对当地原住居民的传统生计方式有一定的限制，特别是与自然资源息息相关的生计方式。普达措国家公园相关保护制度对周边原住居民在放牧、种植、松茸采集、捕鱼等生计方式上都有所限制，这些限制对当地原住居民产生了一定的损失或负担，是环境正义地方性实践中分配正义维度可以讨论的范畴。

1. 传统农业

农业最重要的是土地，没有了土地，老百姓也无法从事农业劳作。普达措国家公园规划实施后，西线修建了公园大门和停车场，这片区域原来是红坡一社的耕地。作为额外补偿，国家公园对一社投资了 300 万元的社区发展项目，但是小吃街因为经营不善已经关闭。

洛茸村在碧塔海周边还有一片耕地，是祖先开荒留下的。据洛茸村 60 岁左右村民介绍，20 世纪六七十年代，还是孩童的他们经常跟着父母到那片耕地。大人劳作时，就铺一块油布让孩童在田边游戏，有的时候一去就是 2—3 天，带着干粮住在田边简易窝棚内。一直到 20 多年前，当地人还前去地里种青稞，收获后割草喂牦牛。后来国家公园建立起来后，碧塔海修了木栈道发展旅游，他们就不再去那片耕地了。[①]

除了失去耕地外，国家公园并没有对现存的社区农业活动有更多的限制，比如农药和化肥的使用、农用机械的使用。因为高寒地区农业产值不高，当地并没有使用太多农药和化肥追求高产量。

2. 传统畜牧业

畜牧业一直是滇西北一项重要的生产活动。[②] 普达措国家公园建成以后，公园内草场不允许再搭建新的窝棚，杜绝由搭建窝棚造成的对森林的破坏。这也是出于国家公园护林防火的需要，因为如果当地人住在牧场，就要在窝棚烧火做饭。此外，在国家公园内，藏香猪不允许随意放养，需圈养。过去，无论是红坡村还是九龙村，猪的饲养都采取放养的方式，让它们在周围山地觅食，藏香猪也是放养家猪与野猪交配后的品种。但是猪与牦牛不同，猪会刨土，破坏植物根茎，进而破坏山地、草场生态系统。当地也暴发过一段时期的猪瘟，此后就不允许随意在国家公园内放养猪。牦牛、山羊的养殖方式并没有发生太多的改变，但是当地人会注意在牦牛

---

① 调查时间为 2020 年 9 月 28 日，被调查人为红坡洛茸村村民，调查地点为洛茸村（一类区）。

② 吴良镛主编《滇西北人居环境可持续发展规划研究》，云南大学出版社，2000，第 204 页。

和山羊的放养过程中，不随意让动物进入山地、林区，如果发现啃食树皮的牛羊，也会拉走，尽量让牛羊在草场及村社周围吃草。

2022 年出台的《国家公园管理暂行办法》规定，在国家公园核心保护区与一般控制区，暂时不能搬迁的原住居民可以在不扩大现有规模的前提下，在确保生态功能不被破坏的情况下，开展必要的种植、放牧、采集、捕捞、养殖等生产活动，修缮生产生活设施。① 国家通过法律措施允许原住居民在国家公园内开展一定的生产生活活动，这与原住居民的想法吻合。

3. 松茸采集

国家公园建立后，森林生态系统得到修复和保护，良好的森林植被促使松茸等野生菌产量增长，使之成为当地最重要的生计来源之一。每逢 7、8 月份雨季来临，普达措国家公园迎来最为繁忙的旅游高峰期，同时开始面对一支支声势浩大的野生菌采摘"大军"。每年采集时节，有劳动力的家庭都会加入松茸采集的队伍。有的清晨天不亮就出发，穿梭在森林之间，找寻当地人"致富的财宝"、外地人"舌尖上的诱惑"。他们背着背包或背箩，带着一天的干粮和水，手拿一个一头弯曲的小木棒，不用手和铁棍撬松茸，以防破坏菌丝。无论是红坡村藏族群众还是九龙村彝族群众，无论是红坡村一类区、二类区还是三类区，国家公园允许老百姓到相对应的集体林内采集野生菌，但是要服从国家公园管理机构的管理。② 不同村委会有自己的采集范围，一般不会越界。本村以外的人员如果要进入，一般不被允许，或者需缴纳一定的管理费。

主要是护林防火的要求。我们本村的人，防火意识都非常强，也不乱扔垃圾，外头来的人就不一定了。

在松茸采集季节，党员、护林员、国家公园管护员都会到山上巡

---

① 《国家公园管理暂行办法》，2022 年 6 月，www.gov.cn/zhengceku/2022-06/04/content_5693924.htm.，最后访问日期，2022 年 9 月。

② 有的村民说只能去国家公园内社有林采松茸，但是据笔者调查，到国有林和社有林采集松茸的都有，国家公园没有严格限制。九龙村就近在普达措南线森林采集，红坡村在西线。虽然红坡村二类区、三类区可以进入国家公园采松茸，但并不是所有人都愿意去。

山，只要发现外来的人员就会劝其离开，也会监督老百姓的采集行为，叮嘱其不能使用明火。①

捡松茸的时候不好管理。捡松茸这个事情是不能禁止的，因为当地人都依靠松茸赚钱。虽然一再宣传，但是来捡的人最少要在山上待一天，少部分还会过夜。这样一来，肯定会留下垃圾，我们除了巡山，还负责打扫垃圾，工作强度加大了。只靠我们管护员，这3个月工作量非常大。②

国家公园在护林防火、保护动植物及陆地生态系统、生活垃圾处理等方面都有严格的管理措施。过去捡松茸，吃住都在保护区内，比较方便。现在由于用火等诸多限制，一般老百姓都不住在保护区，而是当天往返，只有少部分会住在高山牧场自家窝棚里，但是也只是短期居住。在田野调查过程中，当地老百姓都认为要保护松茸生长的生态系统，不能过度采集，不能采大小还未达标的，要遵循传统的采集方法，让松茸能够持续生长而造福当地。

（三）人与动物冲突的矛盾

所谓人与动物冲突，实际上是人和野生动物对资源的争夺。这种冲突的根源是人类活动范围扩大，牛羊和人类的活动范围挤占了野兽的生存环境，导致野生动物栖息地陷入缩小和碎片化的困境。③ 历史上，由于人为捕杀，香格里拉境内野生动物数量锐减，20 世纪 40 年代的抗日战争中，县境为敌后，商号每年从县境收购、运出的麝香、鹿产品、野生动物皮毛等达 5000 千克以上。新中国成立后，由于平息叛乱需要，民兵在较长一段时期内均配有武器，给猎杀动物创造了条件。在 20 世纪 60 年代至 70 年代，个别村社组织狩猎副业队，捕杀了大量野生动物，交售州、县药材公

---

① 调查时间为 2020 年 9 月 28 日，被调查人为红坡洛茸村民小组组长 BM，调查地点为洛茸村（一类区）。
② 调查时间为 2022 年 5 月 23 日；被调查人为普达措国家公园管护员，来自九龙大岩洞村民小组；调查地点为普达措南线碧塔海管护局。
③ 郭净：《登山物语》，北京联合出版公司，2022，第 185—186 页。

司。直至 2004 年由公安部门依法收缴后，猎杀野生动物的不法行为明显减少。1998 年全境停止采伐天然林后，自然保护、林政及森林公安工作进一步加强，盗猎行为得到有效制止。

近年来，随着大力实施封山育林、天然林保护、退耕还林（草）等生态工程，普达措国家公园范围内的生态自然环境得到极大改善，同时野生动物数量得以恢复，黑熊、小熊猫、麂子、鹿等森林砍伐时期难寻踪影的野生动物频频出现。目前普达措国家公园内共记录兽类 8 目 23 科 74 种、爬行类 2 目 5 科 11 种、两栖类 2 目 5 科 13 种，其中，国家一级重点保护野生动物 4 种。如果说对自然资源使用、传统生计方式等的限制影响了原住居民的生产生活习惯，那么近年来出现的野生动物对人类正常活动的影响已经威胁到人民群众生命安全。人类进入野生动物生活空间或者野生动物进入人类空间都可能导致人与动物冲突。

2021 年底，吓浪村一个 30 多岁的女子，去山上最密的林子找自家小牛，被黑熊打了。据说是见到小熊，被黑熊妈妈把脸拍了。去山里找她的人发现，她整个脸都是血。后来赶快送去医院，虽然命保住了，但是脸、眼睛全部被黑熊抓坏，看不见了，她还是家里老大，要当家，非常可怜。其实最近几年，野生动物出现得越来越多。以前上山区捡松茸，早上四五点天黑着就去了，去得早找得多嘛。但是现在必须几个人约着，天亮后才去。就算白天去也出事了，吓得大家最近都不敢进山了。我认为人没有了，国家公园也没有了。①

我们也很害怕，害怕怎么办？除了捡松茸，其他时候只能不上山了，捡松茸也要几个人一起。以前我们有枪，会放枪吓熊，熊就不敢来。现在没有办法。野生动物越来越多对国家公园来说是好的，管理局、林场也经常来宣传不要乱捕乱杀野生动物，我们在国家公园里还救治了一只受伤的黑熊。我们只能对村民宣传，捡松茸要小心，遇到熊不要惹它、不要逗它，特别是碰到小熊，要格外小心，小熊周边肯

---

① 调查时间为 2021 年 10 月 9 日，被调查人为红坡吾日村村民，调查地点为吾日村（一类区）。

定有熊妈妈。村民们还是很小心的。①

当地原住居民谈起黑熊伤人事件都表现得非常害怕、无奈，但是并没有因为人与动物冲突而放弃捡野生菌的生计方式。在过去迪庆森工企业发展时期，森林砍伐后野生动物基本绝迹，国家公园建立后仍然有偷偷打猎、"放扣子"等行为，但野生动物数量慢慢恢复。当地原住居民在森林里的活动也比较多，如捡松茸、放养牲畜、耙松毛、找药材等，所以碰到野生动物的频率也比其他人有所增加，野生动物毁坏庄稼、袭击牲畜，甚至危及人身安全。相关机构也切实开展了野生动物保护补偿工作。2004 年开始，建塘林场逐渐规范管理野生动物保护补偿工作，每当接到报案，工作人员了解记录案发情况以及庄稼受损、牲畜和人被伤害的情况，协助联系政府有关部门、保险公司和医院，及时理赔或治疗，努力保障受损者利益。

国家公园的各项制度规范给当地社区造成了一定的影响和负担，除了最明显的对自然资源使用的限制外，还给传统生计方式造成了影响，甚至产生了人与动物冲突这一问题。然而，原住居民在权衡从自然资源索取的利益与受到的限制后，认为利益依然大于限制，出于功利主义的考量，他们对国家公园相关政策大部分有公正性的感受。

三　责任的分配正义

在普达措国家公园生态保护及相关政策实施下，原住居民产生了利益的分配、负担的分配以及责任的分配。有的研究把责任等同于负担，认为责任是一种被迫的行动。本书认为，普达措国家公园原住居民所承担的责任，一部分来自国家公园或当地政府的规定，另一部分是原住居民主观能动性的体现，是他们主动承担形成的。原住居民把责任的履行当作对自己、对生态环境、对子孙后代的责任与使命。这些有意或无意中"被分

---

① 调查时间为 2022 年 5 月 18 日，被调查人为红坡洛茸村民小组组长 BM，调查地点为洛茸村（一类区）。

配"的责任，包括对国家公园生态系统保护与公共环境卫生维护的责任、对国家公园森林巡护与防火防灾的责任、对子孙后代享受环境善物获取利益的责任，把国家公园的利益相关者紧紧地连接在一起。责任并不是一种镣铐，而是一种纽带。

（一）保护生态与维护公共环境卫生的责任

笔者田野调查发现，参与保护生态和维护公共环境卫生不仅仅是管理机构自上而下分配给各个社区的责任，当地原住居民也已经把它们转化为一种习惯，通过实际行动承担保护责任。无论是位于国家公园内还是位于周边社区，无论是从事日常生产生活活动、巡山护林活动还是在国家公园内工作，许多原住居民都会下意识地留意、积极地参与保护国家公园的活动。在问卷调查中，96%的受访者表示非常愿意（23%，31人）或愿意（73%，100人）参与国家公园的相关公益性活动（见图4-5）。

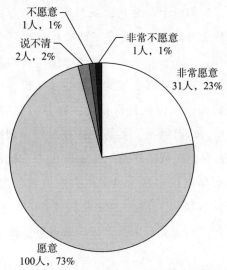

图4-5　参与国家公园保护生态、维护公共环境卫生等公益性活动的意愿

资料来源：问卷调查。

普达措国家公园的一草一木为我们带来了利益，我们必须保护好国家公园，一棵树也不能砍，一个动物也不能捕，只有这样，国家公园才能为我们，为我们的子孙后代带来持续的利益。

洛茸村 70 多岁的老支书动情地告诉笔者,作为前任村支书,老人每天依然骑马前往国家公园内属于洛茸村的草场,查看牛羊的情况。

> 如果白天不用去景区做环卫工,我就骑马出去,去看一下草场里我们家的牛。我不会开车,近处一般都是骑马出行,再骑马回家吃饭。有时候牛走丢了,也是骑马去找。

老支书说,虽然骑马出去是去找牛羊,但他也会注意巡护一路上的生态环境,看看有没有树木倒了、有没有受伤的动物、路边有没有垃圾。

> 只要眼睛看到,能够处理的都会自己处理,处理不了的告诉旅游公司,让他们来处理。比如,经过悠幽步道,看到哪里水涨起来把路淹了,或者哪里垮了点土方。既然现在国家公园发展旅游带给了我们村民利益,为了我们的子孙后代,我们就有义务保护好国家公园,让它也能给我们的子孙后代带去源源不断的利益。[①]

在普达措国家公园周边社区,因为人口少、生产生活区域广阔,饲养猪长期都处于放养状态,在山区自行觅食。放养猪省时省力,节约成本,而且放养猪肉售价高,味道鲜美。然而,这些野外满山跑的猪,喜欢用前脚刨地或啃食树皮,对社区周边草地、半山腰生态系统都造成了一定的破坏。2017 年以来,香格里拉市在全境采取有效措施,积极推进生猪圈养。普达措国家公园内的牧场以及洛吉乡九龙村被列入试点范围,给予每户3000—4500 元的补助经费,让广大群众建设或改造生猪圈舍。

> 政府来宣传了好多次生猪圈养的好处,我们村也把生猪圈养纳入村规民约,现在家家都不放养了。虽然放养不用花太多精力去管理,但是保护国家公园生态环境是我们的责任,国家公园好了,我们的生

---

① 调查时间为 2021 年 10 月 9 日,被调查人为红坡吾日村村民,调查地点为吾日村(一类区)。

活也会越来越好。所以，老百姓很容易接受政府的要求，逐渐改变传统的放养观念，村庄道路要保持干净卫生，村容村貌整洁干净。[①]

社会组织是人类为追求集体目标而组成群、团体、社团以及其他组织的过程。[②] 普达措国家公园周边许多社区都有这样的社会组织，由某一特定群体或在特有的活动中彼此联系在一起的成员组成。人类学的社会组织具有多样化的类型：可以按照血缘关系组织起来，如家族、胞族；可以按照年龄组织起来；可以按照性别组织起来；可以按照不同的利益诉求组织起来。每一个群体或团体因其要解决的问题不同，所以人员的组织方式也不尽相同，可以粗略地分为建立在亲属关系之上的和非亲属关系之上的。

红坡村委会要求，各村民小组一个星期要打扫一次村内公共路段、小广场、公共活动场所的卫生。红坡崩加顶村民小组和扣许村民小组位置相连，通常两个村会一起组织打扫卫生。一般由村民小组组长或村妇女主任组织，大的打扫活动各家各户出 1 人，实行责任的平均分配，打扫自家房前屋后和公共区域卫生。一些特殊的打扫活动则由村干部组织部分群众或群众团体参与，责任按照能力分配给行动者。崩加顶和扣许两个村民小组都成立了"姐妹团""兄弟团"类似的群众自发组织，承担部分区域的环境卫生打扫责任。这些组织由村里关系较好、年龄相仿的女性或男性青年自发组成，一般 7—8 人一个组，受村干部指派或自发承担一些公共服务的责任，如红白事帮忙、护林巡山、监督神山烧香活动上交火种、农忙时节帮助困难户收青稞、植树造林、打扫公共卫生等，组织内部还制定了一定的规则，比如无故不参加活动要罚款 500 元/人。这些社会组织与中国其他少数民族地区的社会组织一样，比如苗族"议榔"社会组织、仫佬族"冬"组织、壮族传统社会的"都老"等，都以制定和执行习惯法作为组织最重要的职能，其中也蕴含着丰富的生态环境保护意识。当地群众在长期的生产和生活实践中，早已切身地感受和认识到了保护自然生态环境的

---

① 调查时间为 2021 年 10 月 2 日，被调查人为九龙高峰下村民小组组长，调查地点为高峰下村（二类区）。

② 《人类学概论》编写组编《人类学概论》，高等教育出版社，2019，第 207 页。

重要性和紧迫性。当地习惯法关于生态环境的意识直接源于当地人对自然最真切的认识、体验和情感，因而也更为深刻地表达了对自然秩序的价值取向及精神追求。

（二）护林防火的责任

历史上，普达措国家公园周边社区农牧民长期靠山吃山，为了增加经济收入，有的上山砍树或者猎杀野生动物，有的毁林开荒乱占林地，此外，建房取暖需要砍伐树木，城市建设工程中有的需要挖沙采石、占用林地。要杜绝这些违规行为，只依靠林场、林业管理部门、国家公园管理机构的有限人员是不够的，如此庞大的森林面积必须依靠对这些森林最熟悉、最有感情的原住居民，把责任分配给真正的利益相关者，比如，由原住居民承担起护林员的职责。

在普达措国家公园，护林员种类主要有四类：第一类是建塘林场等林业管理部门聘用的"天然林保护工程"护林员，工资由林草局发放，主要巡护林场范围内的国家级、省级生态公益林；第二类是林业管理部门聘用的生态管护员，由各村建档立卡贫困户担任，工资由林草局发放，但资金来源于国家扶贫发展资金，主要配合"天然林保护工程"护林员巡护林场范围内的森林；第三类是普达措国家公园运营公司聘用的护林员，工资由国家公园运营公司发放，主要巡护国家公园范围内的森林；第四类是各个村集体选举的村级护林员，工资由村集体经济收入支付，主要巡护本村集体林。他们的工作职责主要是巡山、防火、查看野生动物情况、检查外来人员是否进入林区并乱挖乱砍等情况。

为解决建档立卡贫困户就业问题，2018 年，建塘林业管理部门选聘了红坡村 18 名建档立卡贫困户为生态管护员，每人每年工资为 1 万元。红坡洛茸村 36 户居民没有建档立卡贫困户，但是该村有 7 名护林员，其中林场认定的"天然林保护工程"护林员 4 人，平均工资为 2 万元/年，村里还聘请了 3 名村级护林员，从 2019 年 6 月开始工作，负责村入口处防火检查、巡护本村集体林，村级护林员工资为 2000 元/月，由村集体经济收入支付。据笔者调研，洛茸村还有几名在国家公园内工作的人员，从事森林公安、门卫等工作，他们也承担了护林防火的责任。红坡一社 3 个村子共有 6 名护林员，每个村有一名林业管理部门聘用的护林员，此外每个村都自己聘用了一名护林员，以前工资是 5000 元/年，现在提升到 1.8 万元/年，工资由本村集体林补贴发放。

九龙村集体林面积较大，有近 100 名护林员和生态管护员。对于规模相对较大的贫困户群体来说，他们要么被聘用为护林员，要么被村委会聘用为保洁员。全村 103 户贫困户，一共有 99 名护林员，其他几户是孤寡老人、伤残人士家庭。全村林场聘用的"天然林保护工程"护林员共 6 名，因为九龙全村有 6 本林权证，1 本林权证有 1 名护林员的指标，工资为 2 万元/年。

每年进入 3 月防火期，香格里拉境内降雨明显减少，天干物燥，森林火险等级不断升高，森林防火形势一直很严峻。2021 年 4 月 27 日，笔者在普达措国家公园田野调查期间，国家公园外围森林发生了一次由村民在神山烧香不慎引发的山火。当天晚上，红坡村所有"天然林保护工程"护林员、部分村民小组组长和村委会工作人员、部分党员紧急出发前往火场扑火。虽然当天就扑灭了山火，但是部分人员还是留在山上过夜，谨防山火复燃。4 月 28 日清晨，笔者遇到了刚刚从火场下来的洛茸村护林员，他已经担任护林员 30 多年，因为经验丰富、认真负责，所以林场再次聘请他作为护林员，带领年轻护林员做好巡护工作。

> 虽然这次着火点不在国家公园范围内，也不属于红坡村的集体林，但是周边村子的护林员、基层党员、干部、国家公园运营公司工作人员都投入扑火中。如果火灾蔓延至普达措国家公园就麻烦了。这些森林是我们几十年来保护起来的，如果烧了就太可惜了。累肯定累，睡在山上也睡不好，但这就是我们护林员的职责所在，是我们世世代代要住在国家公园里的保障。①

---

① 调查时间为 2021 年 4 月 28 日，被调查人为红坡洛茸村护林员，调查地点为洛茸村（一类区）。

　　护林防火既是当地林业管理部门分配给周边社区的责任，也是村民自愿承担的责任。在问卷调查中，96%（131人）的受访者非常愿意（23%，31人）或愿意（73%，100人）担任护林员（如图4-6），承担起国家公园护林防火的责任。过去在没有各类护林员工资补贴的情况下，当地大部分村子实行各家各户轮流巡山的制度。随着政府对护林员的专业化培训和管理，护林员承担起了更多的责任。普通群众的护林防火意识也很高。

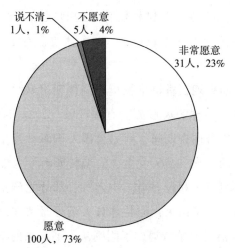

图4-6　承担国家公园护林防火等责任的意愿

资料来源：问卷调查。

　　每到山里出松茸的季节，各村会派出护林员、党员干部巡山，老百姓认为自己到森林里捡松茸的过程也是一种巡山。

　　　　去山里一天，除了捡松茸，也帮助巡山了。在捡松茸的过程中，也会注意看哪里树倒了、动物受伤了、土坡塌了。如果看到外面来捡松茸的人，都会去询问，并告诉他们山里不能乱用火、不能乱扔垃圾。①

　　老百姓认为，在日常的农牧活动及松茸采集过程中，自己也承担了护

①　调查时间为2021年4月28日，被调查人为红坡洛茸村村民，调查地点为洛茸村（一类区）。

林防火的责任，这不是谁强迫或分配的责任，而是自愿承担的。越靠近国家公园的社区，承担的国家公园护林防火的责任也越大，他们也更加积极地承担了相应的责任。红坡村一类区几个村子，在政府、国家公园聘用护林员的基础上，还额外聘用了本村自己的护林员，用自己村集体经济收入或村集体林补贴支付村级护林员的工资。老百姓并没有认为这样的行为不公平，护林员只有担负起责任，老百姓生活才会越来越好。

随着国家自然生态保护的深入，护林员的"地位"也不一样了。过去，护林员工作严苛，被认为妨碍了老百姓致富，不被理解。现在不一样了，保护地建设的生态红利逐渐显现。生态好了，经济收入也上去了，过去只能卖木材、挖药材，收入是通过破坏森林获得的，现在可以拿补助、捡松茸，收入是通过保护自然资源、维护生态系统获得的。护林员巡山护林，严防滥砍滥伐、偷挖药材、盗猎野生动物，还向当地居民宣传森林防火及动植物保护等方面的知识，不仅保护了老百姓的居住环境，还保护了老百姓的钱袋子。

（三）为子孙后代谋福祉的责任

生态经济学家认为子孙后代的利益是"可持续发展"的根本。[①]《我们共同的未来》认为生态系统为未来"购买者"提供了服务，可持续发展既能满足当代人的需要，又能满足后代人需要。[②] 国家公园是我国自然保护地体系中是最精华、最珍贵、最重要的类型之一，建立国家公园的首要目标是保护生物多样性及其所依赖的生态系统结构和生态过程，发展环境教育和游憩，给当代人和后代人提供"全民福祉"。在大的层面上讲，国家公园建设是国家为了未来国民福祉而做出的战略规划；在小的层面上讲，保护国家公园是当地原住居民为了自己的福祉、为了子孙后代的福祉、为了他人的福祉而采取的具体措施——把环境善物（国家公园内的自然资

---

① J. Igoe, D. Brockington, "Neoliberal Conservation: A Brief Introduction," *Conservation and Society* 5 (2007): 432-449.

② G. Brundtland, ed., *Our Common Future: The World Commission on Environment and Development* (Oxford: Oxford University Press, 1987).

源、完整的生态系统、美丽的自然风光等）保存至未来。因为这种责任是自愿和主动的，所以当地人普遍认可了这种无形责任分配的公正性。

> 我们既要发展，又要给我们的子孙后代留下生存空间。过去砍木头的发财了，买了小汽车，但是那不是长远的。砍到后面我们都怕了，村里老人说，不能再砍了，再砍就要遭报应，钱要慢慢赚。村里老人起了很好的带头作用，让大家去玛尼堆前发誓不再乱砍乱伐，要为子孙后代考虑。国家公园建设起来，我们不砍树，生态环境越来越好，我们自己的日子也越来越好，对子孙来说也是越来越好，对地球来说也是越来越好。[①]

> 子孙后代可以获得利益的事情我们才可以做，不能带来利益的事情绝对不能做；对国家公园有利的事情才能做，破坏国家公园的事情坚决不能做。守山护林，是咱们全体洛茸村人的义务。外出务工收入更高，可在村里守护这片山林更有意义。[②]

原住居民这种为子孙后代谋福祉的责任体现在三个方面。

第一，对子孙后代的责任。原住居民一直考虑到未来人（子孙后代）的重要性，为子孙后代谋福祉是关键。在此过程中必须把国家公园以一种更好的状态留给子孙后代，给他们带来源源不断的利益，留下肥美的牧草、茂密的森林、源源不断的松茸、优美的居住环境。

第二，对自我发展的责任。过上更美好的生活也是当地少数民族群众的期盼，从当地形成的围绕国家公园的生计模式、围绕国家公园的社区发展模式上看，原住居民过上美好生活与国家公园紧密相关，必须让国家公园可持续地发挥功效。

第三，对地球自然生态系统可持续性的责任。保护环境人人有责，生

---

① 调查时间为 2021 年 10 月 21 日，被调查人为红坡洛茸村民小组前任组长，调查地点为洛茸村（一类区）。
② 调查时间为 2020 年 10 月 8 日，被调查人为红坡洛茸村村民 ZXPC，调查地点为洛茸村（一类区）。

活在国家公园周边的原住居民更是如此，他们承担保护责任，不仅对生存家园负责，更为全球生物多样性保护、应对气候变化贡献了力量。

四 分配的公正性意义

分配正义主要讨论的是成本和收益如何在不同的行为者之间分配以达到行为者认可的公正性。本书主要关注原住居民的公正性感受。通过以上关于利益、负担、责任分配的田野调查材料和问卷调查分析，本节将探讨国家公园分配政策的公正性原则以及原住居民对社区间和农户间利益分配的权衡。分配正义不是一个固定的、一维的概念，就像"正义"一样，有各种各样的潜在含义。不同的价值观和关注点决定了不同的观念，而这些观念给我们提供了一系列的视角，如平均主义、能力主义、功利主义等，我们通过这些视角来观察和评估国家公园环境正义地方性实践的状况。

（一）分配政策的公正性原则

在普达措国家公园保护地政策下，矛盾及争议最多、最突出的就是利益的分配，特别是旅游收入反哺社区政策。如何做到公平公正，既要考虑平等，又要考虑对特殊群体的倾斜。在负担的分配中，基本上采用了"一视同仁"的分配方式，强化了承担者的公正性感受。在责任的分配中，则采取了"基于价值"的分配方式。

1. 平等原则

在分配中，最普遍的偏好是平等分配利益，处于同一条件下的行动者应该一视同仁。这种分配原则与平均主义不一样，平均主义是不论行动者条件而采取绝对平均分配的方式，这种分配容易造成"吃大锅饭"，破坏"先进者"的积极性。普达措国家公园的旅游收入反哺社区政策，针对不同行动者条件实行了三个类型的分类标准，对同一标准下的社区农户又按照户均和人均的方式进行平等分配。

户均的分配是基于社区退出牵马旅游服务活动这一历史事实考虑的。1995 年前后，在红坡村、九龙村几位村干部和村民代表倡议下，村子与碧塔海保护所协商制定了生态旅游牵马服务的管理办法。参与牵马的社区中每户出1—2匹马，安排一个马匹号牌，以号牌顺序依次承接游客服务，这样的牵马办法以户（马匹）为单位。因此，退出牵马服务，实行旅游收入反哺社区政策后，计算方式首先考虑了牵马户，也就是户均的分配方式。然而，补偿只以户分配的话，人口较多的农户人均获益则偏少，不能体现分配政策的普遍性意义。因此，在户均的基础上加上了人均的分配方式，对公安机关认定的合法原住户籍公民进行补偿。因为对历史事实的尊重，又照顾到绝大多数人群，所以原住居民普遍认为"人均+户均"的分配方式较为公正。

此外，分配方式还遵循在协议期内"增人不增户，增人增户不增补助，减人减户不减补助"的原则。这一原则主要是为了避免协议期内为争夺利益而造成的无序竞争和不公平事件，也是为了保证补助资金总额相对稳定。

> 随便增户不公平。条件好的肯定愿意分家，自立门户，获得户均的补偿。增户还有个问题，就是得到了建新房的指标，建房子又要砍木料。我们村是普达措国家公园的核心，不能无休止地建设房屋。①

然而，洛茸村2016年第二期反哺协议签署时从过去的33户增加到36户。增加的3户据介绍，一户是因为女儿（非老大）成亲，招了上门女婿，因为不当家，所以需分家生活，另外两户都是因为家庭比较困难，其中一户妇女没有结婚。经过与各级政府、旅游公司等协商，最终同意了洛茸村增户的申请。洛茸村村民普遍对新增的几户没有太大意见，但都表示不希望未来再出现新增户。可见，平等下依然会出现矛盾和问题，必须依靠其他的分配原则来解决。

2. 差别原则

罗尔斯提出了正义的两个基本原则，一是平等原则，即人人机会均等，就利益分配来说，采取户均、人均、户薪柴砍伐指标等政策都是平等

---

① 调查时间为2021年10月21日，被调查人为红坡洛茸村民小组前任组长，调查地点为洛茸村（一类区）。

原则的体现，保证所有受补偿者机会均等地获得相应利益；二是差别原则，现实中已经有不平等现象，进而通过各种手段创造平等，允许不平等的分配有利于特殊群体，通常用于解决平等原则下的分配难以解决的问题。普达措国家公园旅游收入反哺社区政策中，对大面积集体林、耕地被划入国家公园规划范围内的红坡村一类区、九龙村 6 个村民小组，以投资社区发展项目的形式进行了额外补偿；对周边社区高中（中专）以上学历在校学生进行了补助；在薪柴砍伐指标分配等具体实践中，对家中有老人、残疾人的家庭额外增加适当的指标；政府精准扶贫政策设定护林员等岗位，政策性工资收入助力贫困家庭脱贫致富。以上这些政策都是差别原则的体现，保证特殊群体在已有不平等条件或事实下获得特殊照顾，以实现相对公平。在可持续的自然资源管理中，分配可以基于行动者对保护的贡献、公认的权利、产生的成本，以及缓解贫困或最大化最贫困人口福祉的优先性，向更需要或更边缘的人群提供福利。[①] 无论是自上而下的政策制定者（国家公园管理部门），还是自下而上的政策适应者（当地社区），在具体政策制定和实践中，对特殊群体的差别对待，不仅强化了原住居民的公正性感受，还保障了国家公园保护的有效性。

3. 需求原则

普达措国家公园旅游收入反哺社区政策把受补偿社区划分为三类，主要根据社区自然资源权属及退出旅游受影响程度划分。越靠近国家公园的社区，集体林和耕地被划入保护地的越多，自然资源使用受限也比其他社区大。相应的，他们也被分配了更多的保护责任，也获得了更多因为保护而产生的利益。这是基于受影响程度来判断分配，受影响越大的社区需求越大，需要额外分得更多利益。普达措国家公园生态补偿呈梯级分配态势，一类区受影响大并获得最多补偿。

各个社区的自然资源权属是相对固定的，根据固定的权属来决定利益分配，缓解了人为制造的不公平分配。根据权属划定的补偿标准，当地原住居民都比较信服。

---

① K. Schreckenberg et al., "Unpacking Equity for Protected Area Conservation," *PARKS* 22 (2016): 11-28.

一类区被占的地多，一社好多耕地都变成停车场了，再也不可能恢复并拿来种地了。现在国家公园效益好，他们多分一点我是服气的。疫情来了，国家公园没有钱，他们也分不到补偿款，还不如我们种地获得的收入多，所以都是一样的。①

但是，以其他一些历史事实为基础来制定有差距的分配政策，获益较少群体产生了不公平感受。比如牵马的历史事实，普达措国家公园三类区部分原住居民就有怨言。

当时我们也准备到南线从事旅游服务活动，马匹等都准备好了，但是国家公园试营业后，取消了牵马旅游服务。不是我们不想去牵马，是政府不准。如果我们早一点去牵马，就应该被分到二类区，所以景区应该对我们有一些补偿。②

(二) 原住居民对社区间利益分配的权衡

本书除了要弄清楚原住居民对于利益分配政策的公正性感受以及这些政策所遵循的不同分配原则外，还要讨论他们对这些分配原则指导下的分配政策的权衡，也就是研究哪一种分配原则指导下的分配行为对原住居民来说最公正。研究发现，原住居民对基于社区的利益分配与基于农户的利益分配倾向于不同的分配方式和分配原则，不同原住居民有他们心目中认为较为公正的分配方式，

对于国家公园旅游收入反哺社区政策，原住居民对不同分配原则指导下的分配方式进行了排序，依次选择他们认为最公正的分配方式，如图 4-

---

① 调查时间为 2021 年 10 月 19 日，被调查人为红坡扣许村村民，调查地点为扣许村（二类区）。
② 调查时间为 2021 年 10 月 18 日，被调查人为红坡给诺村村民小组组长，调查地点为给诺村（三类区）。

7所示。问卷调查利用了图4-7的方式，请受访者对六种分配方式进行排序。这六种分配方式是笔者在田野调查中归纳总结的出现频率较高、当地人较为认可的分配方式。这六种分配方式以及背后所遵循的分配原则如下。

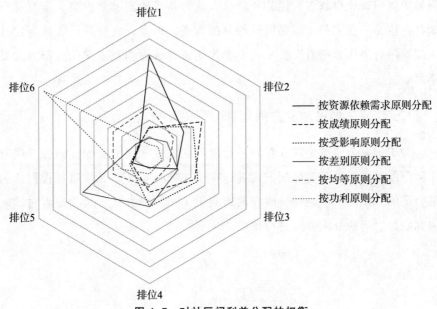

图4-7　对社区间利益分配的权衡

资料来源：问卷调查。

➤所有社区应一视同仁，平均分配，按均等原则分配。

➤依赖国家公园自然资源的社区（如耕地、林地、草地在国家公园内的社区）应该获得更多补偿，按资源依赖需求原则分配。

➤对国家公园贡献越大（如保护生态、维护公共环境卫生等）的社区应获得越多补偿，按成绩原则分配。

➤经济状况等基础条件不好的社区应获得更多补偿，按差别原则分配。

➤经济发展、生产生活等受到更大影响的社区应获得更多补偿，按受影响原则分配。

➤无论如何，应该优先补偿给"我"所在社区，按功利原则分配。

结果显示，六种分配方式的排序是：①按资源依赖需求原则分配；②按成绩原则分配；③按受影响原则分配；④按均等原则分配；⑤按差别原则分配；⑥按功利原则分配。

自然资源权属情况是原住居民最认可的社区之间进行利益分配的基本遵循，被国家公园占用更多公共自然资源的社区应该获得更多补偿；对国家公园的贡献越大，比如开展积极的保护活动、无偿提供土地资源或人力资源等，应该获得越多补偿；一部分人认为均等原则非常重要，所有受影响社区应该一视同仁，遵循同样的分配方式。但是，有些受访者认为在社区层面进行平均分配有失公平，大多数受访者认为功利主义的分配方式最不可取。

(三) 原住居民对农户间利益分配的权衡

对于国家公园旅游收入在同一社区不同农户之间的分配，原住居民对不同分配原则指导下的分配方式进行排序（见图4-8），依次选择他们认为最公平的分配方式。同样，问卷调查利用了相同的方式，请受访者对社区内部农户之间的分配方式进行排序。

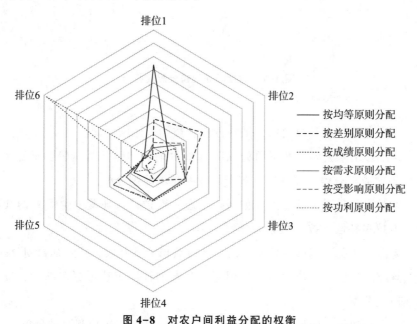

图4-8 对农户间利益分配的权衡

资料来源：问卷调查。

这六种分配方式是笔者在田野调查中归纳总结的出现频率较高、当地人较为认可的方式。这六种分配方式以及背后所遵循的分配原则如下。

➤同一社区所有农户应一视同仁地平均获得利益，按均等原则分配。

➤老弱病残等特殊人群越多的农户应该获得越高的补偿，按差别原则分配。

➤对国家公园贡献越大的农户应该获得越高的补偿，按成绩原则分配。

➤有实际困难的农户应该获得更多的补偿，按需求原则分配。

➤受到的影响更大的农户应该获得更多补偿，按受影响原则分配。

➤无论如何，应该优先补偿给"我家"，按功利原则分配。

结果显示，六种针对农户的分配方式的排序是：①按均等原则分配；②按差别原则分配；③按成绩原则分配；④按需求原则分配；⑤按受影响原则分配；⑥按功利原则分配。在社区范围内，均等原则被认为是户与户之间利益分配最公正的方式；对特殊群体、弱势群体等差异化对待，给予一定的特殊照顾也是原住居民认可的公正性分配方式；按功利原则分配的选项被排到最后，原住居民没有完全从个人角度出发提无条件的要求。

"正义"标准在不同的情景下发生变化。在进行利益分配时，采取均等原则往往是最简单的办法，但是从空间上或时间上看，各个社区受国家公园的影响程度、对国家公园的贡献等历史现实是不同的，平均主义并不能带给原住居民公正性感受，亦不能成为最好的解决方案。而以自然资源权属、离国家公园距离远近、对国家公园的贡献等为基础来进行差别化分配，赢得了原住居民的普遍支持。尽管如此，在社区内部按户进行的二次分配中，均等原则仍被原住居民认为是最公正的方式，社区之间存在差异，但社区内部成员之间的差异不应该通过补偿款体现。其他的分配政策，如薪柴使用、护林员等，则可以向特殊群体倾斜。

小　结

环境正义的分配正义维度重点关注成本和收益如何在不同行为者之间分配。环境正义涉及不同的利益相关者，他们受不同思想的影响，处于不同的位置，即使是十分相似的利益相关者，对正义的感受和诉求也可能大相径庭。在不同的语境下讨论正义会有不同的结果，公正的根源在于利益相关者从成本和收益中获得的效用，反映出不同利益相关者对这些分配结果的不同的看法。

普达措国家公园环境干预政策形成了针对原住居民的有形的或无形的成本和收益，这些成本和收益的分配是原住居民公平正义观念的核心内容。本书衡量普达措国家公园分配正义的标准，第一是利益的分配，包括原住居民获得的生态补偿、工作机会、社区发展项目等利益的分配；第二是负担的分配，包括自然资源的有限利用、对传统生计方式的限制以及人与动物冲突等影响的分配；第三是责任的分配，包括原住居民承担的保护和管理责任以及对自我及下一代过上更好生活的责任。

结合田野材料，本书对这些要素变化及分配规范理论的预期变化进行分析，结果表明，普达措国家公园原住居民针对不同的分配内容倾向于不同的分配方式，而这些公正性感受遵循了不同的价值观和伦理原则。对于同一分配内容，不同的利益相关者基于不同的分配视角会选择不同的分配方式。以国家公园旅游收入反哺社区的补偿分配来看，有的人认为分配应该利于脆弱人群，也就是说，生态系统治理政策应该有助于缩小贫富之间的差距；有的人认为利益分配对同一社区的居民应该均等，否则环境干预政策将造成内部不平等，制造矛盾冲突。而普达措国家公园管理部门制定的补偿政策，主要根据社区受影响情况制定了不同等级的受益方案，为了安抚分配政策给某些社区带来的不公正感受，又采取了二次分配来弥合分歧。

尽管如此，原住居民选择的正义准则仍与国家公园利益分配政策所遵循的准则基本重叠，避免了国家公园利益分配政策执行过程中原住居民与国家公园之间的矛盾。原住居民对分配正义的看法建立在强烈的集体意识基础上，从自身出发的功利考量并不多。总体上看，不同的行动者对分配正义持有不同的看法，也许一种分配方案通过政府的强制管理措施能够暂时平息出现的矛盾，但矛盾还会在适当的时候反映出来，因此，需要程序正义以及认同正义以不同的方式来调解矛盾、淡化冲突，从而增进理解；此外，基于能力理论的分配方案，就是让所有利益相关者达到最低门槛，也许能够满足不同的公正性诉求。

第五章　环境正义的程序之维

　　"正义不仅应得到实现，而且要以人们看得见的方式得到实现"，① 这句非常经典的法律格言区分了"实质性正义"（结果正义）与"程序性正义"（过程正义）的本质，前者重视结果的公正性，后者注重过程的公正性。环境正义理论把程序视为正义的一个单独维度，因为环境正义的倡导者不仅关心环境政策中利益和损失的分配，他们还关心环境政策和决策过程的公正性。程序是管理部门为推进自然保护而施行的过程、策略、工具和机制。自然保护地管理中的程序正义直接关系到保护的成功。②

　　在环境正义语境下，程序正义重点关注在环境干预政策制定和实施过程中如何做出决定以及由谁做出决定两个重要问题。程序正义作为中介，可以使行动者的文化和知识体系得到承认，反过来又决定对行动者分配公平性的结果。③ 本书根据施朗斯伯格的环境正义理论框架，④ 并遵循施雷肯贝格等人的公平原则，⑤ 提出了六个程序正义研究标准：有效参与，指所有利益相关者有效参与决策的能力，没有利益相关者搞特殊；代表权，指代表利益相关者参与决策的行动者是否具备相关公平权利；透明度（知情权），指利益相关者以适当形式及时获取相关信息的权利；诉诸司法的能

---

① 英文原文为 Justice must not only be done, but must be seen to be done。

② M. S. Reed, "Stakeholder Participation for Environmental Management: A Literature Review," *Biological Conservation* 141 (2008): 2417-2431.

③ A. Martin, A. Akol, N. Gross-Camp, "Towards an Explicit Justice Framing of the Social Impacts of Conservation," *Conservation and Society* 13 (2015): 166-178.

④ D. Schlosberg, *Defining Environmental Justice—Theories, Movements, and Nature* (New York: Oxford University Press Inc., 2007).

⑤ K. Schreckenberg et al., "Unpacking Equity for Protected Area Conservation," *PARKS* 22 (2016): 11-28.

力，指利益相关者能够利用法律机制解决冲突争端和获得公平正义的能力；问责制，指明确定义和商定的利益相关者的责任；信任度，首先指在利益相关者不在场情况下，代表他们表达诉求和意见的行动者是否被信任，其次指决策制定者能否被利益相关者信任。本章将以这六个程序正义标准为主要分析要素，结合田野调查资料，分三个部分讨论普达措国家公园程序正义的地方性实践情况。

一　有效参与

政治生态学家认为，让持不同意见的人参与决策制定，是一种避免在生态保护领域压制边缘观点的方法。[①] 不论结果如何，有效参与是促进程序正义的一种重要机制，通过不同的政治、文化、经济和社会手段让不同行动者拥有能够参与和影响决策的能力，纠正造成环境不公的权利不平衡、排斥、错误认识等问题。

参与被定义为个人、团体和组织选择在影响他们的决策中发挥积极作用的过程。[②] 有效参与既包括利益相关者的参与，也包含更广泛的公众参与。出于效率的考虑，在自然资源保护领域，研究更关注那些直接或间接获取利益的利益相关者参与的情况，不试图讨论更广泛的公众参与。本书所讨论的有效参与，指普达措国家公园利益相关者的参与。利益相关者被定义为那些受决策影响或能够影响决策的人。本节将呈现普达措国家公园原住居民参与生态补偿的协商以及参与国家公园的治理两个方面的具体案例，并解释为什么有效参与可以避免冲突的发生，从而揭示有效参与这一要素对实现程序正义的积极意义。

(一) 原住居民参与生态补偿的协商

普达措国家公园旅游收入反哺社区补偿对原住居民来说是最直接的国

---

① B. S. Matulis, J. R. Moyer, "Beyond Inclusive Conservation: The Value of Pluralism, the Need for Agonism, and the Case for Social Instrumentalism," *Conservation Letter* 10 (2017): 279-287.

② G. Rowe, R. Marsh, L. J. Frewer, "Evaluation of a Deliberative Conference in Science," *Technology and Human Values* 29 (2004): 88-121.

家公园利益来源，他们对补偿政策的公正性感受也最深切。生态补偿的协商的有效参与，是国家公园自然资源治理程序正义的重要方面，因为协商过程对利益分配具有深远的影响，直接影响利益相关者的公正性感受。

1. 四次阶段性协商

2006年普达措国家公园试运行前，当地政府就与国家公园运营公司协商，不能因为国家公园建设过多影响当地老百姓生产生活。通过协商，多方就当地原住居民退出牵马、售卖烧烤、租衣等旅游服务，以及因为国家公园建设而产生的持续性影响达成一致，运营公司应予以长期的补偿，将影响降为最低。这一解决途径是基于国家公园管理部门对当地社区多次的协调、调研，同时借鉴国内外部分成熟自然景区的社区问题解决方案而制定的。最终，结合普达措国家公园发展战略，分析当地社区参与旅游服务的现状和长远利弊，各方确定了通过生态补偿方式实现国家公园与社区共荣发展的双赢目标。策略既定，关键在于补偿具体条款、实施细则、长远管理等方面的协商。笔者通过田野调查总结，截至2022年中，国家公园管理部门、运营公司与当地社区共进行了四次深入的阶段性协商。

第一阶段是2005年6月18日前后，各方协商通过了"三年马队补偿方案"，对之前参与南线、西线的社区马队退出服务进行补偿（具体标准参见表4-2）。

第二阶段是2008年6月17日前，各方协商通过了"第一轮五年期补偿方案"（2008年6月至2013年6月），确定了旅游收入反哺社区的期限和标准，并对教育反哺、社区发展项目等进行协商。本次协商结果根据国家公园规划涉及范围对社区资源影响程度大小，将社区划分为三个补偿类别，制定不同的补偿标准。在期限内（五年为一期），补助资金执行"增人不增户，增人增户不增补助，减人减户不减补助"的办法，补助对象为公安机关认定的合法原住户籍公民。

第三阶段是2013年6月17日前，各方协商通过了"第二轮五年期补偿方案"（2013年6月至2018年6月）。第二轮补偿方案补偿金额原则上翻一番，补偿方式、补偿标准不变。

第四阶段是2018年第二轮补偿结束后的若干次协商，一直持续到现在。2018年6月第二轮补偿结束后，按照预期，应该对新一轮五年期补偿方案进行协商。但是，2017年中央环境保护督察后，普达措国家公园关闭了部分景点和餐厅等盈利项目，旅游收入锐减，难以支付第三轮补偿款。各方反复协商后，2019年按照第二轮补偿标准先对一类区、二类区进行一年的补偿，发放了补偿款，而红坡村三类区不再享受国家公园生态补偿。2020年开始，由于新冠疫情的影响，国家公园收入维持正常运营和工作人员工资都非常困难，补偿款难以按照预期发放，老百姓意见较大，香格里拉市政府出面划拨其他资金先对一类区进行补偿，暂时平息了矛盾。至此，当地社区与国家公园运营公司、政府管理部门等就生态补偿进行了多次协商，这样的协商还在继续。

2. 代表参与协商

在法律层面，代表权是一种可以全权代表法人的权限。① 如果代表的选择受到广大利益相关者的认可和信任，那么协商会朝着积极方向行进。普达措国家公园的相关决策的制定和协商，管理部门都会征求老百姓或村民代表的意见，与他们协商。因此，原住居民是否认识谁是村民代表？村民代表是否能代表老百姓？原住居民对代表参与协商这种模式的公正性感受是怎样的？这些问题，都是本书希望弄清楚的问题。

征求意见是政府行政管理的一种重要手段，普达措国家公园在进行生态补偿的协商过程中，管理层非常重视听取和综合考虑原住居民意见，以提升行政工作效率。听取群众意见首先就是听取村民代表的意见，这些村民代表既是老百姓信任、满意、共同推荐的代表，也是管理层信任的代表。

> 村民代表最熟悉情况，能够反映真实的情况，不会像有的群众那样乱说乱讲，而是把社区面临的真实困难、老百姓集中的诉求反映出来。比如崩加顶村老村委会主任，他就比较熟悉情况，当了11年村委会主任，当村委会主任以前还做了7—8年的村会计。他不仅对红坡村

---

① 朱广新：《论法人与非法人组织制度中的善意相对人保护》，《法治研究》2017年第3期。

各个村民小组的情况比较熟悉，而且喜欢"串门"，对九龙、尼汝等普达措周围村寨的情况也熟悉。这样的代表在群众中也比较有威望，政府的信息和建议通过他们带给老百姓，比我们直接和老百姓谈管用，也更有效果，提升了补偿款协商的效率。①

征求意见这种模式不仅有群众自发向上的反映，在自上而下的行政过程中也建立了"强制"听取群众意见的渠道，比如由政府组织召开协商会议。

> 当时划分一类区、二类区、三类区的时候，相关部门来征求意见，主要是征求各个村委会主任、支部书记等村代表意见，因为我们对社区和老百姓的意愿最清楚。在第二轮反哺协议协商中，政府牵头召开了很多次会议，各个村先是派村民代表参加，这些代表包括各个村的村委会主任、支部书记、会计、妇女主任、老人、乡贤能人等，主要是能说会道、懂一点文化知识、能够和政府协商的人员。村委会干部、乡镇干部、国家公园管理部门、县政府工作人员也参加协商，我们村就派出了十多名代表参会。此外，政府还要征求普通老百姓的意见，因为会议室不大，每次开会，村民代表先被召集开会，群众再开会。②

村民代表一般由村内有一定文化基础、有见识、有经验、善于表达、愿意为老百姓无偿服务的人员组成，一般来说，村干部优先成为村民代表。无论是红坡村还是九龙村，村民代表的组成基本相似，村民小组组长肯定位列其中，大部分村民认为已经投票选过一次村干部，这些村干部能够代表他们反映好问题。村民代表基本上不需要再单独选举产生，一般在村民大会上由村主任或群众推荐产生。

---

① 调查时间为 2020 年 10 月 11 日，被调查人为时任建塘镇副镇长 L，调查地点为香格里拉市。
② 调查时间为 2020 年 9 月 29 日，被调查人为红坡崩加顶村民小组前任组长 NM，调查地点为崩加顶村（二类区）。

村民代表代表广大原住居民参与协商已成为当地一项不成文的既定规则。如果所有人一起谈，人太多无法谈出结果。结合田野调查和问卷调查数据，66%（90人）的受访者表示知道具体代表本村参与国家公园相关协商的村民代表，22%（31人）的受访者表示略微知道（记不全所有代表），只有12%（16人）的受访者表示不知道具体的代表人员（如图5-1）。深入分析数据资料，选择不知道的受访者多是年轻人或老年妇女，基本不代表家里参加村委会主任召集的村民大会，对具体推荐的代表不太清楚。对于具体村民代表身份的调查，选择知道、略微知道的受访者又进一步做出了选择，其中114名受访者选择了村民小组组长（村委会主任），其他选项还有村党支部书记、乡贤能人、妇女主任、村各级人大代表等（如图5-2）。

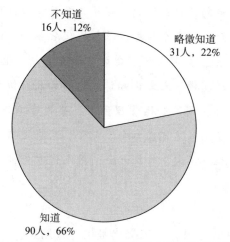

图 5-1 代表本村参加国家公园协商的村民代表情况

资料来源：问卷调查。

3. 反复协商

笔者在田野调查期间接触到的每一类利益相关者都认为国家公园旅游收入补偿标准和实施细则的协商是一项艰巨的任务、困难的工作，而补偿协议能够签署是当地政府、国家公园管理机构、运营公司、当地社区共同反复协商的结果。

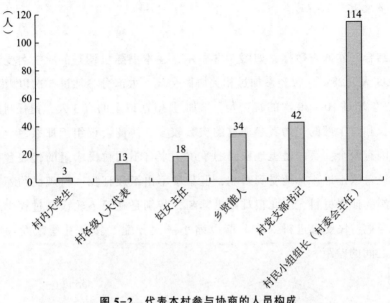

图 5-2　代表本村参与协商的人员构成

资料来源：问卷调查。

从退出马队开始，我就参加了每一次关于补偿款的协商会议。过去协商开会都是靠信用和遵守承诺，没有留下笔记之类的文字记录，都是靠村干部一次又一次口头传达，不知道政府有没有文字记录。如果乡政府、村委会通知早上开会，各个村委会主任、被通知代表就去参加会议，一起就某件事情进行协商，发表意见。下午回到村子里，就召集村民大会，各家各户派人参加。会上，向村民说明情况：现在政府的意见是什么，接下来准备怎么做。这样说了以后，每个村民脑海里对这件事情就有所理解，也就有了自己的见解，可以发表意见，或者回家商量了后面又来单独找我反映意见。协商内容，有的地方村民同意，有的地方如果村民不同意，下一次开会或者提前把意见反映给村委会、乡镇，就这样不断地沟通协调。2012 年前后，第二轮反哺资金协商会议开会，每一次开会乡镇会给参会代表发 20 元的误工费，开始是 10 元，后来根据开会时长发到 20 元、30 元。我本人记得那段时期我就拿到了将近 3000 元的误工费。第二轮协议从开始协商到正式签协议，再到真正下发补偿款，长达 3 年，这段时间相当于开了 100

多次大大小小的会。①

结合问卷调查数据，如图 5-3 所示，在本书随机调查的 137 名受访者中，38 人（28%）曾经参加过相关协商会议，大部分参加过 5 次以内（27人），参加过 10—30 次的有 7 人，参加过 30 次以上的有 3 人，担任村民小组组长和村干部的受访者参加过的次数较多。协商会议组织那么多次，主要原因有两个：第一是土地权属的争议，来自不同村民小组的代表各执一词，说自家土地、林地受到影响，但是拿不出纸质证据、村规民约等有约束限制的证据材料，因此很难做出判断，特别是在第一轮谈判过程中；第二是当地村民要求进行二次分配以缩小一次分配（按照补偿款发放区分配）之间的差距。

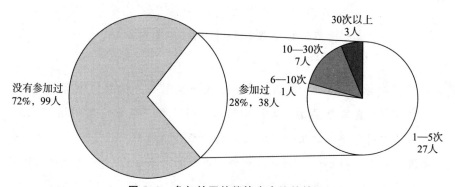

图 5-3　参加社区补偿协商会议的情况

资料来源：问卷调查。

第二轮补偿款一直协商了 3 年，补偿款不是每一年都按时发放，而是前三年发了一次，后两年的在 2019 年又发了一次。之所以这样，是因为按照一类区、二类区标准发放的差距太大了，不公平，老百姓就一直反映意见。后来通过环境整治费、社区发展项目才缩小了差距。本来以前政策都谈好了，现在疫情又来了，第三轮补偿款不指望能增长，只要按照第二轮标准发放就可以。老百姓诉求很简单，只要

---

① 调查时间为 2020 年 9 月 29 日，被调查人为红坡崩加顶村民小组前任组长 NM，调查地点为崩加顶村（二类区）。

把钱发下来就可以，稍晚一点也理解。①

红坡洛茸九龙高峰上村民小组组长也就反复协商的情况向笔者做了描述。

> 第二轮补偿协议签订是政府到村里来谈的。在还没有正式谈前，管理局就将所谈的内容用文件对村里进行宣传。我们九龙的第二轮补偿协议拖了两年才签订，因为与红坡相比，我们补偿款太低了，与九龙其他几个公路对面的村相比，我们受影响更大，但是大家补偿款是一样的，这肯定不公平。当年修建碧塔海南线大门时，从高峰上、下两个村集体林挖了路，而对于修公路，并没有给予补偿。因此我们高峰两个村要求每年再给我们15万元的补贴，后来反复协商，最终谈到8万元，一次性补了3年。②

> 去年，政府把2020年的补偿款发给了一类区，标准还是按照以前的标准。我们去管理局询问2021年以后的补偿款，管理局说2018年、2019年、2020年的补偿款都是政府划拨的，2021年以后的补偿款要向公司要。之前的管理局局长很好，积极给一类区、二类区协调补偿款。最近这一两年，因为补偿款发放问题，老百姓天天都去管理局。③

当地村民代表、村民小组组长，特别是来自一类区的群众，2022年以来经常到管理局、迪庆旅游集团以及镇、市政府等有关单位反映诉求。当地老百姓认为普达措国家公园运营公司因为资金缺口做不了主，要找上级迪庆旅游集团协调。就是在这样的多次协商中，当地政府、企业都非常清楚老百姓的诉求，也积极在有资金缺口的情况下想办法解决补偿

---

① 调查时间为2020年10月4日，被调查人为红坡洛茸村民小组组长BM，调查地点为洛茸村（一类区）。
② 调查时间为2020年9月30日，被调查人为九龙高峰上村民小组组长，调查地点为高峰上村（二类区）。
③ 调查时间为2020年5月4日，被调查人为红坡洛茸村民小组组长BM，调查地点为洛茸村（一类区）。

问题,试图改变现有旅游收入用于补偿的方式,寻求建立以生态补偿为主,以旅游收入为辅,社会捐助等多种形式参与的多元化补偿形式。这样多轮协商的方式保障了原住居民的合法利益,也拉近了不同利益相关者之间的距离。

4. 集体协商

在补偿款的协商过程中,虽然有村民代表,但包括村民代表在内的当地原住居民总是试图组成一些小团体参与协商,争取小团体的共同利益。本书田野调查点所涉及的两个村委会21个村民小组,被分为4个集团(如表5-1),关于补偿款的协商问题,政府及国家公园管理部门都以这4个集团为划分开展协商,① 商榷制定结果受本集团成员认可、符合本集团利益的共同目标。

表 5-1　普达措国家公园旅游收入补偿协商集团情况

协商集团	组成	说明
第一集团	建塘镇红坡村洛茸、吓浪、基吕、次迟顶4个村民小组	-红坡村一类区,通常被称为红坡一社 -第一轮补偿款协商时期,洛茸村单独协商,后加入集团共同参与协商
第二集团	建塘镇红坡村吾日、浪丁、洛东、扣许、崩加顶5个村民小组	-红坡村二类区,通常被称为红坡二社
第三集团	建塘镇红坡村达拉、林都、古姑、祖木谷、给诺、西亚6个村民小组	-红坡村三类区,通常被称为红坡三社 -仅参与了第一轮、第二轮反哺,2018年后不再作为反哺社区,但相关利益协商依然从6个村民小组共同利益出发
第四集团	洛吉乡九龙村高峰上、高峰下、联办、干沟、大岩洞、丫口6个村民小组	-九龙村二类区 -高峰上、下两个村民小组亦单独争取利益

资料来源:笔者根据2019—2020年田野调查资料整理。

以下一些田野调查资料反映了当地原住居民自发组成利益相关集团,共同进行补偿款协商的情况。

---

① 　4个集团主要根据本书田野调查经验性资料划分,各集团村民代表愿意组成利益相关集团商议补偿细则。

第一轮补偿款的协商是分三个区开会协商，协议也是一个村一个村地签，但同一个区的村子签署的协议内容基本一样。第二轮协商开始先几个区一起谈，但是各个区的代表争取的是自己的利益，乱得很。后来又分开谈，签了协议。①

刚开始谈判时，红坡村一类区4个村子是分开谈的，各自谈各自的，不像现在4个村子一起去。每个村子都谈，内容不一致，哪一个村要的太多，公司也给不了。差不多的村子一起谈，大家利益一样，比较容易。②

我们一社3个村子一共有400多人口，每个村子去3人，一共9个人，分别与国家公园管理局、运营公司协调小吃街、环卫工工资等问题。洛茸有悠幽庄园集体经济，不一起去了。更多的是提一下老百姓的诉求，不是去上访。③

九龙村被香三公路分为两部分，6个村子靠近国家公园，受国家公园影响较大，社有林、牧场都在国家公园里面。6个村子会为自己争取更多的利益，具体协商也是共同参与协商。现在普达措国家公园收入少了，要进行新的规划，规划好以后要进行新的协商，我们6个村与九龙其他几个村利益诉求肯定不一样，应该要区别对待，特别是高峰上、下两个村。④

这种行为可以用奥尔森（Olson）对集体行动理论的研究做出解释，几个村民小组的代表组成一个小集团，采取一定的行动与其他利益相关集团协商，所获得的共同的利益或目标能够使集团全体成员获益。虽然有个人

---

① 调查时间为2020年9月29日，被调查人为红坡崩加顶村民小组前任组长NM，调查地点为崩加顶村（二类区）。

② 调查时间为2020年10月4日，被调查人为红坡洛茸村民小组组长BM，调查地点为洛茸村（一类区）。

③ 调查时间为2021年4月24日，被调查人为红坡吓浪村民小组组长，调查地点为吓浪村（一类区）。

④ 调查时间为2020年9月30日，被调查人为九龙高峰上村民小组组长，调查地点为高峰上村（二类区）。

图 5-4 洛茸村召开村民大会传达相关文件精神并展开讨论

资料来源：笔者 2021 年摄。

"搭便车"的嫌疑，但这种"相容性集团"所实现的集体共同利益能够促使在协商过程中"把蛋糕做大"，以增加集团内个人的利益。奥尔森的"小集团比大集团更容易组织起集体行动"也符合本书调查案例。在《集体行动的逻辑》中，奥尔森分析了大、小集团成员态度不同的原因，并认为在许多情况下小集团更有效率、更富有生命力，也更容易达成协议。[1]一方面，普达措国家公园周边社区根据共同利益形成几个协商小集团，每个小集团代表人数较少，彼此间由于"面子"牵绊，要承担相应的代表责任，否则将受到集体的排斥。这种集体行动能够较好地反映集团成员的利益诉求，提升了自下而上的群众参与的效率。另一方面，决策层也更愿意和小集团协商，把难以解决的大问题分解为几个小问题，分组一一解决。相对集中的个人诉求和想法汇集在一起，由代表反映，决策部门也更容易获得有效信息，在协商过程中就相对集中的问题进行讨论，整个过程也更为高效公正。

（二）原住居民参与国家公园的治理

自然资源管理被定义为一系列规则、制度和过程，包括如何对自然资源行使权利和承担责任、如何做出决策、如何保障广大利益相关者参与自然资源管理并从中受益。"以国家公园为主体的自然保护地体系"建设是

---

[1] 曼瑟尔·奥尔森：《集体行动的逻辑》，陈郁、郭宇峰、李崇新译，上海人民出版社，1995，第 3—5、8—13 页。

新时期国家对自然资源保护和利用做出的最新战略部署，意味着原有国家公园治理体系和治理能力要进行升级和提升，也要进行新的战略规划和系统部署。《关于建立以国家公园为主体的自然保护地体系的指导意见》要求探索公益治理、社区治理、共同治理等保护方式。在这一过程中，原住居民及其他利益相关者若能有效地参与国家公园治理，治理能力得到提升，治理体系更加完善，将使国家公园真正走上可持续发展的轨道。基于以社区为基础的治理原则，普达措国家公园原住居民通过劳动参与、职责参与、项目参与等社区共管方式，有效参与了国家公园治理。

1. 劳动参与

国家公园内很多公共事务，如果采取管理机构强制性干预的治理路径，优势是能够标准化提供国家公园需要的公共物品和服务，劣势也非常明显，包括效率低、难以应对变化与突发状况、缺乏人文关怀等。普达措国家公园周边社区原住居民通过民主协商和合作，有效参与了国家公园环境治理，比如通过劳动的方式参与了国家公园内环境卫生整治、义务植树造林等活动，诠释了从"被管理者"到"管理者"的转变。本书第四章已经对当地社区履行维护公共环境卫生的职责进行了阐述，本部分将重点呈现原住居民如何组织、参与和开展维护公共环境卫生活动。

笔者参加过几次洛茸村打扫卫生的活动。村委会主任前一天通过微信群或电话召集后，各家各户第二天一早带着打扫工具按照约定的时间开始打扫村内公共区域，主要是公路和活动小广场。

如果我看到村子里公路上动物粪便有点多，就会在微信群里通知，哪一段有点脏，请住在附近的村民打扫一下，或者组织几家人一起打扫一下。这一次请洛茸上村的几户参加，下次请洛茸下村的几户参加，也会固定一个时间，全村每家每户一起清理一次。有时候不用说，村民看到了自己都会把牛粪、树叶铲到一边。村民参加劳动很积极，只要家里有人，都会派人参加，因为我们的村规民约里就规定，要爱护村里的环境卫生，保持整洁的村容村貌，每个人都要遵守。一般来说，秋天过后，叶子随处散落在路上，还有一些卫生死角、沟渠堵塞等，会组织全村参加。各家各户还要维护好自己院子的环境卫生，特别是挂着党旗的党员家，更要积极带头，自觉清扫。①

藏族老百姓发展畜牧业养殖，牦牛、犏牛、马、羊等养殖动物一般采取放养的方式，白天从自家圈养窝棚放出后到国家公园内牧场吃草，傍晚牛羊会自己回到窝棚。来回路上，马、牛等动物难免会留下粪便等排泄物，如果少量动物粪便留在草场或荒地，就会通过自然风化成为肥料。但是在柏油路、水泥路上的粪便，必须进行人为的清洁。一般来说，女性参加的会比较多，因为白天男性外出工作、草场放牛羊、巡山等不在家，女性就承担起了义务劳动的责任。

> 我们村也不是姐妹会，年长的、年轻的妇女都会参加，因为平时在家的女性会多一些。比如我们有9名妇女在悠幽庄园工作，平时都在村里，轮到上晚班或者休息时，白天就有时间参加村里的集体劳动。大家都不觉得辛苦，只有把国家公园环境卫生搞好了，游客才愿意来。悠幽庄园也是，每天除了打扫酒店里面的环境卫生，门口停车场、鱼塘、公路也会好好清扫。我们村的人都很自觉，不乱扔垃圾，主要就是打扫动物粪便、枯枝落叶等。②

此外，国家公园运营公司如果需要洛茸村村民对景区公共设施进行卫生打扫，也会联系村委会主任，由村委会主任组织打扫活动。比如冬季过后，悠幽步道在第二年春夏季重新开放前，村委会主任带领村民对整个徒步路线的道路情况（是否适合行走）、环境卫生等进行排查、修整。在过去国家公园收入状况较好年份，对于这样的集体性工作，公司会支付一定的误工费。这几年受疫情等影响，这样的集体性劳动好多都是无偿的，洛茸村村

---

① 调查时间为 2020 年 5 月 29 日，被调查人为红坡洛茸村民小组组长 BM，调查地点为洛茸村（一类区）。

② 调查时间为 2020 年 7 月 29 日，被调查人为红坡洛茸村村民，调查地点为洛茸村（一类区）。

民也无怨无悔。

> 公司收入好，日子好过，给我们补偿，我们享受了，现在日子不好过，没有多少收入，我们也要支持他们，共同建设好国家公园！①

图 5-5　洛茸村组织国家公园荒地植树造林活动

资料来源：笔者摄。

普达措国家公园海拔在 3500 米以上，树木生长周期长，新种树木成活率低。20 多年前，天然林采伐也让这里千疮百孔。1998 年，禁伐天然林后，普达措国家公园通过开展退耕还林、退牧还草、天然林保护、森林生态效益补偿等生态环境治理工程建设，森林覆盖率逐渐提高。按照适地适树原则，普达措国家公园及周边山地选择雪松、云杉、藏柏、华山松等适应高海拔的耐寒树种开展造林绿化，生态环境不断改善。在这一过程中，当地原住居民积极响应，义务参与植树造林活动。一般树苗由地方政府提供，由村民负责种植。在香格里拉高海拔地区植树造林是困难的，这里冬季来得较早，持续低温时间长，冻土层深达 40 厘米。当地村民在荒地种树，除了挖坑种树，在风口处还要打一个支撑树桩，让树苗不容易被吹倒，提高成活率，还要采取草绳缠绕树干、根部覆盖锯末、铺洒牛粪等保暖防冻措施。即便如此，高寒山区树木相比其他地区树木成活率依然低，

---

① 调查时间为 2020 年 7 月 29 日，被调查人为红坡洛茸村村民，调查地点为洛茸村（一类区）。

且树木生长很慢，几年才长高一点。

虽然难种，但是老百姓无怨无悔，不要报酬，义务参加植树造林，工具都是自己带。种树特别是要注意挖坑，选择合适的土，土质疏松固定不了树根，会降低树苗成活率。种树也是技术活。①

2. 职责参与

新型自然保护地治理体系推行社区共管，按照生态保护需求设立生态保护岗位并优先安排原住居民。国家公园通过设立护林员、保洁员等生态保护岗位，让半农半牧的原住居民从自然资源的利用者变成保护者。他们在进行巡山、防火盗猎监督、环境卫生维护过程中，针对捕鱼、盗猎、野蛮采摘、乱砍乱伐等行为起到了严格的监管作用，共同守护着普达措国家公园的山山水水、一花一草。

家住红坡洛茸村的都杰七林是普达措国家公园护林员中的"红人"，他家有一个记录本，从中央电视台、新华社到省市电视台，从复旦大学到云南大学，从国家林业部门到兄弟州市林业部门，上面记录了近10年来采访过他、拜访过他的各大新闻媒体记者、高校和科研院所学者、相关政府部门调研领导的名字和部分联系方式。笔者在2020年田野调查期间大概数了一下记录本中的人数，共有30多人。他的故事或长或短地被记录，在许多新闻媒体网站上都能搜索到。2021年，大叔已经年满60岁，从事护林员工作已将近40年，按理来说应该从护林员岗位上退休，但是因为他身体健硕，关键是有着非常丰富的巡护经验，所以被国家公园特别聘用，继续从事护林员工作，并且带领洛茸村本村以及国家公园聘用的年轻护林员巡山，传授经验。大叔家有七口人，当家儿子也被聘用为国家公园保安，负责公园入口车辆检查等工作，每月收入3000元左右；妻子轮值在国家公园景点担任保洁员，每月收入2000元左右；儿媳在家照顾奶奶和小孩，以及15亩地、近30头牦牛。笔者只要在普达措当地开展田野调查，每次一定

---

① 调查时间为2021年6月27日，被调查人为红坡洛茸村村民，调查地点为普达措国家公园。

在傍晚等大叔巡山归来后去他家坐一下，听他聊一下一天巡山的发现，笔者也曾跟随大叔进行过精简版的巡山。

每次出门巡山，都杰七林大叔都要穿上印有"森林巡护"字样的橙色马甲，带上手机、对讲机、望远镜、记录本等（见图5-6）。巡护路线一般提前规划好，昨天去过的片区今日巡山就不去，而去另外的一片区域。

图5-6 普达措国家公园巡山过程中的护林员都杰七林

资料来源：笔者摄。

周边的山林我基本上一年有200天都在走，熟门熟路，我是不会迷路的。平时我会分配，几个护林员巡护不同的区域。我们的职责主要是查看有没有外面的人偷着来乱砍乱伐、"放扣子"，有没有用火的行为。遇到牧民去捡柴、找牦牛，不管是哪个村的，要叮嘱他们不能用火、不能砍树；遇到外面村子的，要劝阻他们离开国家公园。防火季节，基本上一个月只休息4—5天，要去山上看。捡松茸的几个月，我们一般几个护林员一起，因为山上人比较多，容易出现矛盾。按要求我还要记录巡山过程中遇到的野生动物情况。现在不打猎、不砍树，生态越来越好，以前几乎绝迹的野生动物也出现了，麂子、獐子、野鸡、野兔都比较常见，还能见到黑熊。护林防火宣传也要做好。主要把每年林管站、管理局发给村里的宣传单发给老百姓看。告诉他们政府非常重视森林防火，要特别注意，不能乱砍乱伐，不能在国家公园林区、牧场用火，家里用火也要特别小心。烧香要做到人走火灭，最后离开的人一定要等烧香台火灭了、烟散了才能走。①

图 5-7　国家公园护林员向群众宣传护林防火政策

资料来源：笔者摄。

普达措国家公园护林员一般雨季时一个月巡山 20 天左右，旱季防火季节一个月要求最少巡山 25 天，但是当地护林员防火期基本天天都巡山，除非下雨、下雪降低了森林防火等级。按照国家公园对护林员职责的具体规定，护林员每次巡山回来后要在"巡山记录本"（巡护记录本）上记载下巡山发生的事件（见图 5-8）。都杰七林大叔已经记满了好几本，翻开2021 年开始使用的记录本，其对每次巡山和平日开展的护林防火工作都有记录，比如巡山过程中发现野生动物的情况（发现动物地点、种类、数量等）、巡山中遇到牧民的情况、巡山中发现特有植物的情况、在村里向牧民宣传护林防火政策的情况等。

除了都杰七林大叔这样的护林员，洛茸村还聘用了 3 名村级护林员，

---

① 调查时间为 2020 年 5 月 29 日，被调查人为红坡洛茸村护林员，调查地点为洛茸村（一类区）。

分别来自洛茸上、中、下三个村。3 名村级护林员工资由村集体经济收入支付，2019 年以前工资每年 2 万元，后经协商认为工资略高，因为下雨、下雪的时候没有巡护任务，所以工资减到 1.5 万元一年。到了年底，如果村集体经济有钱，就由村集体经济支付工资；如果村集体经济没钱，就每家每户出钱给他们工资。村级护林员一般由各家各户轮流担任一年，每年换一户，男女不限。村级护林员在防火季节要协助国家公园护林员开展集体林、国有林的巡护工作，还要在洛茸村口负责进出本村人员、车辆等护林防火检查。洛茸村专门在村口公路边搭建了一座简易房屋，供村级护林员居住。承担职责的家庭，每天要派人在此值守，24 小时都要有人。此外，洛茸村每年 11 月进入冬季后，森林防火等级提升，一般根据护林员要求，每 2～3 户人家出几个人，无偿轮流与村级护林员一起巡山。全村都要义务轮流承担巡山责任，上、中、下村民小组组长协商安排各家各户巡山人员。

图 5-8　普达措国家公园记录本及所记载内容
注："森林管护员"也称"护林员"。
资料来源：笔者摄。

普达措国家公园最新勘界后，九龙村高峰上、下两个村民小组大部分集体林都被划入国家公园。因为森林面积较大，所以护林员工作非常重要。脱贫攻坚以来，九龙村被识别为建档立卡贫困户的比较多，按照政策可以每户聘用一名护林员。高峰上、下两个村民小组共有 20 名护林员，人数较多。因此，两个村民小组协商，决定指派一名护林员组长，负责管理两个村民小组护林员巡护工作，享受林业部门指派护林员待遇（高峰上、下集体林在一起，只有一本林权证，林业部门安排护林员按照林权证安排，工资为2000元/月）。因此，两个村民小组轮流承担护林员组长的职责，一年高峰上承担，一年高峰下承担，一人担任组长，另外一人就作为副组长协助组长工作。护林员组长主要职责是安排护林员巡山范围、分配巡山人员。平时5个人一天轮流巡护，防火季节工作较多，安排10个人左右去丫口巡山。

过去，一个村民小组只有一个护林员，森林面积很大，根本巡护不过来，我们两个村也没有钱自己聘用。老百姓都是义务巡山，但是没有组织，就没有坚持下来，后来给护林员安排了一个助理。一直到有了生态管护员，人员才足够。[①]

对于各级护林员职责，普达措国家公园管理局在发放给护林员的工作手册上做了详细说明（见表5-2）。

表5-2　普达措国家公园生态管护员（护林员）职责

普达措国家公园生态管护员（护林员）职责
1. 认真学习国家公园相关法律、法规及政策，熟练掌握相关条款内容，并积极向群众宣传；及时了解和反映群众对国家公园的建议、意见和要求
2. 监督并制止野外违法违规用火行为，一旦发现森林火灾，及时报告并组织扑救；发现外来物种入侵、有害生物要及时报告；及时制止和报告盗伐滥伐森林或林木，乱占滥用（如开垦、采石、采砂、采土等）林地、湿地，乱捕滥猎野生动物，乱采滥挖野生植物等各类破坏国家公园生态资源及环境的行为
3. 准确掌握管护责任区范围及管护面积，熟悉林情、山情、水情，协助做好各项国家公园保护工作
4. 对进入管护责任区的人员和车辆进行详细登记
5. 生态管护员在管护责任区内的日常巡护，每月必须达20天以上，并做好巡护记录
6. 积极参加市、乡（镇）林业部门组织的技能培训
7. 按月向片区管护站（所）报告巡护情况
8. 在工作日应保持通信畅通

资料来源：普达措国家公园管理局，2021年。

---

① 调查时间为2020年9月30日，被调查人为九龙高峰上村民小组组长，调查地点为高峰上村（二类区）。

3. 项目参与

中央环境保护督察后，普达措国家公园关闭了两个景点，仅属都湖对外开放。为增强游客的体验感，国家公园运营公司与洛茸村协商，开辟一条沿属都岗河的生态徒步体验区（悠幽步道）。步道全长约 2.2 公里，徒步全程约 1 个小时。沿途游客将观赏到由杨树、云南沙棘、高山柳等组成的古树群落；由西南鸢尾、锡金报春、偏花钟报春、滇蜀豹子花、金莲花、银莲花等各色花卉点缀的五花草甸；由峨眉蔷薇、扁刺蔷薇、野丁香等花卉点缀的灌木丛。

悠幽步道起点就在洛茸村口，整个路线经过洛茸村集体林、草地。刚开始，国家公园运营公司到洛茸村协商，开辟这样一条徒步旅游路线，但是部分村民反对，主要怕步道开发破坏属都岗河结构，破坏土地植被。因为洛茸村水葬地就在该条河流纵深处，对当地人来说是非常神圣、不容破坏和污染的地方。大部分村民表示支持，认为步道并不经过水葬地且步道设计除安放的几个介绍栏架外，对自然景观并没有太多的改变，道路也是沿原有小路修建。经过进一步与普达措旅业分公司协商，运营公司承诺项目建设远离水葬地，尽最大努力保持原有生态景观，把对植被影响降到最低。最终，洛茸村同意修建悠幽步道项目，并无偿提供建设用地，但是洛茸村提出步道的修建要由该村承担。

我们不收取悠幽步道修建的土地占用费、（对植被的）破损费。但是，这个工程只是个一般项目，可以承包给洛茸村村民。首先，这里是我们的家园，我们最熟悉，离着也最近；其次，我们村民不会随意破坏植被，修建过程中会管理好自然资源。外面请来的建筑队，工程结束就走了，不会好好管理和保护国家公园的生态系统，他们只管赚钱。我们是世世代代都要住在国家公园内的，要依靠自然资源，村民不会多砍一棵树。[①]

---

①　调查时间为 2019 年 9 月 29 日，被调查人为红坡洛茸村民小组组长 BM，调查地点为洛茸村（一类区）。

通过协调，运营公司也支持洛茸村这个想法，把步道建设的工程项目交给洛茸村完成。工期两个月左右，工时费为 150 元/人/天。整个工程的材料，如简易木桥需要的木料板、工程建设手推车等，都由洛茸村免费提供。当地老百姓认为，如果修建步道砍树了，要向林业部门、林场申请批准，不批准而砍伐木料会被举报。因此，干脆洛茸村提供自己储备的木料，这些木料都是各家各户以前砍伐后堆在门口不使用的，用这些木料来修建，当地政府、林业部门都表示赞同。

> 悠幽步道的整个线路，哪里开路、哪里整平、哪里架桥都是国家公园与洛茸村村民一起协商确定的。运营公司总经理亲自来看，亲自过问：有没有什么影响、有没有占到什么资源等。运营公司这样做说明他们有意识，不能影响藏族传统信仰——水葬地。作为村民小组组长，我一直在项目建设现场，悠幽步道建好后对我们的资源和水葬地都没有太大影响。①

洛茸村村民非常积极有效地参与了国家公园悠幽步道的建设项目。第一，洛茸村村民参与了建设项目全过程，从实施规划、具体建设到这几年对悠幽步道的维护（冬季防火季节悠幽步道会关闭）。第二，该项目的成功是当地社区与国家公园运营公司相互支持、共同协作的成果。虽然悠幽步道建设项目占用了村集体林，本来可以要求运营公司给予资金补偿，但洛茸村并没有提出补偿要求。"村子里开会商量了，景区有困难，我们要支持解决困难。如果普达措国家公园运营公司没有了，我们村民自己来开发也开发不起来。所以对的地方要相互支持，不对的地方，比如公司修建悠幽步道过程中对植被有破坏，我们村民也会指出，公司也会配合整改。"② 第三，悠幽步道项目实施过程中，村民参与过程是透明的。国家公

---

① 调查时间为 2019 年 9 月 29 日，被调查人为红坡洛茸村民小组组长 BM，调查地点为洛茸村（一类区）。

② 调查时间为 2019 年 9 月 30 日，被调查人为红坡洛茸村村民 QL，调查地点为洛茸村（一类区）。

园运营公司及时反馈村民的主张和意见，并采纳了部分意见——保护洛茸村水葬地、由洛茸村承担建设工程。村民认为国家公园把项目建设及后期维护交给洛茸村，是对当地村民的信任，同样，村民也信任公司的发展战略，无偿提供项目用地。

悠幽步道项目的成功，并没有外部力量的强制性干预，而是当地社区与国家公园运营公司之间民主协商、合作管理的理想状态。

（三）有效参与是从冲突走向合作的保障

有效参与一直是全球环境保护主义运动的关键。1991 年 10 月 7 日，第一次美国有色人种环境领导人峰会所提出的 17 条"环境正义原则"中的第 7 条指出，"环境正义要求在所有决策过程的平等参与权利，包括需求评估、计划、付诸实行与评估"。[①] 欧洲的《奥尔胡斯公约》同样要求各缔约方提供环境信息，尊重公众参与决策的权利，并确立和执行公众对决策提出疑问的权利。[②]《生物多样性公约》也把原住居民代表作为条约谈判的联合主席。在 IUCN 大会、世界公园大会中，原住居民越来越多地参与治理进程，反映了越来越多的全球共识，即社区有效参与对实现各级环境治理的可持续发展目标是必要的。中央《关于建立以国家公园为主体的自然保护地体系的指导意见》要求探索公益治理、社区治理、共同治理等保护方式。因此，利益相关者参与到环境决策过程中并被制度化纳入相关政策，被认为可以提高环境决策的质量。

国家公园具有公共属性，如果周边社区原住居民及其他利益相关者只是国家公园建设的被动接受者，就容易造成自然资源"公地悲剧"，进而破坏生态系统。在谈到生态保护计划时，管理者常常强调教育当地原住居民，告诉他们自然的重要性。然而，与外部教育相比，主动参与意味着他

---

① 晋海：《美国环境正义运动及其对我国环境法学基础理论研究的启示》，《河海大学学报》2008 年第 3 期。

② M. S. Reed，"Stakeholder Participation for Environmental Management：A Literature Review，" *Biological Conservation* 141（2008）：2417-2431.

们将多年积累的知识和经验恰当地用于保护计划中，是更为有效的参与方式。① 此外，国家公园要体现全民公益性，就需要不断认识到公众参与对环境保护的重要价值。环境问题的复杂和动态性质要求做出灵活和透明的决策，包括各种知识和价值观的介入。

什么是无效的参与？全球案例研究发现，技术官僚等行为会导致参与无效，造成一系列不公正的结果。比如，2014 年在悉尼举行的世界公园大会上，超过 5000 名代表参加了会议，其中土著人群也被邀请，体现了会议包容及多元的特征。然而，大会组织者并没有事先考虑为他们提供会议翻译服务。这种态度非常明显，就是为了限制非英语国家参与者在以英语为主要语言的活动中的可访问性、代表性和能力。② 这种组织者不公正的技术官僚行为，使土著人群产生不公正感受，也埋下了抗议和冲突的导火索。不公正的技术官僚行为在老挝国家公园周边社区中也被发现。研究人员发现当地村民参加会议的签到单被当地政府用作"同意"的证据。这种低劣的手段和态度削弱了当地社区的代表性。③ 在这些案例下，参与变成政治性的而不是民主平等的，是无效的参与。

根据当地人介绍并查阅过往研究文献，在普达措国家公园，也发生过由无效参与问题造成的潜在冲突。20 世纪 90 年代末期，当地政府决定进一步开发碧塔海旅游业，规划修建一条从县城至碧塔海的公路，并派人同西线（红坡一社）牵马的村民进行了一次协商。但是，修建自县城直通碧塔海的公路这一建议被村民拒绝。他们拒绝修路的理由是：如果道路修通，当地人就丧失了牵马的机会，所有的游客都可以坐车直接到碧塔海边，无须骑马；如果道路修通，势必穿越目前农民放牧的牧场，对牧场的损害较大；修公路对碧塔海景区景点和自然资源也有一定破坏。

奥斯特罗姆等人研究发现，如果缺少当地支持，保护区很少有监控和执法能力来控制大片土地，还会产生所谓的"纸上（国家）公园"，即保

① 秋道智弥等编著《生态人类学》，范广融、尹绍亭译，云南大学出版社，2006，第117 页。

② B. Coolsaet, *Environmental Justice: Key Issues* (New York: Routledge, 2020) p. 112.

③ M. Suiseeya, K. Ruggles, *The Justice Gap in Global Forest Governance* (Durham, North Carolina: Duke University Press, 2014).

护区只存在于法律文件中。[1] 当地政府考虑到了当地社区参与的重要性，但是没有考虑这种参与的有效性。由于西线社区反对的声音，当地政府没有进一步与西线社区对接解决问题，转而与南线九龙村进行协商，修建了从南线进入碧塔海的汽车公路。政府的这一决策对碧塔海西线的旅游经济活动产生了巨大的影响。在 1998 年以前，牵马等旅游服务活动为西线村民带来巨大的收入来源，但 1998 年以后，由于南线的开通，旅游大巴直接把游客拉到南线大门，客源大量涌向南线，又使西线村民这部分收入来源受到影响，南线村民受益。[2] 与国内许多土地权属划分不清的地区类似，南线彝族社区与西线藏族社区历史上就因为土地权属有过矛盾。政府的这种两面性政策，造成了西线社区的无效参与，打破了公路修通前南线、西线社区参与旅游服务活动的平衡性。西线村民因为收入降低，产生了对南线彝族社区的不满情绪。一直到普达措国家公园进行整体规划，西线、南线社区共同退出牵马等旅游服务活动，这种潜在的矛盾才真正消失。

有效参与依靠信息共享、意见征求、法律保护、相互尊重等方式实现。现有研究认为，我国首批 10 个国家公园体制试点中社区参与方式主要有 4 种：一是信息反馈，国家公园管理机构通过集会、电话和网络等渠道收集当地原住居民对国家公园发展的反馈意见；二是开放式咨询，国家公园管理机构通过咨询会、问卷访谈、论坛等形式鼓励当地原住居民对国家公园分区管控、生态补偿、产业发展等重大决策进行意见表达，保证当地原住居民的知情权和公平的对话权；[3] 三是签订协议，即物质激励式，由国家公园管理机构、村委会和相关社会组织组成三方模式，签订社区保护协议，建立反哺社区的激励机制；四是项目合作，即互动式，由国家公园

---

[1] S. Stolton, N. Dudley, "A Preliminary Survey of Management Status and Threats in Forest Protected Areas," *PARKS* 9 (1999): 27-33. E. Ostrom, H. Nagenda, "Insights on Linking Forests, Trees, and People from the Air, on the Ground, and in the Laboratory," *Proceedings of the National Academy of Sciences* (*PNAS*) 103 (2006): 19224-19231.

[2] 中国西南森林资源冲突管理案例研究项目组编著《冲突与冲突管理——中国西南森林资源冲突管理的新思路》，人民出版社，2002，第 250—255 页。

[3] 苏扬等主编《中国国家公园体制建设报告（2019—2020）》，社会科学文献出版社，2019。

管理机构与当地原住居民共同分享项目权益并承担责任，主要是政府采取流转、租赁等方式与土地所有者进行合作。[①]

有效参与并非环境治理的最有效途径，但所有利益相关者都应有能力参与决策过程，特别是影响关于其土地、所在社区和福祉的决策进程。权利不对称极易造成不公正的问题，利用决策过程来面对和承认这些不公正有助于做出更好的决策，并最终产生好的结果。因此，有效参与可以缓解或避免由权利不对称导致的冲突和矛盾。利益相关者需要在决策的早期阶段参与，这样决策才有意义，当地利益相关者之间的共同利益才能被识别和协调。[②]

近年来，国家极其重视生态文明建设的公众参与。《中共中央　国务院关于加快推进生态文明建设的意见》提出要"鼓励公众积极参与。完善公众参与制度，及时准确披露各类环境信息，扩大公开范围，保障公众知情权，维护公众环境权益"。[③] 2015 年原环境保护部（现生态环境部）发布《环境保护公众参与办法》，该办法的颁布为环境保护公众参与提供了重要的制度保障，进一步明确和突出了公众参与在环境保护工作中的分量和作用。[④] 国家公园作为国家所有、全民共享、世代传承的重点生态资源，是国家生态安全的重要屏障，是国家形象的名片。在进行保护与开发的过程中，公众参与、社会参与应成为重要保障。

二　程序透明的前提

在环境正义语境下，程序的透明性指相关机构向社会公众全面、详细、可靠、及时地告知环境干预政策实施的情况，让社会公众了解环境保

---

①　张婧雅、张玉钧：《论国家公园建设的公众参与》，《生物多样性》2017 年第 1 期。

②　E. J. Sterling et al. , "Assessing the Evidence for Stakeholder Engagement in Biodiversity Conservation," *Biology Conservation* 209（2017）：159-171.

③　《中共中央　国务院关于加快推进生态文明建设的意见》，2015 年 4 月，www.gov.cn/guowuyuan/2015-05/05/content_2857363.htm，最后访问日期：2020 年 3 月 17 日。

④　《环境保护公众参与办法》，2015 年 7 月，www.gov.cn/gongbao/content/2015/content_2961714.htm，最后访问日期：2021 年 9 月。

护活动的真实成本和收益，这是程序正义的基础。程序透明作为程序正义概念的重要组成部分，可通过不同的策略实现。保障程序透明的前提可以通过获取有效信息、广泛征求意见以及提升诉诸司法能力实现。

（一）获取有效信息

获取有效信息就是通过各种途径和方法掌握有效信息，并能够利用信息用于解决实际问题或获得利益。研究认为，获取有效信息对农业生产经营者来说是非常重要的因素，有利于把握市场需求、控制农产品质量、提升个人在集体中的表达能力，通畅的信息获取渠道提升了农民获取信息的能力。[①] 在环境治理中，基层群众信息获取能力关系到个人在环境干预政策实施过程中是否能够获得利益，也关系到个人是否能够表达对政策实施的意见和建议，是程序正义的基础支持。

1. 原住居民希望获取的信息

近年来，《环境保护法》《大气污染防治法》《清洁生产促进法》《水土保持法》等法律法规明确提出环境信息公开的要求，彰显了生态治理水平的新高度，顺应了公众对提升环境质量的新期待。笔者在田野调查期间发现，原住居民对普达措国家公园的一些基本信息并不熟悉，比如国家公园建立时间、大致范围、旅游营业收入等，对一些其他信息却非常熟悉，比如旅游收入反哺社区政策、旅游路线、工作信息等。调查发现，原住居民更加迫切地想要获取与自己切身利益相关的信息。

> 国家公园范围、收入等信息，领导和护林员掌握就可以了，我们更想了解关于补偿款发放、环卫工招聘、松茸价格等信息。特别是补偿款，这几年受疫情影响，游客也没有，也不知道以后会是怎样。每次村里开会老百姓都询问补偿款什么时候发、以后要发多少，村民小组组长也不知道，只能向上反映。我们的土地都贡献给了国家公园，也没有多少土地种田了，所以补偿款对我们一类区来说很重要，相关

---

① 　王任、陶冶、冯开文：《贫困农户参与农民专业合作社减贫增收的机制》，《中国农业大学学报》2020 年第 10 期。

信息是我最想知道的。①

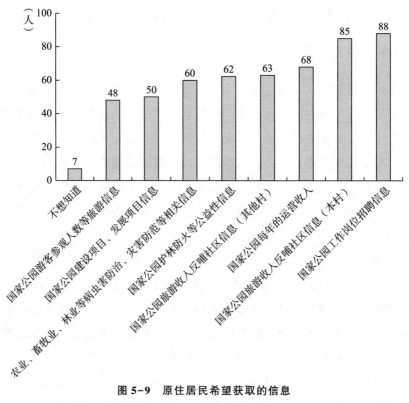

图 5-9 原住居民希望获取的信息

资料来源：问卷调查。

结合问卷调查，受访者对 8 类希望获取的信息进行了选择（如图 5-9），这 8 类信息是笔者结合国家公园田野调查汇总分析所得，是与国家公园相关的信息，而农产品市场信息、农业生产技术信息、进城务工信息、医疗养老保障信息等农村老百姓较为关心的信息没有被列入选项。当地原住居民最想获取的信息是国家公园工作岗位招聘信息。本书第四章也已分析，国家公园工作岗位的分配被认为是重要的利益。第二是有关本村的国家公园旅游收入反哺社区信息。老百姓希望获得准确的补偿款发放时间、

---

① 调查时间为 2020 年 9 月 27 日，被调查人为红坡吓浪村村民，调查地点为吓浪村（一类区）。

发放金额、未来发放情况等信息，这也是与当地人切身利益相关的重要信息。再往后，原住居民也想了解国家公园护林防火等公益性信息，体现了他们的生态保护自觉。部分受访者表示并不想了解所有这些信息，主要是一些年轻人，他们希望未来到大城市发展，不太关心国家公园的相关信息，认为这是政府和老一辈需要关心的。

2. 原住居民获取信息渠道

获取信息的渠道是否畅通直接关系到老百姓从信息中获益的能力。一般来说，现代农民获取信息的渠道主要包括家庭、朋友、电视、手机、广播、互联网、农家书屋、农民信息社等，农民信息获取的影响因素主要分为内部和外部两个方面，内部因素包括知识水平、收入水平、生活经历等，外部因素包括信息获取的便利性、信息内容的可理解性和可靠性等。对普达措国家公园周边社区原住居民来说，获取国家公园运营、管理部门所发布信息的主要渠道如图5-10所示。

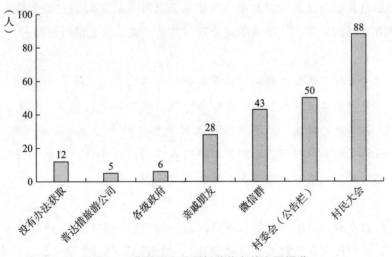

图5-10　获取国家公园相关信息的主要渠道

资料来源：问卷调查。

88名受访者认为村民大会是最主要的信息获取渠道。各个村民小组都会不定期召开村民大会，这是当地社区上传下达最普遍的方式，也是村民小组组长与各家各户交流讨论最广泛的方式。50名受访者选择了通过村委会（公告栏）获取信息。村委会作为基层群众性自治组织，有自我管理、自我教育、自我服务等功能，是与群众联系最密切、最贴近群众的组织，搭建了群众与基层政府（乡镇政府）联系的桥梁。在田野调查期间，笔者在红坡村委会调研，经常坐在办事大厅内，观察前来咨询、办事的红坡村村民，以及他们与村委会工作人员之间、村民与村民之间的交流互动。一些通知、宣传材料等也会张贴在办事大厅，来访的村民会驻足观看，不太明白的会现场询问工作人员。村委会为村民提供了一个信息集散、交流的场所。在很多时候，红坡村委会干部召集 15 个村民小组组长在办事大厅旁边的一间藏式会客厅开会。冬季开会期间，大家坐在节能灶周围烤火，听村委会主任或副主任传达相关文件精神，与会人员会对相关问题进行讨论。虽然会议一般用藏语召开，笔者听不太懂，但是会议中村民小组组长们热烈的讨论、踊跃的发言让人感受到信息被充分交流和讨论，村民的意见被带到了会议中。有 43 名受访者选择了从微信群获取信息。随着手机等电子设备的推广，微信群已经成为中国农村社区获取信息的便捷方式，村民小组组长也会在微信群发布一些信息。此外，从亲戚朋友处获取信息也是非常重要的渠道，从亲戚朋友处获得的信息被认为更值得信赖。

> 为什么九龙大岩洞村在国家公园内工作的人最多，而高峰上、下村离得最近却没有在里面工作的？因为大岩洞村村民获得了更多关于用工需求的信息，并不是因为大岩洞村与村委会、运营公司关系好，得到了特殊的照顾。他们村以前有人在普达措工作，就把相关信息带到村里，老百姓知晓信息后就去找工作。①

综合来看，当地原住居民获取国家公园信息的主要渠道依然在本村范围内，从村民大会、村委会（公告栏）、微信群等渠道获取信息最普遍。

3. 原住居民获取信息的难易程度

虽然有多种渠道能够获得信息，但是原住居民认为获取国家公园相关信息仍然不容易（74 人，54%），选择非常不容易的占 6%（8 人），不一定的

---

① 调查时间为 2020 年 9 月 29 日，被调查人为九龙村委会 SBL，调查地点为九龙村委会（二类区）。

占 20%（27 人），选择容易和非常容易的只有 20%（28 人）（见图 5-11）。

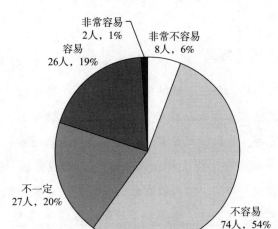

图 5-11　获取国家公园相关信息的难易情况

资料来源：问卷调查。

老百姓认为获取信息依然困难的主要原因如下。第一，难以获得一手信息。从图 5-10 看，原住居民可以从多个渠道获取信息，信息获取渠道相对畅通，但这些信息基本上都不是一手信息（如直接由运营公司发布的招聘信息），都是经过多次转发的二手信息。如果没有文件记录的话，传到老百姓处的都是一些口头记录信息。

> 过去开会只带着耳朵去，从来不记笔记，也不会记笔记，没有留下多少记录。①

首先，村民们获取的二手信息，甚至是三手信息难免出现差错和遗漏，不能成为有效信息而转换为村民的实际利益。其次，信息意识淡薄，信息利用能力低。普达措国家公园周边社区过去经济发展水平低，个人受教育程度不高，这些制约因素让原住居民的信息意识淡薄，部分村民获得了信息但是没有转化信息的能力。最后，普达措国家公园管理机构、运营

① 调查时间为 2020 年 8 月 19 日，被调查人为红坡崩加顶村民小组前任组长 NM，调查地点为崩加顶村（二类区）。

公司在相关信息传播和宣传上还不够，或者说针对原住居民及社区发展的信息宣传还不够。

(二) 广泛征求意见

在自然正义论中，司法领域的公正要满足两个基本要求：任何人不能做自己案件中的法官、要听取双方当事人的意见。这是最古老的程序正义原则，第一要满足一致性，即没有利益相关者可以搞特殊；第二就是征求意见，即通过一系列程序保证利益相关者诉求渠道畅通，听取他们的意见。充分征求意见并协商一致可以有效防止冲突，有利于维护即将出台的政策、规范性文件的权威性，也有利于政策出台后的顺利执行。征求意见是保证程序正义的基本步骤，通过召开会议、问卷调查、座谈会、个别谈话等形式鼓励原住居民对国家公园生态补偿、产业发展等重大决策提出意见，保证原住居民的知情权和公平的对话权。

本书以普达措国家公园生态补偿政策协商为案例，调查了协商会议前后当地原住居民的意见是否被征求、具体征求形式如何。如图5-12所示，88%（121人）的受访者表示，召开协商会议前，他们的意见会被村民代表征求，征求的渠道主要是村民大会（87%）和微信群通知（10%）；95%（130人）的受访者表示，协商会议结束后，参加会议的村民代表会将相关协商会议情况及时告知村民，反馈的主要渠道依然是村民大会（84%）以及宣传栏、微信群（12%）。在生态补偿政策协商过程中，原住居民的意见被充分征求，甚至不惜以召开若干次会议、开展多轮协商为代价，最终签订了政府能指导、公司能承担、社区能接受的三方满意的补偿协议。然而，受突如其来的新冠疫情外部力量的影响，这一经三方努力协商成功的成果难以持续，重新进入了新的沟通、协商环节，以寻求另一个协商结果。无论如何，征求意见是全过程人民民主的生动实践，是民主协商的形式，有利于群众参与到国家公园治理中。征求意见可以集思广益，充分发挥群众的智慧，弥补某些方面的不足。

从普达措国家公园生态补偿政策来看，原住居民的意见还是得到了充分采纳，在资金分配中，针对二类区、三类区的环境整治费就是征求意见

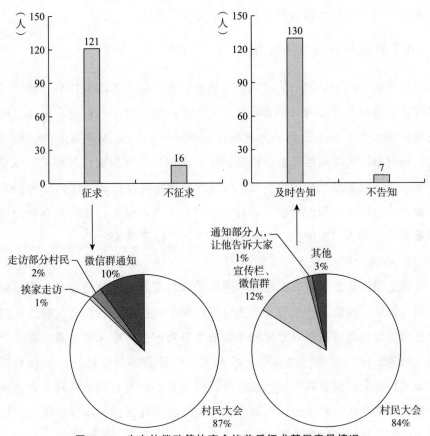

图 5-12 生态补偿政策协商会议前后征求基层意见情况

资料来源：问卷调查。

并协商后的结果。2013 年当地政府协调了 30 万元用于红坡村三类区的补偿，后来增加到 60 万元，这是老百姓的意见得到吸纳后产生的结果。虽然如此，但并不是每一个意见都能够被采纳。2019 年以后，红坡村三类区不再享受国家公园补偿。红坡村三类区村民代表到有关部门协商，希望能继续享受补偿，但未被采纳。

在充满冲突的保护治理中，各种各样的声音和相互竞争的利益是当前保护发展的组成部分。① 这些不同的观点、不同的意见为环境保护治理中

---

① G. Chapron，J. V. López-Bao，"The Place of Nature in Conservation Conflicts," *Conservation Biology* 34（2020）：795-802.

变革性的行动、创新性的政策开辟了新的可能性。

(三) 提升诉诸司法能力

诉诸司法能力是法治化进程中的重要因素,是个人或集体利用法律工具捍卫切身利益的能力。随着社会主义法治国家建设不断推进,国家公园管理机构加大了对生态保护、护林防火等法律知识和法规制度的宣传力度,通过推广听证制度等法律程序,让原住居民参与到法律过程中。随着国家公园法制建设进程加快,原住居民的法律意识(诉诸司法的能力)不断提升,这体现在他们对法律效力的重视程度上。以上这些措施和努力以及被提升的诉诸司法能力,都是实现程序正义的重要保障。

1. 普法宣传

普达措国家公园管理局通过不同的手段对国家生态环境保护、自然保护地及国家公园建设、生态文明建设等相关法律法规进行宣传。普达措国家公园管理局在宣传教育方面的主要职责是贯彻执行中央和省委、省政府关于国家公园体制试点的有关方针政策,宣传贯彻有关法律、法规和政策。直接面对国家公园周边社区的普达措国家公园管理局社区科负责开展国家公园的社区研究工作,协调国家公园与各个社区的关系,也承担了针对当地原住居民的宣传工作。

> 国家公园管理局一年要到我们村开展一两次环境保护、护林防火、保护野生动物的宣传工作。我们也是积极配合组织,不仅组织各个村民小组组长、村干部参加,还组织村民代表参加。[①]

2020 年 2 月 5 日,在红坡村吾日小学旧址小广场上,普达措国家公园管理局社区科开展了一次以"香格里拉普达措国家公园试点改革工作开展情况及社区工作"为主题的宣传活动,主要内容是宣传国家公园生态保护、旅游反哺、森林防火等政策。管理局社区科 3 名宣讲人员,红坡村党

---

① 调查时间为 2020 年 5 月 24 日,被调查人为红坡村委会 DJQL,调查地点为红坡村委会。

支部书记、村委会副主任、村监委会主任以及二社（5 个二类区村民小组）110 名村民参加了宣传活动。在宣传活动中，管理局宣讲人员向参会人员介绍了普达措国家公园试点改革工作，呼吁大家要一同保护好我们的国家公园，在农牧活动中做到"不带火源进山，不留一个垃圾"。

> 有了普达措国家公园，才有了我们的今天，它带动了经济，增加了收入，村民生活逐步改善。香格里拉普达措国家公园试点改革工作正在紧张有序开展中，国家的强盛体现在老百姓的生活水平上，我们今天美好的日子是有史以来没有的，今后会更加好。

活动还对普达措国家公园做好今冬明春的护林防火工作进行部署。

> 护林防火对每一名村民来说都是不可推卸的责任和义务，要提高防火意识，管好火源，管好自己身边的人，特别是小孩，在进山捡柴等活动中，做到每个村民只带干粮不生火，以前养成的生火煮饭的习惯要坚决纠正，吸烟的一律不得在山中吸烟。①

此外，国家公园管理局还会通过发放宣传单的方式向周边社区居民进行普法宣传。2022 年 9 月 27 日，国家公园管理局在洛茸村发放了《云南野生植物保护普法宣传》的宣传单，统一发到村民小组后，村民小组组长再把普法宣传单和宣传口袋发给每一户原住居民。宣传单向广大群众简明扼要地说明了《宪法》《野生植物保护条例》《国家重点保护野生植物名录》的重要内容，特别是采集、出售、收购、进出口国家重点保护野生植物应该遵守的规定。

> 国家公园管理局来宣传过保护野生动物、保护野生植物、护林防火的法律法规，有现场宣讲，也发宣传单，村委会或管理局给我，我

---

① 活动时间为 2020 年 2 月 5 日；宣讲人为普达措国家公园管理局社区科 HQS、LYX 等，红坡村党支部书记、村委会副主任等参加；活动地点为吾日村（二类区）。

又召集各家各户来领取。我们和护林员也会向来往的车辆、游客等派发剩下的宣传单。我们护林员、党员、村干部带头学,再讲给老百姓听,哪些行为是犯法的,不能做。①

香格里拉市林业部门、普达措国家公园管理局、碧塔海森林公安等都派出人员到九龙村宣传护林防火知识,派发防火户主责任通知书粘贴标语、横幅等。香格里拉市林业部门结合"国际湿地日""爱鸟周"等开展宣传活动,在普达措国家公园门禁处向游客和过往群众发放《碧塔海国际湿地》《依法保护鸟类,守护绿色家园》等宣传册,向游客和过往群众讲解保护碧塔海国际重要湿地的重要性及破坏碧塔海国际重要湿地需要承担的后果,还在当地牧场、社区宣传林业有害生物的危害性和防控工作,同时宣传《森林病虫害防治条例》《植物检疫条例》等法律法规,为群防群治奠定基础,营造良好氛围。每年的护林员的培训会议都要组织相关职工、护林员、村民小组组长学习《森林法》《香格里拉市人民政府关于禁止在重点湖泊、河流放生的通告》等,要求职工、护林员在日常工作及巡山巡护中不仅要关注护林防火工作,还要对放生行为进行管理。②

在当地田野调查中,基本上每家每户都能拿出几份国家公园管理机构派发的普法宣传单以及防火户主责任通知书,上面记载了具体法律法规的重要内容。国家公园管理局等机构到周边社区进行法律宣传,通过现场宣讲、发放宣传单、张贴标语等方式宣传法律,扩大了影响范围,全方位地提高了原住居民的法律意识,让他们学会利用法律手段规范自己的行为、维护自己的合法权益。这也属于国家公园法治建设进程的重要环节,让相关法律法规能够扩散到广大农村中,让原住居民相信政府、相信法律,让更多的当地人参与进来,管理共同的自然资源。

2. 听证制度

在国家公园相关法律法规、政策条例制定过程中,普达措国家公园管

---

① 调查时间为2022年9月28日,被调查人为红坡洛茸村民小组组长BM,调查方式为电话采访。

② 《普达措国家公园:我们共同的家园》,2020年7月,http://lcj.yn.gov.cn/special/2020/0730/2920.html,最后访问日期:2020年7月30日。

理局、当地政府还通过听证制度，让社会公众充分听取对《云南省迪庆藏族自治州香格里拉普达措国家公园保护管理条例》《香格里拉普达措国家公园特许经营项目管理办法》等的意见。听证会参加人有陈述意见以及询问、质证和辩论的机会，必要时可以由决策制定单位或者有关专家解释说明，决策制定单位会对社会各方面提出的意见进行归纳整理、研究论证，充分采纳合理意见，完善决策草案。

例如对 2011 年迪庆州人大通过、2014 年 1 月 1 日起施行的《云南省迪庆藏族自治州香格里拉普达措国家公园保护管理条例》进行修订。2020 年 3 月迪庆州相关部门组织了多场听证会，充分听取社会公众意见和建议，完善条例修订稿的内容。听证代表包括香格里拉普达措国家公园管理局相关人员，周边社区代表包括洛吉乡尼汝村委会主任（二类区）、洛吉乡九龙村委会副主任、建塘镇红坡村委会主任、红坡洛茸村民小组组长（一类区）、红坡次迟顶村民小组组长（一类区）、红坡扣许村民小组组长（二类区）、红坡浪丁村民小组组长（二类区）以及普达措旅业分公司相关人员。代表们提出的部分意见和建议被采纳，如在条例中设置"禁止擅自引进外来物种"的表达。[①]

此外，为全面加强环境法制建设，推进环境治理体系和治理能力的现代化，健全普达措国家公园各项服务功能，2020 年 6 月 3 日，迪庆州中级人民法院普达措国家公园法庭在普达措国家公园挂牌成立，该法庭的设立旨在为普达措国家公园生态环境保护提供有力司法保障和良好司法服务，以进一步保障普达措国家公园的生态安全。普达措国家公园法庭的设立将助力普达措国家公园创建山水林田湖草生命共同体、人与自然和谐共生的示范地。[②]

受历史上普达措国家公园周边社区教育水平不高的限制，当地原住居民法律意识普遍比较淡薄，大部分村民没有规范自己自然资源使用行为的

---

① 迪庆藏族自治州人民代表大会常务委员会：《云南省迪庆藏族自治州香格里拉普达措国家公园保护管理条例》，2013 年。

② 《普达措国家公园法庭揭牌成立！》，2020 年 7 月，https://lcj.yn.gov.cn/special/2020/0730/2917.html，最后访问日期：2021 年 6 月。

意识，也只有在认为走投无路、实在不得已的情况下才会求助法律维护合法权益。近些年，国家公园管理机构每年都到当地开展环境保护、护林防火的宣传工作，就《森林法》《云南省湿地保护条例》《野生动物保护法》《野生植物保护法》《森林防火条例》《自然保护区条例》等相关法律法规进行宣教，提高当地村民的生态保护法律意识。每一次村民大会也都会开展有关森林资源保护和护林防火的宣传工作。每年各个村委会召开年度总结会，也在会议中宣传国家公园自然资源保护的相关制度。

随着法律知识的普及，当地原住居民逐渐善于用法律手段维护自身利益，比如签署协议时注意法律规范。在笔者田野调查中，受访村民及村干部都表示：过去老百姓之间的承诺都是口头的，没有留下证据，现在不同了，老百姓也要求签协议、签合同，用法律保护自己的权益。对于普达措国家公园旅游收入反哺社区政策，普达措国家公园运营公司与涉及的各村民小组都签署了补偿款各异的协议，以村委会、乡镇政府为见证。此外，护林员还签署了《护林员管护责任合同》，其对护林员权责和利益分配进行了详细说明；国家公园与一社签署了《普达措国家公园垃圾清理承包合同》，其对环卫工人权责和利益分配进行了详细说明。当地少数民族原住居民也开始运用国家的法律来保障自身的权益，并通过与政府部门及其他利益相关者建立广泛的合作伙伴关系，引入新的技术手段、改变组织和决策形式、加强对外沟通合作，不断调适建立在原有传统文化和信仰上的治理模式。

三 问责制与信任度

问责制指问责主体对其管辖范围内各级组织和成员所承担职责和义务的履行情况的责任追究制度，要求被问责主体承担一定的否定性后果。[①]信任度指行动主体对政府或其他行动主体抱有的信念或信心，是行动态度、情感等心理因素的主观综合，反映了某行动主体得到民众认可的程度，进而体现政策及政策实施的正当性。本节主要从环保监督、民众问

①　周亚越：《行政问责制的内涵及其意义》，《理论与改革》2004 年第 4 期。

责渠道等方面阐述了普达措国家公园生态问责情况，并从原住居民对其他利益相关者的信任度出发，探讨他们最信任的决策者与最信任的决策方式。

（一）建立环保监督机制

近年来，我国不断加大生态问责力度。2015 年 1 月，新修订的《环境保护法》进一步明确了政府对环境保护的监督管理职责，划定了生态保护红线，加大了处罚力度，被称为"史上最严环保法"；2016 年 7 月，中共中央印发了《中国共产党问责条例》，规定在推进生态文明建设中，出现重大偏差和失误，给党的事业和人民利益造成严重损失，产生恶劣影响的，应当予以问责；2016 年 12 月，中共中央办公厅、国务院办公厅印发了《生态文明建设目标评价考核办法》，规定生态文明建设目标评价考核实行党政同责，地方党委和政府领导成员生态文明建设一岗双责。除根据以上方法对领导干部进行考核问责外，"中央生态环境保护督察"直接由中央设立专职督察机构，对省、自治区、直辖市党委和政府及其有关部门以及有关中央企业等组织开展生态环境保护督察，直接针对自然保护区、国家公园、重点生态保护区域等进行督察问责，以解决突出生态环境问题，提升生态环境质量，推动高质量发展。

2017 年中央环境保护督察组在针对云南省的环保督察中，对迪庆州普达措国家公园碧塔海存在的在保护区核心区或缓冲区开展旅游活动、在实验区开展过度旅游活动的问题提出了批评。根据《自然保护区条例》，作为省级自然保护区和国际重要湿地，碧塔海核心区内一般禁止任何人进入，旅游活动需在符合《自然保护区条例》的基础上于实验区内开展。在随后的整改中，国家公园关闭了碧塔海和弥里塘景区，碧塔海内的游船被移出，涉水服务设施被拆除，景区内餐厅被关闭。

中央环境保护督察掀起了彻底改变普达措国家公园旅游的热潮，迪庆州马上部署召开会议，就配合好中央环境保护督察工作相关事宜进行安排。迪庆各级相关部门直面问题，立即整改，碧塔海、弥里塘景区立即关闭并进行生态修复，不惜牺牲门票收入也要保护生态环境。此外，整改还包括长期的发展规划，就是要推动规范化、制度化、科学化管理国家公园，不仅要解决碧塔海突出的生态环境问题，还要通过制度建设促使普达措国家公园永远走可持续道路。随后几年，政府不断夯实国家生态文明建设和生态环境保护的责任，也结合普达措国家公园体制试点工作要求，陆续出台了《香格里拉普达措国家公园特许经营项目管理办法》《普达措国家公园完善社会参与机制》等规章制度，修订了《云南省迪庆藏族自治州香格里拉普达措国家公园保护管理条例》，挂牌成立了普达措国家公园管理局，进一步明确了国家公园管理机构的职责。①

根据云南省政府办公厅《关于加快推进香格里拉普达措国家公园体制试点工作的督办通知》，迪庆州香格里拉市将普达措国家公园生态保护绩效考核列为领导干部的主要业绩考核内容之一，强化了责任监管与追究制度。②

中央环境保护督察问责听说是因为碧塔海游船烧油把湖水污染了，其实游船的问题不止这一个，我们村民早就发现游船对碧塔海造成的影响。有的游客、小孩在游船上乱扔垃圾，旅游旺季我们村在国家公园工作的环卫工每天都捞起垃圾，瓶子、袋子、食物残渣都有。我还见过游客直接往湖里扔食物喂鱼，碧塔海里面土著鱼脆弱得很，不会吃外面的食物，吃了不适应就造成死亡。我们过去是撑木船，从不往湖里乱扔垃圾，对鱼、对湖水都没有影响。所以，碧塔海被督察，运营公司运行的游船是要负责任的。③

---

① 调查时间为 2021 年 4 月 26 日，被调查人为普达措国家公园管理局资深工作人员 B，调查地点为香格里拉市。

② 《国家公园体制试点进展情况之九——香格里拉普达措国家公园》，2021 年 4 月，www.ndrc.gov.cn/fzggw/jgsj/shs/sjdt/202104/t20210426_1277473.html，最后访问日期：2021 年 4 月 6 日。

③ 调查时间为 2021 年 5 月 6 日，被调查人为红坡洛茸村民小组前任组长，调查地点为洛茸村（一类区）。

后来中央环境保护督察组来检查，就住在悠幽庄园，副州长陪同。他们找来村民代表问问题，第一个问题就问我："旅游收入反哺社区的事情你们清不清楚？"我回答"清楚的"，我的确也很熟悉这个政策。①

（二）畅通原住居民的问责渠道

"生态兴则文明兴，生态衰则文明衰。"习近平总书记指出："只有实行最严格的制度、最严密的法治，才能为生态文明建设提供可靠保障。……要建立责任追究制度，……对那些不顾生态环境盲目决策、造成严重后果的人，必须追究其责任，而且应该终身追究。"②生态问责蕴含着强烈的问题导向、价值导向和结果导向，推进了生态建设法治化步伐，体现着道德坚守和生态公正。

原住居民生态问责主要通过以下渠道实现（如图5-13），这些渠道是笔者根据近三年田野调查情况分析汇总的。对于国家公园出现的生态环境问题，原住居民更倾向选择村民小组组长、村委会、各级实体政府机构进行反映，选择通过信访、投诉、举报等途径的寥寥无几。可见，当地原住居民对有哪些沟通和问责渠道并不十分熟悉，也不善于运用这些渠道反映问题、解决问题，问题得不到协调解决就可能演化成矛盾冲突。部分受访者抱有不能"忘恩负义"的态度，国家公园对当地社区发展有帮助，不能就一点问题掩盖了运营公司做出的贡献。

2013年前后，普达措国家公园旅游业蒸蒸日上，运营公司准备引入热气球的旅游服务项目，该项目引起了洛茸村原住居民的强烈反对。

　　2003年的时候，我们在景区经营烧烤、售卖小吃，但是公司说有污染问题，要求我们停止经营。当时我们撤下来和运营公司、管理局签署了协议，以后如果准许在国家公园内经营，要优先考虑洛茸村。但是，

---

① 调查时间为2020年5月29日，被调查人为红坡洛茸村民小组组长BM，调查地点为洛茸村（一类区）。

② 习近平：《论坚持人与自然和谐共生》，中央文献出版社，2022，第34页。

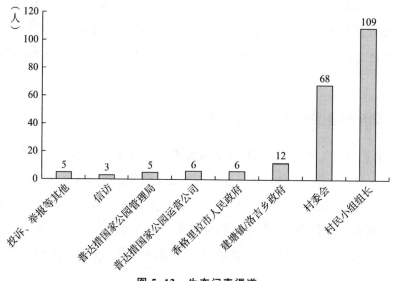

图 5-13　生态问责渠道

资料来源：问卷调查。

运营公司开始自己搞热气球这样的项目，听说一个人玩一次要 200 元。热气球如果出问题，会掉到森林里引发火灾，这对生态环境的破坏更大。

出现了这样的特殊事件和不满情绪，洛茸村并没有通过问责渠道向相关部门反映，而是选择了抵抗性行动来表达反对。

我们村一天三人到湖边出租藏族服装照相，后来变成一天十多个人单独去属都湖边上出租民族服饰，甚至几十个人到景区湖边，此事并没有向国家公园或政府部门汇报。出租民族服装不能强制游客，但是那么多人在湖边还是有勉强游客的感觉，形象也不好。

当地老百姓认为，出租服装不污染环境，热气球是煤气阀门，不小心掉下来会造成火灾。热气球项目最终也未获批准，但是国家公园运营公司与洛茸村之间产生了冲突和隔阂。其实老百姓的出发点是好的，但是他们没有通过正常的沟通和问责渠道解决问题。

如果一开始就好好协调，就不会出事。后来政府来协调解决。我们也有经验了，不能直接这样去闹。公司老总都说，以后有什么问题、不满都可以直接找他反映。后来几年我们去找他，老总态度很好，也积极帮助我们村。①

原住居民通过村民大会、到村委会办事等机会，反映一些发现的生态环境问题，这是最便捷、最经济的方式。老百姓对向上级部门反映、信访、举报等方式并不熟悉，村民们倾向于选择他们比较熟悉、比较信任的反映方式。所以村委会、村民小组组长等村级基层组织及干部显得尤为重要，是串联老百姓和决策层的关键环节。虽然当地原住居民发现了国家公园因为运营管理而出现的一些生态环境问题，但他们并没有采取直接向有关机构反映问题、提出追责的行动，部分受访者表露出这样的态度——"既然享受着国家公园生态补偿福利，就不能拿人好处、揭人短处"。②

如果说中央环境保护督察是自上而下的生态问责方式，那么原住居民对国家公园管理机构的生态问责则是自下而上的生态意识的体现。普达措国家公园生态保护非常严格，保护效果突出，各利益相关者保护意识都比较强。笔者在田野调查三年间，没有发现因为管理层生态保护不力而出现的自下而上的生态问责行为。先不论这种自下而上的问责方式的有效性，笔者首先感受到的是原住居民对国家公园生态环境问题、现实发展困境的关切，感受到原住居民已经树立起的强烈生态意识。这些生态意识潜移默化地督促着相关部门坚持绿色发展，摒弃传统的以经济发展和GDP考核为主的政绩观。

（三）提升地方信任度

"信任"被认为是日常行为互动的必要基础，是一个社会稳定的根据。

---

① 调查时间为2021年10月2日，被调查人为红坡洛茸村民小组组长BM，调查地点为洛茸村（一类区）。
② 调查时间为2021年5月6日，被调查人为红坡洛茸村民小组前任组长，调查地点为洛茸村（一类区）。

社会是人类交互作用的产物，而交互之所以发生，是因为交互双方彼此的信任，没有信任也就没有社会。社会学家认为信任就像社会关系中的胶合剂，是社会秩序的基础。① 弗雷泽根据众多经验性研究发现，社会公平与政治信任密切相关。② 弗朗西斯·福山在其《信任——社会道德与繁荣的创造》一书中从文化角度将信任提到了影响整个社会进步和经济繁荣的高度。原住居民对普达措国家公园利益相关者建立了不同的信任关系，并且用自己的方式比较出了他们最信任的决策者以及最信任的决策方式。这种信任影响着原住居民的公平感受和认同，成为支撑国家公园环境治理程序正义的重要基础。

1. 信任关系的建立

信任是一个相当复杂的社会与心理现象，牵涉很多层面和纬度。信任是一个社会系统正常运作的特征之一。研究认为信任是某方基于四个信念的意愿：认为对方有能力、认为对方坦诚、认为对方能付出关怀、认为对方可靠。③ 还有研究认为信任由两个主要元素组成：信心、承诺。④ 社会学家除了关注人与人之间的信任，还关注人对制度、人对系统的信任。如果有值得信任的人，信任关系就会建立，就会发生信任行为。⑤ 普达措国家公园当地社区与不同的利益相关者建立了基于不同信念、有细微差别的信任关系。其中最重要的两组信任关系如下。

（1）原住居民对普达措国家公园管理局的信任

安东尼·吉登斯认为：对一个人或一个系统之所以产生依赖和信心，是因为在一系列给定的结果或事件中，信心表达了对他人的爱和信念，或者对抽象原则（技术性知识）之正确性的信念。⑥ 这是将信任定义为对社

① 翟学伟、薛天山主编《社会信任：理论及其应用》，中国人民大学出版社，2014，第1页。
② M. L. Frazier et al. , "Organizational Justice, Trustworthiness, and Trust: A Multifoci Examination," *Group & Organization Management* 35 (2010): 39.
③ J. Mishra, M. Morrissey, "A Trust in Employee/Employer Relationships: A Survey of West Michigan Managers," *Public Personnel Management* 19 (1990).
④ 彼得·什托姆普卡：《信任——一种社会学理论》，程胜利译，中华书局，2005，第33页。
⑤ 翟学伟、薛天山主编《社会信任：理论及其应用》，中国人民大学出版社，2014，第9页。
⑥ 安东尼·吉登斯：《现代性的后果》，田禾译，译林出版社，2000，第3页。

会系统正常运作的某种期待。① 本书田野调查中发现，大部分原住居民对有着政府背景的普达措国家公园管理局表露出非常信任的态度，双方建立起的信任关系基本"可靠"。原住居民认为，如果遇到大的灾难，如森林火灾、道路滑坡泥石流、疫情，政府就是最可靠的，因为只有政府能够调动一切力量保护他们的家园。这种可靠性的形成，不仅基于国家公园管理局为普达措国家公园建设、管理、协调等方面所做的努力，还基于各级政府为当地发展所做的努力。中国政府不是服务少数特权阶层，而是服务民众的最大利益，因此，政府是最可靠的决策者。在政府的帮助下，普达措国家公园所处的"三区三州"地区历史性地摆脱了贫困，教育水平大幅度提升，生计方式多元化发展，生产生活环境更加优美。这些翻天覆地的变化，与中国各级政府的政策和制度分不开，与各级政府的切实行动分不开，老百姓充满信心，期待政府带着大家向乡村振兴阔步前行。因此，原住居民对政府的信任也可以理解为他们对政府管理下的国家公园经济、社会、文化系统取得更多效益的期待。

（2）原住居民对普达措国家公园运营公司的信任

原住居民对国家公园运营公司和国家公园管理局的信任主观感受如图5-14、图5-15所示。在问卷调查中，52%的受访者表示出对国家公园管理局的信任，41%的受访者表示出对国家公园运营公司的信任，两者相差10个百分点左右；同样的，表示对国家公园管理局不信任的受访者有14%，对国家公园运营公司不信任的受访者有24%，两者也相差10个百分点。选择信任国家公园管理局的人数并不比国家公园运营公司多太多，这一问卷调查结果出乎笔者的预料。当地原住居民与国家公园运营公司因为利益分配有过矛盾，而且笔者在平时与原住居民的交流中也感受到他们对政府机构更为信任。

问卷调查结果显示，对国家公园运营公司的信任度只比国家公园管理局低约10个百分点，原因主要如下。

第一，国家公园建立后，村民小组与国家公园运营公司接触频繁，逐

---

① 翟学伟、薛天山主编《社会信任：理论及其应用》，中国人民大学出版社，2014，第6—8页。

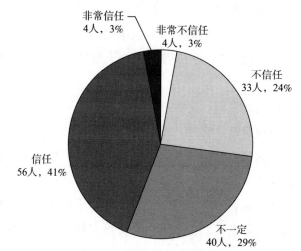

图 5-14　是否信任国家公园运营公司

资料来源：问卷调查。

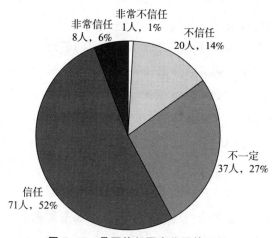

图 5-15　是否信任国家公园管理局

资料来源：问卷调查。

渐加强了对运营公司的信任。通过密切接触，比如运营公司直接与红坡一社协商国家公园门禁处小吃街项目、与洛茸村协商悠幽庄园项目，在频繁且有效的交往过程中，原住居民提高了对运营公司的信任度。

第二，连续两轮（加上前期对马队的补偿应该是三轮）旅游收入反哺社区政策的成功实施，让原住居民获得了切实收益。补偿款的发放，特别是第二轮比第一轮翻一番，让大家看到了旅游业发展为原住居民带来的丰厚收益。大部分原住居民认为普达措国家公园建立以来，运营公司通过经营旅游业，为当地带来了实实在在的收益，有能力继续管理、运营好国家公园，并且能够带来更多收益。

第三，近年来，运营公司加强了科技建设，推动智慧化管理，助力国家公园生物多样性保护和宣传教育，建成1500平方米的普达措国家公园科普教育展示厅，建立研学基地，为访客提供自然教育场所，让公众亲近自然、体验自然、了解自然。2022年普达措国家公园碧塔海生态教育图书馆在碧塔海畔开馆，作为首个国家公园生态图书馆，碧塔海生态教育图书馆不遗余力打造最美公共文化空间。对于运营公司近年来的这些举措，原住居民总是伸出大拇指点赞，笔者听到最多的就是"运营公司还是可以的！"一句"还是可以的！"体现了当地人对运营公司管理能力的认可和信任。

2. 最信任的决策者

尽管原住居民根据不同的意愿与不同的利益相关者建立了不同的信任关系，但他们依然选择具有政府背景的利益相关者作为最信任的决策者。结合问卷调查，如图5-16所示，在选择谁应该主导普达措国家公园管理和发展的多项选择中，排名前三的都是政府机构。选择普达措国家公园管理局的最多，说明原住居民对其最熟悉和信赖。随后是国家林草局这样的国家级管理部门，这一选项有较多人选择出乎笔者意料。因为当地原住居民与国家机关打交道的机会并不多，这应该是当地人最不熟悉的政府部门之一。

> 2017年普达措国家公园已经被列入国家试点，升级为国家管理的国家公园，自然要由国家级别的部门来管理。对于这一情况，管理局和当地政府都做过宣传，有的村民小组组长也在村民大会上做了介绍。①

信息的及时传递和宣传改变了原住居民对管理机构的认知。其中值得我们关注的是，部分原住居民选择了应该由村民自己管理国家公园。

---

① 调查时间为2022年5月1日，被调查人为红坡村委会副主任DJQL，调查地点为红坡村委会。

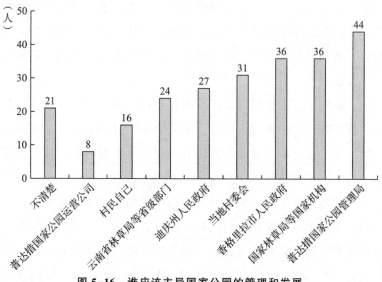

图 5-16　谁应该主导国家公园的管理和发展

资料来源：问卷调查。

过去没有运营公司管理，我们几个村的村民都是自己协商、自己管理马队，制定了规章制度，选了马队队长。村民按照签署的规章制度安排牵马，大家挣得也很多，也有秩序。所以以后运营公司如果不管理普达措了，政府也不管理了，我们村民可以自己管理。我们这一代文化水平不高，管理水平不行，但是下一代的大学生甚至研究生都有文化，大家能管理好。①

根据笔者的田野调查，在国家公园运营公司与各村民小组的交往过程中，管理层也曾承诺过，周边社区如果有什么实际困难，可以寻求运营公司的帮助，但是当地老百姓一般有困难还是求助于政府。为什么原住居民最信任的决策者是政府部门？本书以国家公园旅游收入反哺社区政策过程中所签署的协议为案例进行分析。

---

① 调查时间为 2019 年 9 月 29 日，被调查人为红坡洛茸村民小组组长 BM，调查地点为洛茸村（一类区）。

为了保障补偿政策实施的合法性，每个受补偿的村民小组都签署了《香格里拉普达措国家公园旅游反哺社区协议书》。因为村民小组没有法人资格，所以由村委会代为乙方签字盖章，村民代表参与签名见证。协议书的甲方并不是出资单位迪庆州旅游集团有限公司，而是普达措国家公园管理局，香格里拉市人民政府、迪庆州旅游集团有限公司、建塘镇政府/洛吉乡政府是见证方。其实，所有补偿款都来源于国家公园门票及其他经营性旅游收入，并非来自财政拨款，这些资金都是由国家公园运营公司管理。在发放过程中，由公司把钱打给政府，再由政府代发给各受补偿群体。按理来说，国家公园运营公司可以作为甲方与乙方村委会及村民代表直接签署协议，各级政府部门是见证方，这样更为直接、高效。但是，笔者看到过的所有书面协议，都是由有政府背景的国家公园管理局作为甲方。为什么村民小组不愿意直接与国家公园运营公司签署？笔者在田野调查中，发现了如下原因。

第一，原住居民普遍更相信较为熟悉的行动主体，交往多的对象就成为熟悉的、值得信赖的对象。

> 补偿款的讨论是政府主导召集的，听取了多方的意见，认为要签订一个合同。这个合同应该由政府做主，我们更信任政府和政府领导，我们签署合同只能和政府签。因为我们对政府熟悉，打交道多啊，政府不会赖账，不会说话不算话。[1]

第二，对于存在过矛盾的交往对象，原住居民表现出谨慎的态度，对未来是否可以信赖持不确定的心态。

> 过去我们村与运营公司还是有点矛盾的，后来政府出面才慢慢调解了矛盾。以前有矛盾不知道以后会不会为难我们哟！[2]

---

① 调查时间为 2021 年 5 月 7 日，被调查人为红坡吓浪村村民，调查地点为吓浪村（一类区）。
② 调查时间为 2021 年 5 月 6 日，被调查人为红坡洛茸村民小组前任组长，调查地点为洛茸村（一类区）。

第三，老百姓更愿意相信长期存在的行动主体，而运营公司是 2006 年以后才出现的。

> 政府永远在这里，天天在这里，运营公司可能会倒闭，倒闭了我们找谁？政府不一样，除非政府实在不管了，我们再和运营公司协商。①

诺贝尔经济学奖获得者奥斯特罗姆曾说过："当人们相信包括他们的官员在内的其他人会给予回报和值得信任时，他们就会高度合作。当没有信任的时候，不管有多大的武力威胁，人们都不会合作，除非立即面对枪。"从积极意义上讲，信任会增强社会成员的向心力，降低社会运行的成本，提高运行效率。当人们不信任别人时，他们就会打破规则，追求自己的利益。

3. 最信任的决策方式

普达措国家公园原住居民强烈认为，村民小组应该作为一个整体参与决策，这是集体民主决策的体现，也是当地人最信任的决策方式。目前很多村民小组的做法是，任何决定都必须得到至少 2/3 总人口的同意，或者获得所有农户的同意。比如，2019 年洛茸村召开村民大会讨论分配村级护林员工资，村委会主任提出了工资分配方案，按照往年 2 万元/年的标准，从村集体经济收入中支出。但是部分村民对工资标准提出疑问，认为工资略高，因为雨天、非防火季节护林员并不需要巡山，而且洛茸 3 个村民小组要聘用 3 名村级护林员，村集体经济收入支出太多。因此，村委会主任提出了在会议上表决的提议，如果一半以上村民同意，就减少工资；同时，如果村集体经济没有钱，那么每家每户必须出钱凑出护林员工资。最终，洛茸村村级护林员工资由过去的 2 万元/年降为 1.5 万元/年。

一般来说，自然村一级集体决策由村委会主任或村内能人贤士提出建议，向村民代表征求意见，随后召开村民大会进行协商。协商一致的按结

---

① 调查时间为 2021 年 5 月 4 日，被调查人为红坡吾日村村民，调查地点为吾日村（二类区）。

果办理，协商不一致的则采取举手表决、无记名投票等方式。一些重要决策还会张贴说明，让所有村民都知晓，比如张贴修改的村规民约、村委会主任的选举结果、补偿款分配方案。

> 我们村的决策方式是透明的，每家每户都派代表参加讨论、发表意见，意见不一致的最后投票表决。村民小组组长、村民代表到村委会、管理局、建塘镇发表的意见都是我们村所有村民的集体意见。①

当地人感知到的程序正义建立在强烈的集体意识之上，而当前社区决策机制的实践与程序正义规范重叠。

随着田野调查深入，笔者越来越感受到当地社区以社区组织为基础的村民自我管理模式。既有自上而下强制性的管理规则，也有社区组织制定的自我管理规则，无论哪种规则，当地社区都会进行反馈，根据效果进一步修改，不断寻找解决问题的更好方式。每一次管理规则的改变都需要在村民代表参与下做出决定，频繁的村民大会保证了国家公园制定管理规则和措施的透明。

小　结

程序正义着重研究决策是如何做出的以及谁被包括在这个过程中。在环境正义理论分析中，程序正义被认为是分配正义和认同正义的先决条件，它出现在两者之间的中介位置。根据本章田野调查资料，普达措国家公园原住居民主要从有效参与、程序透明的前提、问责制与信任度等方面促进和实现程序正义。

在中国，自然保护区社区共管的核心精神就是要充分考虑周边社区的权益，让社区参与到保护区的特定问题（特别是与社区利益相关的问题）的管理过程中，包括管理问题的识别、管理方案的确定以及管理措施的实

---

① 调查时间为2021年5月6日，被调查人为红坡洛茸村村民LR，调查地点为洛茸村（一类区）。

施。提升社区参与能力与带领能力对解决社区问题、促进社区参与国家公园治理、拓宽社区参与渠道等具有积极意义。有效参与使环境干预政策和技术能够更好地适应普达措国家公园当地的社会文化和环境条件。本书通过原住居民参与生态补偿的协商以及原住居民参与国家公园的治理两个案例，揭示了当地社区如何自下而上地有效参与，并且如何促进了程序正义的实现。

参与权、代表权、信息透明度、信任度与能力等内容相互作用，构成了实现程序正义的机会和制约因素。要实现程序正义，就需要在决策过程中的每个节点审视有关权利的问题，确定谁掌握权利、谁能行使权利，关键在于谁构成了决策主体以及这些主体具有怎样的影响决策的能力。权利具有不同的形式和表达，可以作为代表拥有权利、通过参与具备权利、通过听证制度行使权利，这意味着个人、社区、组织和机制等各种组合可以相互联系，决定权利产生何种影响。对于原住居民来说，有效参与、代表权、问责、信任、利用法律及信息的能力等构成了他们的权利，成为影响决策的因素，这些因素还影响着国家公园环境治理举措的有效性。

程序正义保证了公平的分配，是分配正义的前提。从田野调查材料中可以看出，普达措国家公园旅游收入反哺社区政策的公平分配建立在有效参与协商、反复协商、代表协商等程序上以及对旅游收入反哺社区政策的听证、修订和认定过程中，即程序正义在一定程度上决定了分配结果的公平。

第六章　环境正义的认同之维

认同即承认人们独特的身份和历史，消除某些群体对其他群体的文化偏见。它要求尊重社会和文化差异，抵制任何要求少数群体同化主流规范的压力。[①] 认同是人们意义与经验的来源，与传统通过社会制度和组织所构建的角色和角色设定不一致。[②] 认同不仅涉及如何尊重和适应不同的人，以及他们的身份、知识体系和文化实践，而且涉及自尊和自我价值的实现。环境正义的认同正义维度起源于美国环境保护主义运动，反对在环境污染方面对少数族裔的歧视和不公。[③] 长久以来，自然保护地主流保护策略一直受到排他性保护模式的假定优势驱动，导致当地人和原住居民的生活方式被认为对自然保护有害。[④] 然而，研究发现，生物多样性保护与当地社区发展可以进行建设性的合作，特别是当包含了"认同"概念时。[⑤] 环境保护和环境治理政策总是受到特定文化和观念的影响，当环境保护受到主流世界观的驱使而忽视当地受影响人群赋予自然生态系统的意义和价值时，有可能导致误判、误解和不公。[⑥] 认同正义

---

① T. Sikor, ed., *The Justices and Injustices of Ecosystem Services* (London: Earthscan, 2013).

② 曼纽尔·卡斯特：《认同的力量》，曹荣湘译，社会科学文献出版社，2006，第5页。

③ S. Vermeylen, G. Walker, "Environmental Justice, Values, and Biological Diversity: The San and the Hoodia Benefit-Sharing Agreement," in J. Carmin, J. Agyeman, eds., *Environmental Inequalities Beyond Borders: Local Perspectives on Global Injustices* (Cambridge, MA: MIT Press, 2011), pp. 105-128.

④ M. Dowie, *Conservation Refugees: The Hundred-Year Conflict Between Global Conservation and Native Peoples* (Cambridge, MA: MIT Press, 2009).

⑤ S. Stevens, *Conservation through Cultural Survival: Indigenous Peoples and Protected Areas* (Island Press, 1997).

⑥ A. Martin et al., "Justice and Conservation: The Need to Incorporate Recognition," *Biological Conservation* 197 (2016): 254-261.

与保护高度相关，它确保自然保护地所有人群能够充分、公平、包容、平等地被尊重，保护策略认可当地人的文化及其对土地、资源和传统知识的权利。①

本章结合田野调查资料和问卷调查资料，从普达措国家公园当地社区文化的认同、法定权利及习惯权利的认同、地方性知识体系的认同三个方面，结合相关案例，探讨原住居民如何在国家公园保护实践和自然资源管理中追求和实现认同正义，以及国家公园保护政策如何尊重和承认认同正义的相关要素，以期提高对认同正义在国家公园保护与发展中的重要性及其实践意义的认识水平。

一　文化的认同

泰勒在《原始文化》一书中，把文化定义为若干元素组成的"复杂的整体"。文化是一个复合概念，对某个群体文化的认同同样是认可他们的文化集合以及他们对文化的理解方式。本章所研究的文化认同主要从身份认同、民族及宗教文化认同、生态文化认同三个方面入手，探讨普达措国家公园原住居民的复合性文化如何被国家公园其他利益相关者认可和尊重，进而朝着实现认同正义迈进的事实。本书所阐述的认同行为，更多的是客体对某主体特殊文化及文化变迁的承认或认可行为，主体自我认同范畴的讨论不是重点。

（一）身份认同构建了环境正义实践的基础

社会科学对角色行为的概念给予了这样的解释，身份源于个人经验对社会角色的学习，是一个人与整个社会就其身份的含义进行广泛协商的过程。② 客体意识所表现出的对个体或群体身份建构的承认与认同，与主体

---

① 《昆明-蒙特利尔全球生物多样性框架》，2022 年 12 月，www. cbd. int/article/cop15-cbd-press-release-final-19dec2022，最后访问日期：2023 年 3 月 15 日。

② D. Scheepers, B. Derks, "Revisiting Social Identity Theory from a Neuroscience Perspective," *Current Opinion in Psychology* 11 (2016): 74-78.

的自我认同相互影响、相互交织，共同推动了主体的身份建构。① 正如查尔斯·泰勒（Charles Taylor）所言：我们的认同部分是由他人的承认构成的；同样的，如果得不到他人的承认，或者只是得到他人扭曲的承认，也会对我们的认同构成显著的影响。认同正义的实现，与主体身份被其他行为体的承认与认可分不开。

1. 民族身份的认同

当地少数民族身份的认同更多是从国家法律和政策层面予以承认的。1950 年中甸和平解放，随后当地进行了大规模的民族识别，按照语言、风俗习惯、传统生产生活方式等把公民群体识别为不同的民族。普达措国家公园周边社区基本都是少数民族社区，大多数为传统民族聚集区。其中本书田野调查主要涉及的建塘镇红坡行政村，15 个村民小组都以藏族为主（占比 99.8%，小部分人嫁入汉族、纳西族等），全民信仰藏传佛教；洛吉乡九龙行政村，6 个村民小组全部都是彝族，信奉万物有灵的原始宗教。藏族是当地原住民族，九龙彝族据说历史上由四川大凉山地区迁入。该地藏族通用语言为藏语康巴方言中甸话，敦煌古藏文资料证实中甸话保留了大量的古藏语发音。② 同时，大多数当地藏族群众都会讲汉语云南方言，方便与外界沟通；九龙彝族群众也都会讲云南方言，部分还能说中甸藏语和纳西语。这些少数民族群众大部分还穿着本民族传统服饰，特别是逢年过节，更是人人着民族服装。当地原住居民以少数民族身份活跃在政治、社会和生活领域，没有因为自身的民族身份，遭遇社会的不公正待遇，并且依照国家和地方民族政策享受或获得一定优惠。

2. 国家公园原住居民身份的认同

普达措国家公园管理机构对原住居民的认定主要根据他们所属社区距离国家公园的远近、社区公共/集体资源是否在国家公园规划范围内来确认。一般来说，集体林、牧场、耕地、宅基地等资源在国家公园规划范围内的社区群众，根据公安机关户籍认证，都被认定为原住居民。具有原住

---

① 王文光、朱映占：《承认与认同：民国西南少数民族的身份建构》，《广西民族大学学报》2012 年第 1 期。

② 云南省中甸县志编纂委员会编《中甸县志》，云南民族出版社，1997，第 147—153 页。

居民身份的人员，其所在社区或个人或多或少都依靠国家公园自然资源开展生计活动。原住居民可以享受专门针对他们设计的一系列政策，比如，登记后个人可以自由进出普达措国家公园开展农牧、林下采集等活动；饲养的牛、羊等牲畜可以自由进出国家公园，在公园内牧场自由吃草；个人可以在国家公园范围内本村集体林甚至是国有林采集野生菌；个人在牧场放牧期间，可以在自家窝棚临时居住；居住在国家公园内部的原住居民，在遵守国家公园相关规定的基础上，可以自由开车进出，在社区及所属农田和山林范围内开展日常生产生活活动，在国家公园内的神山开展宗教祭祀活动。当然，原住居民也必须遵守国家公园的规章制度，有的政策就是针对他们制定的，比如不能在国家公园范围内的牧场或荒地新建窝棚、简易房屋等；不能在森林内使用明火；不能在国家公园内砍伐树木、乱挖乱砍，破坏生态系统；不能随意开垦荒地或改变土地用途；不能"下扣子"、放鞭炮或用其他方式捕杀或吓唬野生动物；不能放养藏香猪等对生态系统破坏较大的牲畜；不能随意在国家公园旅游区内开展旅游服务活动，特别是不能随意私带游客逃票进入国家公园游览。

3. 国家公园生态补偿提供者（保护者）身份的认同

旺德（Wunder）把生态补偿定义为一种自愿的、可协商的概念框架。在生态补偿中，所有资源都应该从至少一名生态补偿购买者（受益者）转移到至少一名生态补偿提供者，这种转移通常通过中介发生。生态系统的生态补偿要能够被持续地提供给购买者，购买者则提供不同形式的权益（资金、实物、技术培训、就业机会和商业机会等）。[①] 普达措国家公园旅游收入反哺社区政策就是一项典型的生态补偿项目，其中生态补偿提供者就是当地原住居民，他们通过保护向外界提供持续的生态补偿，运营公司与政府则是生态补偿购买者，向原住居民支付生态系统使用权益。原住居民生态补偿提供者的身份认可主要通过生态补偿协议的签署进行法定程序

---

① S. Wunder："Payments for Environmental Services：Some Nuts and Bolts," *Occasional Paper of CIFOR* 42（2005），www.cifor.org/knowledge/publication/1760/，最后访问日期：2021 年 3 月 6 日；S. Wunder，"Revisiting the Concept of Payments for Environmental Services," *Ecological Economics* 117（2015）：234-243。

的确认。在协议期内，属于受补偿社区的所有原住居民个人及家庭都能获得相对应的补偿，其生态补偿提供者身份在协议期内有效，受协议保护并获得各利益相关者的承认。相应的，生态补偿提供者要承担相应的保护责任。

4. 女性身份地位的认同

在迪庆州，农村地区的藏族家庭，其婚姻制度中的传统习俗一般都遵循"无论男女，老大当家"的原则。藏民家中的老大，无论男女，都有继承家业、赡养老人的权利和义务，其余儿女要么出嫁，要么到其他家上门当女婿。[①] 这种婚姻制度表现出男女平等的思想，上门女婿和当家女儿都不会受到歧视。女婿也可以享有继承岳父家财产的权利，当家大女儿可以继承自家财产，但是他们都必须承担赡养老人、抚养下一代的责任。郭净对云南迪庆多年的调查也发现，藏族在日常生活中男女的关系比较平等，没有男娶女嫁，注重一个房屋内人与人关系的协调。[②] 在田野调查期间，笔者接触到好几位上门女婿，都是上门到妻子是老大的家庭，从此肩负起照顾妻子家老人的职责，家庭都幸福和睦。此外，女性平等身份地位的认同还体现在国家公园旅游收入补偿款的分配以及非特殊工作岗位的分配上，男女执行同样的分配标准，享受同样的权利。拥有权利的同时必须履行对应的义务，但是女性在承担护林防火职责时，会受到特殊的照顾，一般还是由男性担任护林员，少部分女性担任生态管护员，协助护林员完成巡山、看守门禁等任务。女性身份地位的认同也体现在政治地位上，虽然红坡村 15 个村民小组组长都是男性，但在 2022 年村两委改选中，组长由过去 1 名女性成员增加到了 3 名。

（二）民族及宗教文化认同形成了环境正义的实践内容

民族及宗教文化的认同是文化认同的其中一个层面，代表认同某个具有独特民族和宗教文化的群体及其对这些文化的理解方式。原住居民民族

---

① 李红、赵云红：《藏族婚姻习俗与现代婚姻法的冲突与调适——以西藏地区为例》，《攀枝花学院学报》2009 年第 5 期。
② 郭净：《雪山之书》，云南人民出版社，2012，第 339 页。

及宗教文化是否被国家公园其他利益相关者认可，关系到他们的身份认同，以及获得包容、有效、平等的参与国家公园决策的权利。

1. 原住居民的日常文化实践

在藏族村庄，每天清晨，总有一缕缕烟雾比阳光更早升起，慢慢飘向空中，这就是桑烟，是藏族群众煨桑后释放的烟雾。煨桑，又称"烟祭""焚香祭"等，煨是汉语的动词，即"在热灰中燃烧"的意思，"桑"是藏语音译，为"清洗、消除、驱除、净化"之意。① 在迪庆藏族地区，煨桑主要是把柏树枝、松树枝、杜鹃花、高山栎、香草或一些香性植物在煨桑台（烧香台）点燃，让桑烟的香气升腾上天，以祈求神灵的保佑。煨桑的香料除了植物外，藏族还会添撒炒青稞面、"三白"（牛奶、奶渣、酥油）、"三甜"（红糖、白糖、蜂蜜）、"五谷"（大麦、苞谷、青稞、藏红花或土红花、小麦）、清/茶水、青稞酒（亦可用红葡萄酒或啤酒代之）、芒果、苹果等。② 一般来说，西藏等地区添撒的香料物品会更多，香格里拉地区一般用到7—10种，笔者查看过几个装香料的香包，不同人家根据具体情况准备，每家都不一样。在桑烟冒起后，把香料物品添撒在炉内，最后用树枝或手蘸上一点清水，向燃起的烟火挥舞三下，煨桑的人此时还诵读真经。关于用什么植物煨桑，并没有固定的说法，一般都是就地取材。当然，松柏是最好的选择，因为它的味道最好闻。香格里拉一带也爱用云南松，因为云南松最好找到，且数量众多。当地还会用一些小杜鹃枝做煨桑物品，现在在德钦还比较普遍，但是在香格里拉市区周边，包括普达措国家公园周边，每年高山杜鹃盛开会吸引很多游客，大家已经不再使用杜鹃枝。

藏传佛教与当地的地方文化、日常生活紧密相连。对普达措国家公园周边社区的藏族群众而言，文化、信仰与生活早已相互依存，密不可分。洛茸村地处普达措国家公园属都岗河畔，洛茸村的清晨与国家公园一起醒来。雾气蒙蒙，不仅弥漫在属都湖和碧塔海湖面上，而且在国家公园的草甸、青稞

① 拉毛卓玛：《藏族煨桑的祈愿礼俗》，《青海师范大学民族师范学院学报》2013年第1期。
② 李茂林、许建初：《云南藏族家庭的煨桑习俗——以迪庆藏族自治州的两个藏族社区为例》，《民族研究》2007年第5期。

地、矮灌木丛间游动。早晨的国家公园正在准备迎接游客来访，而村民起床后稍作梳洗，便到二楼经堂礼佛，或在自家佛龛前奉上三支藏香，口中反复念诵六字箴言"唵嘛呢叭咪吽"。洛茸村中还有一座小经堂供奉神灵，屋内还修有转经筒，白塔、玛尼堆就在屋外，平日屋内空地也是村里召开村民大会的主要场所。常常看到村内老人绕白塔三圈，之后在旁边小坐闲谈，手里还做着一些针线活。逢年过节，村民会到经堂礼佛，点燃酥油灯。村民还会择日前往神山、大宝寺、松赞林寺转经、礼佛。小孩出生，请喇嘛取名；婚礼，请喇嘛择日；老人去世，请喇嘛来家中念经超度，一般通过水葬送其走完此生的最后一程。平常若家中有事，也会到神山祈祷，或请喇嘛开示。在国家公园内的藏族原住居民的日常文化生活与公园外其他地方的基本相似，没有因为国家公园而阻碍这些日常文化实践。

九龙彝族群众的民族及宗教文化核心是毕摩文化，整个九龙村有 6 位毕摩。作为当地"有知识的长者"，他们承担着替村民祈祷、祭祀并向村民传授彝族文化和传统知识等职能，还通过作毕活动出现在当地彝族人生育、婚丧、疾病、节日、播种等生产生活中，时刻贯穿着彝族人民生产生活的始终。在最重要的火把节期间，点燃火把或干的竹子，第一天绕自家房屋一圈、第二天两圈、第三天三圈，祈求健康平安。当地彝族丧葬实行火葬，去世老人朝太阳落山的方向（西边），火葬于自家田地里。第二年地里要种植庄稼，亲人保佑风调雨顺、粮食丰收。

当地丰富的民族及宗教文化是否因为国家公园的建立而有所变化？国家公园运营公司及管理部门是否了解当地文化？在问卷调查中，64%（87人）的受访者认为运营公司及管理部门了解或非常了解当地文化，比如传统的当地民族节日、习俗、自然圣境崇拜等；有20%（28人）的受访者不确定运营公司及管理部门是否了解当地文化，说明大部分人认为运营公司及管理部门了解当地文化（见图 6-1）。如果说了解、知晓、熟悉当地文化是原住居民可以感知的客观表现，那么本书更进一步，调查了当地原住居民对国家公园运营公司及管理部门是否尊重当地文化的主观感受。在问卷调查中，89%（122人）的受访者认为国家公园运营公司及管理部门尊重或非常尊重当地文化；只有 1 人选择了不尊重，原因是对不能撑船到碧塔海湖心岛烧香表示不满（见图6-2）。

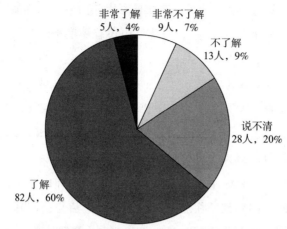

图6-1　运营公司及管理部门是否了解当地文化

资料来源：问卷调查。

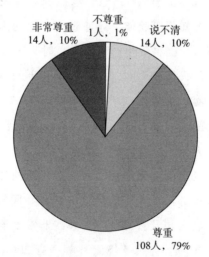

图6-2　运营公司及管理部门是否尊重当地文化

资料来源：问卷调查。

2. 烧香台的改造

煨桑是藏族日常生活中最普遍的一种民俗，凡是有人烟的地方几乎都可以看到桑烟。因此，无论你是在寺院还是在普通老百姓家中，都能发现烧香台。神灵是不食人间烟火的，只有闻到桑烟的香味才会引起他们的注意，你祈求的愿望才能实现。藏民们相信，煨桑可以使自己逢凶化吉、消除灾害、健康长寿。

在迪庆藏族自治州，无论是在寺庙里、村落内、神山上、民居前，还是在其他神圣区域内，烧香台都用水泥砌建，都有砖混顶，有的还配备了金属制烟囱。据州林草局工作人员介绍，2006 年前后，由迪庆州林业部门牵头，政府出钱分批对州内所有烧香台进行了改造。

> 原来的烧香台是用石头围起来的，没有顶盖，火苗很容易溢出，引发火险。稍有不慎或者没有人看管、照料，就会在神山上引发山火。政府决定对州内烧香台进行改造，一个烧香台政府大概投资 1000 元，加盖砖混顶，加固了底座，粉刷了表面。2010 年前后，全州所有烧香台改造完毕。①

普达措周边原住居民都接受并欢迎当地政府对烧香台的改造，认为这样的水泥制烧香台，用材、结构都更加坚固，加了砖混顶，防火更安全。此外，烧香台在外观设计、颜色选择上也尊重藏族心目中烧香台的样式。

> 我们也喜欢新的烧香台，比以前好维护。以前老烧香台在下雨、下雪天容易垮，还引发过山火，不安全。政府这么做是对我们藏族文化的尊重，尊重我们的文化才会出钱。政府这么做也是为了保护森林，过去砍怕了，只有神山被保护下来，以后也要好好保护。烧香对藏族老人来说已经是融在血液里的习惯，与吃饭睡觉一样。逢年过节烧香人多，村里护林员、党员都要派两个人到神山烧香台守着，看有没有火灾隐患，一直到所有人烧完香、火熄灭了才离开。②

---

① 调查时间为 2019 年 9 月 29 日，被调查人为迪庆州林草局退休干部 W，调查地点为香格里拉市。

② 调查时间为 2020 年 5 月 6 日，被调查人为红坡洛茸村村民 LR，调查地点为洛茸村（一类区）。

（三）生态文化认同促进了生态保护

在干旱寒冷的气候条件下，包括香格里拉在内的地区的高原生态环境仍然得到了较好保护，依靠的不仅是外部强制性的手段，还有藏族群众内在的道德观念和心理因素。神灵、禁忌的观念来源于藏传佛教，藏族全民信教，认为自然界是神圣的，凡神圣之地就是禁忌之地。因此，藏族人民普遍有视特殊的山川、湖泊、草原为神圣区域的观念，这些区域是神灵居住的地方，能够庇护你，也会惩罚你，这便是对自然圣境的崇拜。

1. 神山文化

普达措国家公园内部及周边分布有许多大大小小的神山，几个连片自然村有共同信奉的大神山，各个自然村有自己的神山，几个家庭或某个家庭有专属自己的神山。信奉人数更多的神山相对更高、更大，有的某个大家庭的神山可能只是半山腰的一个小山丘。然而，无论神山大小，它都是当地人信奉的神圣区域。

神山被藏族人民视为故土的象征，山神则被奉为村落和个人的保护神。人们认为山神既能保佑个人和村落，也能为人们降下灾难，山神降的灾难有：使人意外受伤和死亡、早夭、生出残障儿、流行人畜疫病等。[①]因此，人们对神山既有对神灵的崇敬、感激的观念，也有畏惧、顺从和禁忌的观念。对神山的畏惧来源于对自然灾害的惧怕，在高寒山区，狂风、暴雨、大雪、严寒、冰雹、泥石流，甚至是病虫灾害，都会使生活在脆弱高原生态环境下的藏民遭受更大的影响，因此人们更加注重自己对自然的行为，通过约束自己的行为并向神灵祈求庇护来减少自然界发生的灾害。这些禁忌有：严禁挖掘、采集、砍伐神山上的花草树木，神山上不能打猎、"放扣子"或进行捕杀动物的行为，神山上不宜大声喧闹，严禁将神山上的任何物种带回家。如果不遵守这些禁忌，家中便会不平安，神灵会通过疾病、灾难惩罚人类。这些禁忌对高原生态环境有着直接保护的意义。这些禁忌也是出于藏民对自然的感激之情：牛羊是牧人的主要食物来

---

① 《王晓松藏学文集》，云南民族出版社，2008，第251—267页。

源，狗是守护牛羊的助手，山地万物孕育了一切生灵，湖泊泉水是高寒干旱之地的珍贵之物。"出于对大自然和相依为命的动物伙伴的感激，从而产生了对它们的保护禁忌。"①

红坡村藏民与其他藏族群众一样，把聚集地周围的一些大大小小的山脉、山峰认作神山，并赋予其特殊的文化内涵，最终形成了极具特色的山地民族生态环境保护体系。对红坡村来说，大部分神山仅限男性上山烧香，当地藏族群众告诉笔者，女性不上山并不是因为男尊女卑，而是因为爬山是一个体力活，有的时候去大神山走的路很远，女性要在家照顾老人孩子、准备食物，祭拜这样的体力活就让男性完成。在藏传佛教寺庙，比如松赞林寺、大宝寺，女性和男性一样可以进行祭祀活动。位于红坡村的大宝寺本身就建在一座山峰上，这座山也是当地人认可的神山，即便在森工时期也未遭到破坏。据当地村民讲述，大宝寺所在的这座小山峰共有108种植物，还有狐狸、山羊、野兔、蛇、各种鸟类等动物，生物多样性十分丰富。

红坡村有的神山女性是可以上山烧香的，比如笔者到过的扣许村神山（见图6-3）。2020年农历八月十五早晨九点左右，带我上山的村民准备好烧香的松柏树枝、松树枝条，装有青稞、大米和其他谷物的藏式香包，还有糌粑、清水等物品。村民告诉我，如果我要烧香可以在神山山脚抓一点松树枝，因为我是外面的人，山脚带一点是可以的。但是对当地人来说，神山上的一片树叶都不能摘，他们烧香用的树枝都是从集体林获取并提前准备好的。该座神山不大，从山脚爬到烧香台需要半个小时左右，当地人花费的时间更少。烧香台坐落在一片郁郁葱葱的树林中，四周挂着经幡，我们到的时候已经有村民到达。因为正值国庆放假，扣许村、崩加顶村的几名年轻人也相约上山。年长一点的念诵经文，把带来的树枝塞入烧香台，把青稞等谷物撒向烧香台，绕烧香台三圈，最后献上带来的清水，用瓶盖泼一点在烧香台内。所有步骤完成后，基本上平日初一或十五的烧香仪式就结束，逢年过节、家里遇到什么重要事情来烧香会更烦琐一些，要加上挂经幡、念经、放生等仪式。

---

① 南文渊：《高原藏族生态文化》，甘肃民族出版社，2002，第96页。

图 6-3　红坡扣许村神山

资料来源：笔者摄。

除了藏族神山文化外，九龙彝族受藏族文化影响，也有类似的神山信仰。九龙村每个村民小组都有自己的神山，田野调查期间，农忙时节在田地边休息的干沟村彝族村民向笔者讲述：

> 我们祭山神、烧香都在村里的这座神山上，但是它没有具体的名字。神山在普达措国家公园界桩外面一点，紧挨国家公园。山上有一大片山林，老百姓一棵树都不会砍。如果村子里病较多、牲口病死较多，就要去山上祭祀，一般杀鸡、杀猪；其他时候也不去，平时只是不去砍树，一般只是村里遇到事情的时候才去神山，家里遇到问题一般去彝族的神树祭祀。神山上不能砍树，砍了就有不好的事情发生，会得病。如果外地人不知道，来到这里砍树、砍树叶，当地人绝对都会制止，告诉他们，这个是彝族的神山，你们不能砍。这一点和藏族是相通的，因为藏族也有神山，告诉他们后，他们就会离开。只要山上有白塔、烧香台的地方，我们彝族都不会去山上破坏树木。①

---

① 调查时间为 2020 年 10 月 2 日，被调查人为九龙干沟村村民，调查地点为干沟村（二类区）。

与藏族神山不一样，普达措周边几个彝族村寨的神山没有建烧香台，也不悬挂经幡。一般会在山上找一棵大树，在大树周围插上旗子，树边会搭建用于供奉祭品的祭祀台。与藏族每天都要煨桑不一样，彝族原住居民只有过年过节，如火把节、春节、农历2月，才会专门烧香，此外各家各户可以根据情况自行选择去神树前烧香祈祷。但是无论彝族也好，藏族也好，都尊重彼此的神山文化，神山上不能动土，放牲口也不去神山，彼此都知道彼此的神山在哪里。

根据问卷调查数据，图6-4、图6-5显示了普达措国家公园建成后受访者参加神山祭祀活动的情况。有75%（103人）的受访者表示依然参加相关活动。对参加活动的原住居民来说，69%（71人）的受访者表示国家公园建成后，参加这类活动次数没有变化，25%（26人）的受访者明确表示参加次数减少了，有6人选择参加次数增加。笔者具体调查发现，在国家公园内部的洛茸村与红坡其他村相比，烧香次数明显减少了。洛茸村有两座村一级的神山，3个村自己还有自己的神山，全部位于国家公园内。当前只有藏历春节、农历春节、中秋等节日，或各家遇到什么难事，村民才会去神山烧香，平时农历初一、十五，基本上看不到村民上山烧香，红坡其他村初一、十五只要有时间，基本上都会选择去神山烧香，有的也到大宝寺烧香。

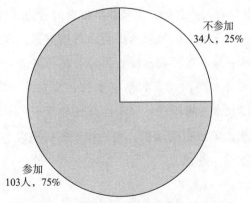

不参加
34人，25%

参加
103人，75%

图 6-4　国家公园建成后是否参加神山活动

资料来源：问卷调查。

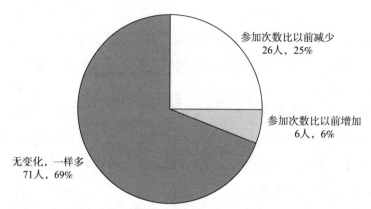

图 6-5　国家公园建成后参加次数变化

资料来源：问卷调查。

洛茸基本家家都有劳动力在普达措国家公园工作，环卫工、护林员工作去了，剩下的妇女要照顾牛羊、老人和孩子，没有时间去烧香。如果不会开车，去大宝寺、松赞林寺也远。①

2. 圣湖文化

藏族认为江河湖水中居住着湖神，圣湖就是湖神的居住地。不同类别的湖神所起的作用不同，大多数湖的主人是龙，被视为一种财神，供奉这种神灵可为人带来雨水，可使人家道兴旺，如果招惹了这种神灵，则可能给人招来疾病和自然灾害。② 当地有许多大小不一的圣湖，其中碧塔海是《格萨尔王传》中姜岭大战之地，也是非常重要的神圣之地。

藏族畏惧龙、魔等湖主所带来的疾病和自然灾害，人们一般不敢触碰圣湖附近的动植物，也不敢污染水源。因为居住在湖泊内的神灵最不喜欢污染，污染主要来自人类活动。如果湖水被污染，龙神就会释放疾病于人。因此，圣湖以及水葬场所在的河流也有各种禁忌：不能将污秽之物扔到湖（泉、河）里、禁止在湖（泉、河）边堆脏物和大小便、禁止捕捞水中动物（鱼、青蛙等）。③

---

① 调查时间为 2020 年 10 月 5 日，被调查人为红坡洛茸村村民，调查地点为洛茸村（一类区）。
② 《王晓松藏学文集》，云南民族出版社，2008，第 256—260 页。
③ 南文渊：《高原藏族生态文化》，甘肃民族出版社，2002，第 94 页。

对于发生在碧塔海的游船污染、叶须鱼死亡事件，当地藏族群众有如下看法。

> 早上到碧塔海，水还很干净，因为还没有游船；到了中午、下午再去看湖水，渣渣就很多。因为游船里的游客会乱扔东西，污染了湖水。他们（游客）在游船上边吃东西边乱扔。我亲眼看到小孩把吃着的蛋糕扔到湖里说要喂鱼，叶须鱼是土著鱼，只会吃碧塔海里的小鱼虾，怎么吃得惯蛋糕！碧塔海还是有游客乱扔垃圾，虽然不多，但是塑料瓶子、袋子还是有的。有的人说叶须鱼是杜鹃花毒死的，我觉得是乱扔垃圾污染了碧塔海，水神发怒了，释放了对鱼的疾病，再继续下去还会释放对人的疾病，那个时候就麻烦了。①

> 运营公司刚刚开始弄游船，开了 4 年左右，当地村民就说不要开游船了。很多村民还是有意见，也向碧塔海管理部门反映过，让管理部门和运营公司协商，但是游船一直开到中央环境保护督察。②

洛茸村 70 多岁的老支书认为，"水+山"在一起才好看，如果游船放在水面，就影响了"水+山"的结构，就不好看了。如果不好看，旅游业也不会好，还影响当地其他旅游相关生意。

碧塔海是圣湖，除了祭拜神山外，当地人还通过转湖祈求一切顺利。藏民遇到不好的事情就会到碧塔海或属都湖转一圈或三圈。在与洛茸村老支书交谈中，笔者得知，过去当地村民以及外地的一些藏民在重要节日时都撑船去碧塔海湖心岛烧香，划着那种大木头中间挖空做的独木舟。国家公园建成后就不再允许私人船只行驶，湖心岛也对外关闭。

藏族原住居民一般都能较为自觉地不去侵扰神山和圣湖上的野生动物，这是因为担心招惹了神灵会为自己带来祸患或被别人指责为村落招

---

① 调查时间为 2021 年 5 月 3 日，被调查人为九龙高峰下村民小组组长，调查地点为高峰下村（二类区）。

② 调查时间为 2020 年 5 月 6 日，被调查人为红坡洛茸村村民 LR，调查地点为洛茸村（一类区）。

致灾祸，使人对山神更畏惧。基于这些原因，神山、圣湖成了动植物资源的保存地。除了根据国家有关法令对森林及动物有所保护外，这种民间自发的保护措施也行之有效。神山的认定要通过活佛、活僧人，一旦被认定为本村或本片区的神山，人们就要遵守相关约定俗成的规定，有的地方村民们还要在玛尼堆前发誓。因此，普达措国家公园周边藏族社区的神山文化、圣湖文化对当地生态环境、生物多样性保护与发展具有积极的作用。

国家公园的建立是否对当地自然圣境文化产生影响，或者说当地自然圣境文化是否因为国家公园的建立而产生了变化？带着这些疑问，笔者在田野调查和问卷调查中专门就此进行了调查。如图 6-6 所示，71%（97人）的受访者认为国家公园建立后，当地神山、圣湖等自然圣境的重要性没有发生变化，一样重要；12%（16 人）的受访者认为国家公园建立后，自然圣境比以前更重要，因为国家公园需要更好地保护山地自然生态系统，自然圣境的生态保护功能或生态服务价值显得更为重要；16%（22人）的受访者说不清重要性是否发生了变化；1%（2 人）的受访者选择了不如以前重要，主要是烧香次数减少了。

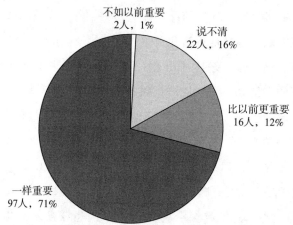

图 6-6　国家公园建立后自然圣境的重要性是否发生变化

资料来源：问卷调查。

自然圣境将自然环境的保护和管理同传统民族及宗教文化结合起来，为我们提供了很好的以文化促进保护的范例。当地在一定范围内，保留了一个资源丰富的生存环境，为游客保留了一个风光优美的自然圣境。① 普达措国家公园内部及周边的自然圣境发挥了积极作用，广大原住居民认同和参与了以自然圣境保护为基础的生态保护活动，进而保护了国家公园的生态系统。当地国家公园管理部门、各级政府尊重藏族自然圣境文化信仰，并为之提供了水泥烧香台等设施，在做好护林防火、保护生态的基础上尊重藏族群众信仰，因此形成了社区与政府（国家公园）相互配合的自然圣境保护体系，对现有的国家公园保护体系进行了有力的补充。

二　法定权利及习惯权利的认同

多个国际性环境保护宣言、协议都明确表示，自然保护区的建立必须尊重原住居民的权利。联合国《生物多样性公约》之《昆明-蒙特利尔全球生物多样性框架》也强调：要承认原住居民和当地社区的土地和资源的完整性和独特性，以及允许他们充分和公平地参与决策。② 自古以来，原住居民一直是其土地和生物多样性的最有效管理者。事实证明，他们可持续的生活方式和传统的管理制度在保护生态方面比许多西方保护方法更好，西方的排他性保护方法可能会侵犯原住居民的基本权利。在自然保护地体系建设语境下，对原住居民权利的认同直接关系到他们是否能够在一定权利保护下公正地开展生计活动，并确保保护举措的有效性。③

权利涵盖人类福祉和尊严的许多方面，其有很多种分类方法，比如分为实质性权利（生命权、财产权、文化权利等）和程序性权利（获取信息、参与决策、司法申诉等）、法定权利（法律法规等成文法的权利，如明确规定的财产权、性别平等权、文化权利等）和习惯权利（其他地方性知识、村规民约、风俗习惯等规定的权利）。本书根据普达措国家公园原

---

① 郭净：《雪山之书》，云南人民出版社，2012，第306页。
② 《昆明-蒙特利尔全球生物多样性框架》，2022年12月，www.cbd.int/article/cop15-cbd-press-release-final-19dec2022，最后访问日期：2023年3月15日。
③ Rights and Resources Initiative：Rights-Based Conservation：The Path to Preserving Earth's Biological and Cultural Diversity？ 2020年，http：//rightsandresources.org/wp-content/uploads/2020/11/Final_Rights_Conservation_RRI_05-01-2021.pdf，最后访问日期：2021年7月。

住居民部分法定权利和习惯权利受认同的田野调查资料，探讨权利认同对达成认同正义目标的有力贡献。

（一）国家公园的土地权属现状及问题

我国自然保护地土地权属主要根据《宪法》《物权法》《土地管理法》《自然保护区土地管理办法》《森林法》《自然保护区条例》《风景名胜区条例》等相关法律法规和部门规章划定。《物权法》对农民集体所有土地的范围、利用等方面做出了具体规定：集体所有的土地包括法律规定属于集体所有的土地和森林、山岭、草原、荒地、滩涂等，规定了农民集体所有的土地归属、集体土地上重大事项由集体决定以及农民集体土地所有权行使等内容。《物权法》设专章对集体土地承包经营权做出了详细规定，主要体现在国家所有的土地可以依法由集体行使其使用权，公民个人可以依法承包经营。《自然保护区土地管理办法》则对自然保护区的土地权属管理做出了具体规定。该办法明确了自然保护区当地社区居民的土地权利，不能因自然保护区边界的划定而改变当地社区居民的土地所有权和使用权；自然保护区缓冲区和外围保护地带的社区居民可以正常行使其所拥有的土地使用权。[①]

国家公园总体方案提出要确保全民所有自然资源资产（包括土地在内）占主体地位，其含义主要有两层：一是国家拥有所有权的土地面积在国家公园内土地总面积中占据绝对多数和主体地位；二是实际控制意义上的主体地位。也就是说，国家公园在不变更集体土地所有权的基础上，可以通过取得或者限制集体土地使用权的方式，实现集体土地服务于国家公园建设的宗旨和目的。[②]云南省发布的有关国家公园的基本条件中规定：国有土地、林地占总面积的60%以上，占绝对数量上的主体地位。普达措国家公园602.1平方公里规划面积的土地利用结构如表6-1所示，林地占

---

① 李朝阳：《我国自然保护地土地权属管理中存在的问题及对策》，《国土与自然资源研究》2021年第1期。

② 秦天宝：《论国家公园国有土地占主体地位的实现路径——以地役权为核心的考察》，《现代法学》2019年第3期。

国家公园用地的 84.43%，草地占 9.75%，其他还有湿地、耕地、园地、交通运输用地、住宅用地等。

表 6-1　普达措国家公园土地利用结构

单位：平方公里，%

序号	土地类型	面积	所占比例	备注
1	林地	50836.09	84.43	
2	草地	5868.24	9.75	
3	湿地	543.75	0.9	包括湖泊、河流、沼泽
4	耕地	161.6	0.27	均为旱地
5	园地	2.11	0.0035	
6	交通运输用地	0.95	0.0015	均为公路用地
7	住宅用地	18.64	0.0309	均为农村宅基地
8	工矿用地	4.07	0.0068	均为探矿点设施用地
9	特殊用地	3.64	0.0060	
10	其他用地	2770.81	4.6	均为裸地
	合计	60210.00	100	

资料来源：西南林业大学等：《普达措国家公园综合科学考察报告》，2020 年。

这些土地按照权属分类，国有土地面积高达 78.1%，集体土地面积占 21.9%（如表 6-2）。反观钱江源、武夷山和南山国家公园，国有土地占比依次仅为 20.4%、28.7% 和 41.5%，普达措国有土地占比远远高于这些面积同样较小的国家公园。①普达措国家公园集体土地主要分布在三片区域：一是建塘镇红坡洛茸村周围，包括洛茸宅基地、耕地、林地和草地，还包括红坡一社部分林地和草地；二是洛吉乡尼汝村周围，主要是尼汝；三是洛吉乡九龙村周围。其他集体土地主要是红坡村、九龙村的集体林地和草地。

2019 年 6 月 26 日，中共中央办公厅、国务院办公厅印发《关于建立以国家公园为主体的自然保护地体系的指导意见》，要求完善自然资源统

---

① 李朝阳：《我国自然保护地土地权属管理中存在的问题及对策》，《国土与自然资源研究》2021 年第 1 期。

一确权登记办法，划清自然保护地内各类自然资源资产所有权和使用权边界，明确自然资源资产的种类、面积和权属性质，落实自然保护地内国家所有自然资源资产代行主体和权利内容，非全民所有的自然资源资产实行协议管理。在此政策框架下，完善自然保护地土地权属管理制度，妥善解决生态保护与自然保护地社区居民土地权益的冲突，是自然保护地建设中亟待解决的问题。

表6-2　普达措国家公园土地权属分类

单位：平方公里，%

所属乡镇	面积	土地权属			
		国有		集体	
		面积	占比	面积	占比
建塘镇	16501.6	12242.7	74.2	4258.9	25.8
洛吉乡	42048.7	33097.6	78.1	8951.1	21.3
格咱乡	1659.7	1659.7	100	0	0
总计	60210	47000	78.1	13210	21.9

资料来源：西南林业大学等：《普达措国家公园综合科学考察报告》，2020年。

2018年迪庆藏族自治州对普达措国家公园体制试点区自然资源进行登记，对香格里拉市境内涉及建塘镇、洛吉乡和格咱乡，总面积为602.1平方公里的土地进行了确权登记。普达措国家公园体制试点区内的水流、森林、草地、湿地等自然资源的所有权，已经纳入《不动产登记暂行条例》（国务院令第656号）的集体土地所有权、森林林木所有权以及耕地、草地等土地承包经营权，按照不动产登记的有关规定办理，不再重复登记。此次调查确权，旨在查清自然资源的位置、空间范围、面积、类型以及数量、质量等自然状况，划清自然资源全民所有和集体所有边界，查清自然资源用途管制、生态保护红线、公共管制及特殊保护要求等限制情况。

土地的重要性对原住居民来说不言而喻，所以权属不清极易引发矛盾纷争，最终难以维护当地社区居民土地权益，也很难实现国家公园生态保护管理目标。普达措国家公园原住居民对国家公园内自然资源有一定依赖性，国家公园范围内20%左右的集体属性土地分属不同社区，或多或少存在土地权属问题。1962 年中甸县划分国有林和集体林时，并没有明确划分乡、村、社之间森林资源的边界，因此村社之间越界偷砍的情况屡屡发生，森林权属纠纷不断。1982 年"林业三定"工作完成后，大中甸公社（今香格里拉市）在提交的工作报告上明确提出："大中甸公社（其中包括 4 个社）同洛吉公社、尼西公社、五境公社还有四处界限不清楚。"[1] 当地政府曾许诺在 2000 年 9 月开展重新勘界活动，但到 11 月份仍然没有动静。森林边界划定方面的遗留问题导致洛吉乡、建塘镇以及三坝乡森林交界区域经常发生砍伐薪柴、采集积肥树叶、采集非木质林产品等直接利用森林资源的纠纷。洛吉乡九龙村与建塘镇红坡村之间的纠纷就发生在普达措国家公园边缘地带。

九龙高峰上、下村的山林与红坡村山林相邻，两村之间森林权属纠纷一直从 20 世纪"林业三定"工作完成后延续到 2018 年自然资源确权登记。冲突最严重的时期是 1993—1995 年，冲突多为两村人员之间吵架、告状。据九龙村村民向笔者介绍，争端集中在靠近香三公路的林地，因为开车比较容易到达，所以红坡、九龙甚至外村村民经常到这里砍树枝、树叶，将其用作堆肥，或用来垫猪圈、牛圈。九龙村认为这片树林是九龙高峰上、下村的集体林，红坡二社认为这里历史上属于红坡村树林，并且 2008 年在树林里放置了一块刻有"红坡村界线"的石碑。从地理位置上来说，靠近南线的主要是九龙行政村 6 个村民小组，另外红坡二社 5 个村民小组的集体草场在南线，集体林也靠近南线。历史上，红坡村村民就与九龙村村民一起在普达措放牧。香格里拉很多草场都没有划分权属，基本都是根据传统利用方式来界定使用权，属于公共草场，因此纠纷与冲突不断。以往藏族和彝族都有在公共草场共同放牧的传统，也能和平相处，但随着牲畜量的不断增加，草场资源紧张，容易发生矛盾。由森林权属问题引发的冲突也没有被妥善处理，就被人带到了牧场的使用与管理中。[2] 据

---

① 中国西南森林资源冲突管理案例研究项目组编著《冲突与冲突管理——中国西南森林资源冲突管理的新思路》，人民出版社，2002，第 245 页。

② 中国西南森林资源冲突管理案例研究项目组编著《冲突与冲突管理——中国西南森林资源冲突管理的新思路》，人民出版社，2002，第 245 页。

悉，建塘镇政府、洛吉乡政府都出面调解过两个村的矛盾，但是因为权属不清，一直是公说公有理、婆说婆有理，没有实质性解决问题。尽管如此，2002 年九龙村与红坡二社在碧塔海南线还是共同牵马。

> 牵马以前两村关系不好，牵马的时候却有组织纪律，关系变好了。①

（二）对原住居民自然资源财产权的承认和尊重

纵观自然保护的曲折历史，排他性保护通过侵犯人权和暴力途径，让原住居民放弃他们世代居住的土地，而这些土地在历史上甚至比现在的政府和私人实体保护得更好。据统计，对生活在全球重要生物多样性保护区的 10 多亿原住居民进行物理搬迁将耗资 4 万亿美元至 5 万亿美元。这一成本估算不包括潜在的民事破坏、文化资源的损失以及给受驱逐的当地社区所带来的多代人创伤等间接损失。根据秘鲁、印度尼西亚、印度、尼泊尔和利比里亚的数据，承认并尊重原住居民和当地社区土地权属的成本不到搬迁成本的 1%。② 尊重、承认和保护原住居民的土地，并与当地社区建立伙伴关系，是最经济、最可靠的保护生物多样性的方法。承认和尊重原住居民的自然资源财产权，包括土地、水和其他自然资源，尤其要注意原住居民和地方社区的传统权利、集体权利和妇女的土地使用权等。

2019 年政府间气候变化专门委员会（IPCC）《关于气候变化与土地的特别报告》中写道："科学家们比较倾向于土地所有权认可计划，尤其是那些授权并尊重原住居民和社区土地所有权的计划，其可以优化森林的管理方式，包括提高其固碳能力。"③ （土地）权属是强有力的，使权利持有

---

① 调查时间为 2020 年 9 月 29 日，被调查人为红坡洛东村民小组组长，调查地点为洛东村（二类区）。

② Human Rights-Based Conservation is Key to Protecting Biodiversity, 2020 年, https://news. mongabay.com/2020/12/human-rights-based-conservation-is-key-to-protecting-biodiversity-study/, 最后访问日期：2021 年 1 月 6 日。

③ 《关于气候变化与土地的特别报告》, 2019 年, https://www.ipcc.ch/srccl/, 最后访问日期：2020 年 7 月 30 日。

人能够可持续地管理、使用，并从自然资源中受益，免受威胁。① 承认和尊重原住居民的土地权属，对维护生物多样性、保护森林资源以提升其固碳能力都有积极的作用，因为自然保护区内原住居民所拥有的土地往往也是生态保护较好、生物多样性丰富的区域。尽管普达措国家公园国有土地占比具有绝对优势，但是土地等自然资源依然是当地大多数农牧民赖以生存的根本。

普达措国家公园被列为首批国家公园体制试点区以来，除了进行新的规划设计外，2018 年又对界碑进行了重勘摆放。

> 勘界设置了一些新的国家公园界碑，有的往外面扩充了。我们高峰上、下村大部分集体林本来就在国家公园内，现在又被新划入一些。国家公园和政府很认可我们的林地、草场，我们也能在屋子后面集体林里放牛羊、捡松茸。既然国家公园往外扩了，那是不是可以多给我们几个护林员名额？这几年护林员工资不错，政府也比较重视，老百姓也愿意当护林员，从而更好地保护好国家公园。②

可见，原住居民非常看重土地的价值，在国家公园内部及周边的集体林甚至可以成为他们协商谈判的筹码。

普达措国家公园建立以后，对部分原住居民耕地、林地、草地进行了土地流转，主要用于国家公园基础设施建设，如入口大门、停车场、道路、栈道等。根据问卷调查，68%（93 人）的受访者表示其家庭或集体所有的耕地、林地、草地的土地权属（位置、面积等）没有发生变化；4%（5 人）的受访者表示不清楚；28%（39 人）的受访者则表示土地权属发生了变化（见图 6-7）。变化主要有：红坡一社耕地被征用建设国家公园入口和停车场；一类区、二类区部分集体林被国家公园内外修建公路征用。这些征用都是有偿的。此外，土地被征用的农户或社区都享受了不同

---

① 刘金龙：《自然资源治理》，经济科学出版社，2020，第 14 页。
② 调查时间为 2020 年 9 月 26 日，被调查人为九龙村高峰下村村民小组组长，调查地点为高峰下村（二类区）。

程度的国家公园旅游收入反哺社区政策，因此总体满意度较高。普达措国家公园国有土地面积占绝对多数，集体土地被征用的情况并不多，所以过往的案例经常被用作协商和谈判的筹码。

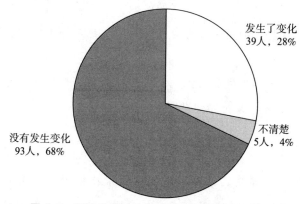

图 6-7　国家公园建立后土地权属是否发生变化

资料来源：问卷调查。

　　尽管普达措国家公园集体土地面积占比只有 21.9%，但是国家公园运营公司及管理部门对这些集体土地权属的承认依然具有非常重要的意义。因为原住居民日常生计活动、文化宗教活动等都与土地、周边自然资源相关，土地权属关系到这些活动能否正常开展。受神山、圣湖文化的影响，原住居民对土地有强烈的归属感。因此，对原住居民土地权属的承认和尊重关系到他们有关安全、幸福等的心理感知。在问卷调查中，71%（98人）的受访者认为国家公园运营公司及管理部门承认原住居民的土地权属；26%（35人）的受访者选择了不清楚；只有 3%（4人）的受访者明确表示不承认，主要是红坡一社村民对小吃街经营失败的不满，认为他们被征用的耕地没有体现出应有价值，并没有给他们带来太多利益。

　　2019 年 6 月 25 日，建塘镇红坡洛茸村村民代表与迪庆州旅游集团有限公司普达措旅业分公司在红坡村"两委"的见证下，签订了《集体土地利用合作协议》。此项协议涉及普达措国家公园内位于洛茸村的悠幽庄园用地。悠幽庄园是洛茸村的集体经济，从 2014 年开始营业，自营业起就给洛茸村全村带来集体经济分红。2019 年协议续签，在原 33 户的基础上增加了 3 户，他们也可以享受每户每年 2 万元的集体经济分红。协议规定，

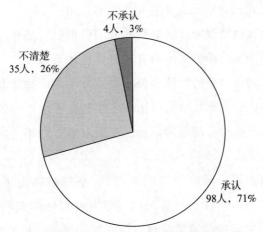

图 6-8 原住居民土地权属是否被承认

资料来源：问卷调查。

洛茸村应积极支持运营公司的各项合法经营活动，运营公司也将在同等条件下优先雇用村里的闲置劳动力。

普达措国家公园管理局工作人员介绍，国家公园建立后并没有规模化改变原来的土地权属，除征用了一部分耕地进行基础设施建设外，神山还是神山，草场还是草场，都发挥着各自的功能。集体林依然由各个村自己管理，老百姓可以自由自在地穿梭于国家公园集体林甚至国有林捡松茸。为此，普达措国家公园还实施了旅游收入反哺社区政策，制定发布了国家公园特许经营办法，这些都是科学合理的地役权补偿机制和生态产品价值实现机制，引导当地少数民族群众在保护中获益。

(三) 对地方性社会规范的认可

2017 年，中共中央、国务院出台的《关于加强和完善城乡社区治理的意见》提出："充分发挥自治章程、村规民约、居民公约在城乡社区治理中的积极作用，弘扬公序良俗，促进法治、德治、自治有机融合。"① 这是国家对当地社区村规民约治理作用的充分肯定。社会规范可以表现为不同

---

① 《关于加强和完善城乡社区治理的意见》，2017 年 6 月，www.gov.cn/zhengce/2017-06/12/content_5201910.htm，最后访问日期：2021 年 9 月。

形态，可以是正式法律法规，也可以是礼仪文化等。① 村规民约、居民公约等地方性社会规范凝聚着社区居民的共同价值观，是社区居民自治的重要形式。对于以国家公园为主体的自然保护地体系来说，当地社区的自我治理对保护地的韧性和可持续性至关重要，特别是这些地方性制度建立起的道德规范，在保护生态环境方面比许多强制性手段更有效、更能体现公平公正性。对地方性社会规范的认可，包括对地方性相关约定、规则、习惯的承认和尊重。

作为普达措国家公园内的"明星村"，洛茸村制定了充分体现乡土性、自主性、生态保护性的村规民约。笔者在田野调查期间重点关注了当地村民在生产生活中所遵循的地方性规则和制度，比如建设新房期限、每年薪柴砍伐量和标准、自然资源分配标准等。在这一过程中，笔者听到村民最多的反馈就是：我们村规民约里都写得清清楚楚，我们都按照村规民约办。洛茸村 2005 年修订了村规民约，从农业、林业、畜牧业以及其他社会治理方面提出了符合乡土习俗、因地制宜的管理规范，特别是更加重视国家公园对生态保护的要求，制定了更为严格的农林牧自然生态保护措施。

表 6-3　洛茸村村规民约（节选）

为了更好地发挥农林牧各种自然资源的生态、经济、社会效益，建设生态文明，建设社会主义新农村，维护社会的和谐稳定，保护村民的合法权益，调动村民保护自然资源、发展生产的积极性，根据《中华人民共和国宪法》和有关法律法规、各项方针政策，结合实际，经过村民大会讨论通过，制定本村规民约。

一、农业

……

二、林业

1. 本村村民必须严格执行《森林法》《森林法实施条例》等林业有关法律法规及各级党委、政府关于林业的方针政策。严禁野外用火取暖，在特殊情况下，野外用火必须选择安全地带，做到人走火灭，禁止山上放牧人员在防火期内烧牧场，以免引发火灾。家人上山烧香务必做到专人看守，处理好余火。发生森林火灾要组织村民扑救，当事人负全部责任（伙食费、工钱、运费等）。在省级公益林区内砍伐木料、薪柴，只能修枝、少量疏伐。在生产方面做到"五不烧"，对违反者批评教育，扣除当事人当年的公益林补偿金，并罚款 1000—2000 元。

2. 森林防火工作必须做到人人皆知，做到村民小组组长宣传管理，每个责任区管护人员巡山

① 庄孔韶主编《人类学概论》，中国人民大学出版社，2015，第 258 页。

宣传、看管，对各家庭进行宣传、监督。

3. 严禁在保护区森林及国有林内砍伐，要爱护国家公园一草一木。违者扣减景区补偿金。

4. 村民建盖房屋需要砍伐民用材，必须满 30 年才能建盖新房，否则村不同意。符合建房条件的村民也要尽量采用彩钢瓦等新材料，尽量少用木材。违反者按毒誓处罚，并且砍伐一棵罚 500 元。

5. 村民要严格控制薪炭材消耗，薪柴的砍伐主要是枯立木、倒木、民用材采伐剩余物、枝丫等，每年消耗量控制在一码范围内，柴的平均长度为 1 米，每码柴长三绳子（约 15 米）、高一人（约 1.7 米）。超过的，每根柴罚款 5 元。

民用的麦架三年才准补修，需要补修麦架的村民，必须通过村民大会和组长的同意后，方可在集体林采伐。

6. 松茸采集季节要加强森林保护，严防外部人员进来破坏森林及其他资源，生长在本村集体林内的松茸，允许外人采集，但必须办理入山证后方可采集，入山费每人次为 500 元。任何人不得采集童茸，违反者罚款 500 元。

7. 村民要爱护野生动物，禁止捕猎野生动物，见到受伤野生动物要采取救治措施。违反者将移送森林公安处罚。

8. 集体林管护人员 7 人，每年年底要由村民评比，不尽职的要解聘，重新选举更优秀的人员担任。

三、畜牧业

1. 牲畜是本村经济、生活中的一大支柱，要想得到发展，必须加强管理，合理利用冬、夏草场，各农户要划分好、管理好草场。

2. 大小牲畜在每年 5 月 1 日开始上山，庄稼收割完后开始下山，不得无故推迟上山、提前下山。

3. 草场是畜牧业发展的基础，是重要的旅游景观，是生态旅游的基础，全体村民必须爱护草场并重视草场建设，以砍、挖、烧、剪为主，进行草场复土。

（各户户主签名、手印）2005 年 3 月 15 日

资料来源：2019 年 10 月洛茸村田野调查。

洛茸村村规民约在林业管理方面的规约呈现以下三个特点。

第一，全面系统规范林业活动。村规民约从 8 个方面对村民在林业活动和管理中需要遵循的规范进行了说明，涉及当地村民日常林业活动及管理的很多内容。比如细致规定了村民到神山烧香的责任——专人看守、处理好余火；规定了每年进行薪柴砍伐活动的砍伐对象（枯立木、倒木、民用材采伐剩余物、枝丫等）、砍伐量 [一码范围内，柴的平均长度为 1 米，每码柴长三绳子（约 15 米）、高一人（约 1.7 米）] 和罚款额度（每根柴罚款 5 元）；明确规定了新建住房（30 年）和补修麦架（3 年以上）的时间；对松茸采集、护林防火宣传、爱护野生动物等行为也制定了对应守

则，弥补了各级法律法规无法触及的当地具体实践行为。

第二，更加严格和有效的惩罚措施。除了国家法律法规的处罚外，当地对违反村规民约行为还要进行额外的处罚。特别是借助民族及宗教文化力量，在村规民约中出现了按"毒誓"处罚的条款。民族及宗教文化对藏族群众来说是极为重要的一部分，发"毒誓"就是在神灵前发誓（通常对着神山、寺庙、白塔、玛尼堆等），如果做出违反规定的事情，就会受到神灵的惩罚或者有严重灾难降临。

> 以前当地房屋建设，虽然林业部门有砍伐指标的限制，但基本上家家户户都多砍、超标砍。村民为了突出藏房的气派，砍伐特别粗大的大树做柱子，周围拖拉机能到达的范围的大一点的树木都被砍完了，现在肉眼看到的树林都是后面种植的，只有去更远的地方偷砍。①

一些规定在执行过程中因为监管不到位等问题无法在真正意义上约束村民，但是，发"毒誓"这样的民族及宗教文化震慑，能够有效地改变当地人行为，因为大家都畏惧神灵的惩罚。自从加上了"毒誓"，村里再没有多砍、偷砍的行为。如果今年自家薪柴不够，有的还专门购买薪柴，而建房用料，特别是藏房的那几根大柱子，基本上都是从外地购买。

第三，村民协商、民主决策。洛茸村村规民约是在全村村民协商、民主决策下出台的。

> 洛茸村的村规民约，全村前前后后协商了一个多月，大家一个月天天开会、天天吵架。比如30年才能建新房子这一条款，是我先提出的。当时迪庆规定是15年，其实20年的房子质量也很好，所以我想时间长一点，30年以后再盖新房子。一开始也有不同意的村民，后来村委会主任也参加协商，他觉得不砍树，细水长流，只有好处，没有坏处，如果继续砍树，国家公园没有了，我们会损失更多的利益。最

---

① 调查时间为2019年10月3日，被调查人为红坡洛茸村民小组组长 BM，调查地点为洛茸村（一类区）。

后全村都同意 30 年。①

针对森林资源管理，其他村民小组也制定了类似的村规民约。如红坡基吕、次迟顶（一类区）规定：夏天不允许砍木料，因为容易引起天气变化，砍木料可以在春天庄稼未种之前和秋收之后进行；大牲畜转场有时间规定，不到时间不能随便从夏季牧场转到冬季牧场；在神山上烧香，火灾隐患大，要严格管理，在节日要有专人负责最后余火的清理与检查；水源林不准挖砂石；在专门的封山育林区，不能砍伐树枝用以堆肥；砍柴尽量不砍活木，不能砍建材树种当柴烧，如云冷杉、松树等；不能捡童茸、乱挖腐殖土，要注意回土，松茸季节每户 1 人巡山 3 天。

红坡村委会、九龙村委会都有针对全村居民的村规民约，各个村民小组还有自己的村规民约，这些规定都源自当地实际生活，是老百姓日常生活的经验总结。作为民间自治规定，这些村规民约一方面得到了当地原住居民的认同，因为其内容更加贴近国家公园生活的实际，利用乡土习俗和宗教文化因地制宜规范村民的行为；另一方面得到了国家公园运营公司和管理部门的认可。包括森林资源在内的自然资源的管理，不是一个社、一个村可以单独解决的，它涉及方方面面，需要社区间的共同管理。村规民约这样的地方性规定就很好地协调了这样的关系。近年来，在自然保护区国有土地范围内破坏生态的违法事件屡见不鲜，例如砍伐树木、私自开荒耕作、捕获野生动物，甚至是在保护地私自建设墓地等。国家法律法规有的时候并不能起到震慑作用，相反，地方性制度更加接近当地农林牧活动。

三　地方性知识体系的认同

人们习惯于利用技术、法律、经济或行政手段去完成既定的生态维护目标。然而，这些所谓的科学手段只能在特定的时间段内解决某些局部的

---

① 调查时间为 2020 年 10 月 6 日，被调查人为红坡洛茸村民小组组长 BM，调查地点为洛茸村（一类区）。

生态问题，人类与生态系统达到稳定安全的状态是一个全局的、超长周期的复杂问题。[①] 人类社会始终受到各种知识的规约，地方性知识也一直在潜移默化中规约和引导着不同的人群和社会行为。[②] 在地方尺度上，科学知识和地方性知识联合生效被视为支持地方尺度上的生态保护和适应的一种方式。[③]

生活在自然保护地周边的原住居民在长期的生产生活实践中创造和丰富了地方性知识和传统经验。这些宝贵的知识和经验是不断适应周边自然环境以及保护地政策的成果，其不仅为生物多样性的保护和生态维护做出了积极贡献，也为自然资源的管理和可持续利用提供了可借鉴的方法。普达措国家公园原住居民在自然资源管理中，特别是在处理保护与发展矛盾中，持续利用和发挥着地方性知识的特殊效用，推动国家公园当地社区的可持续发展。同时，这些地方性知识也获得了国家公园运营公司和管理部门以及其他利益相关者的认同，更具效用和生命力。塔利斯（Tallis）等学者呼吁包容生态保护领域的不同声音，包括不同性别、文化和学术背景的科学家和实践者，并推动和分享跨学科知识。[④]

（一）对传统农牧业知识体系的认同

普达措国家公园周边社区地处高海拔地区，土壤并不肥沃，农业基础薄弱，基本上保持了半农半牧的产业发展模式，形成了既维护脆弱生态系统又满足生计需求的传统农牧业知识体系。

1. 以农养牧，以牧补农

红坡村耕地主要为旱地，大部分属于中低产田，不宜作高产、稳产田地。青稞是当地耕种的主要粮食作物，种植面积为 2800 多亩。历史上，当地青稞种植不选种，施肥少，病虫害严重，青稞种质退化严重，目前种植

---

① 刘国城等：《生物圈与人类社会》，人民出版社，1992。
② 杨庭硕：《论地方性知识的生态价值》，《吉首大学学报》2004 年第 3 期。
③ M. Tengo et al. , "Weaving Knowledge Systems in IPBES, CBD and beyond—Lessons Learned for Sustainability," *Current Opinion in Environmental Sustainability* 26-27 (2017)：17-25.
④ H. Tallis, J. Lubchenco, "Working Together：A call for Inclusive Conservation," *Nature* 515 (2004)：27-28.

从其他藏族地区引进的黑青稞或矮白青稞。青稞不仅是糌粑的原料，提供当地人口粮，也是饲料、饲草的主要来源，在当地已有两千多年的种植历史。[①] 此外，红坡村还种植大量的蔓菁作为饲料作物，藏语称蔓菁为"洋玛"。蔓菁是冬、春季大牲畜（主要是猪）的主要饲料，在青稞或小麦地轮流种植。

　　每年 10 月青稞收获后，青稞的秸秆都会被码放并晾晒在青稞架上。秸秆对当地藏族群众来说非常重要，是高原环境藏族生计的整体性体现。[②] 与平原地区把焚烧秸秆当成废弃物处理的做法不一样，当地藏族视秸秆为宝贝，因为当地生计模式是特有的农牧结合——青稞秸秆饲养牛羊，蔓菁全株做猪饲料。农业与养殖业之间互相支撑、互相补充。普达措国家公园周边虽然拥有广阔的草场，但是由于冬季低温和缺水，生长缓慢，产草量极低。每年 10 月到次年 5 月漫长的枯草期，产草量不足夏秋季节的 1/3。夏秋季草场草高仅 10 厘米至 20 厘米，村民难以在夏秋季节打草储存以供冬春季节使用。也就是说，在长达七八个月的枯草期，牛羊几乎无草可食。10 月过后，牦牛、犏牛从夏秋季高山牧场逐渐转场到收割完的青稞地，先在田里吃麦茬，它们的粪便可以给土地施肥。进入深冬，牛羊生活在冬季牧场，村民必须早晚添加一定的草饲料以及秸秆、蔓菁等饲草，为大牲畜过冬提供食物。此外，由于农业产量低，谷物类食物不足以满足藏族的营养需求。畜牧业生产的奶制品、肉制品提供了大量的热量，以抵抗和适应高海拔地区的严冬。这种"以农养牧，以牧补农"的生计模式，是当地人适应自然环境的生存智慧，也形成了藏族地区农牧民高效整合和综合利用自然资源的知识体系。在自然条件脆弱的高海拔区域，要确保自然资源的持续利用，必须掌握好农与牧之间紧密结合的知识。

　　2. 牛羊浑身都是宝

　　无论是红坡藏族群众还是九龙彝族群众，居住在国家公园周边社区的

[①]　建塘镇志编制委员会编《香格里拉县建塘镇志》，迪新出（2009）内准字第 016 号，内部对向发行，2009，第 153—155 页。

[②]　强舸：《发展嵌入传统：藏族农民的生计传统与西藏的农业技术变迁》，《开放时代》2013 年第 2 期。

原住居民都有饲养牛羊的传统。就算因为主要生计变迁不再放牧，只要藏族家庭有劳动力，在自家附近圈养2—3头犏牛或奶牛是常态；彝族家庭除了养牛外，还多饲养山羊、绵羊等。对于当地农民来说，牛羊的价值体现在很多方面，而要获得这些价值必须掌握一定的知识。

比如，提炼牛羊奶酥油的知识。不但藏族群众每天喝酥油茶，而且当地彝族群众也有喝酥油茶的习惯。酥油是当地原住居民抵御严寒的关键，酥油的脂肪含量高达90%。酥油（茶）还有治疗高原反应、头疼、感冒等多种作用。酥油也是藏族农民抵抗干燥、严寒和大风以及保护皮肤的重要物品。酥油灯还是必不可少的宗教用品。虽然现在并不是家家户户都会提炼酥油，酥油也可以从外面购买，但是大部分家庭都使用奶油分离机自己提炼酥油，少部分家庭还使用传统酥油桶"打酥油"。打酥油茶则都是使用酥油打茶机。无论采用哪种提炼工具，打酥油的牛奶配比、提前发酵时间等都是各家各户的知识。笔者在红坡吾日村某养殖大户家调查，他家打的酥油品质一流，不仅自家食用，还大量对外售卖。女主人告诉笔者，他们家打酥油要在牛奶里添加一些酸奶，打出来的酥油更为醇正。

利用牛粪作为燃料和肥料的知识。尽管当地社区已经普及液化气、电磁炉，但许多农户家的节能灶还经常烧牛粪。牛粪加热快，适合炒菜，冬季取暖柴火不够也可依赖牛粪。捡牛粪、晒牛粪主要是妇女的工作，上年纪妇女比较多，年轻人普遍不愿意干。此外，牛羊粪还是主要的农家肥料，能较好地维持和保养地力。

利用牛羊皮毛制作传统衣物、披肩和坐垫的知识。虽然现在都是购买成衣，但是传统服装在特定环境和场景中仍然占据着重要的地位，无论大人还是小孩，都有自己的传统服装。利用羊毛皮可以制作氆氇（藏装的一种）、卡垫（可以作为坐垫）等，有的家庭还是自家手工制作。

3. 闻铃识牛

每年9月底10月初，牛羊从高山夏季牧场回到冬季牧场。2019年，香格里拉市到普达措国家公园的公路还是未封闭的二级路，牛羊转场占据了公路的大部分，来往国家公园的车辆经常被回家的牛群切断。除了看到浩浩荡荡的牛群，还能听到叮叮当当的铃铛声，是牛脖子上挂的铃铛。红坡村吾日草场在普达措国家公园大门右侧，从大门沿着东环线继续前行不远，两山之间有一处缺口，顺着缺口往里走，犹如进入世外桃源一般，一片非常宽阔的草场映入眼帘，一直通向国家公园腹地。雨水时节有一条浅溪在草场中间蜿蜒流淌，平日是沼泽泥泞。牛、羊、马自由自在地吃着草。这片草场属于红坡村二类区吾日、扣许、崩加顶等几个村，搭建有木质窝棚，分属不同的家庭。

图 6-9　红坡村吾日草场及木质窝棚

资料来源：笔者摄。

笔者曾经几次跟着吾日村牧民 XM 到达这片草场，照料饲养的 70 多头牦牛和犏牛，喂食盐巴。他隔一段时间就会到草场窝棚来住上一两天，在自家窝棚内可以喝酥油茶、吃青稞饼，看看大牲畜的情况。

> 牛脖子上挂的铃铛你们外地人听着都是一个声音，但是我们放牧人听着是不一样的，听到声音就可以判断出是不是你家的牛。牛铃铛就是我的另外一双耳朵，通过铃铛声可以知道我家的牛去哪里了，如果不在草场要去山里寻找，听到响声就判断出牛的方向。这些铃铛有的用了好几十年了，是铜的，我家爸爸传给我的。不仅我们听得出声音，而且头牛带的铃铛其他牛也会听，其他牛从高山下来，跟着头牛就不会走丢。牦牛对我们藏族来说太重要了，戴上牛铃铛也是希望母牛、小牛平安，不要生病。①

---

①　调查时间为 2019 年 10 月 5 日，被调查人为红坡吾日村村民，调查地点为吾日草场（二类区）。

据说铃铛还有稳定牛脾气的功用，只要牛活动，就会产生叮叮当当的声响，久而久之，牛便会习惯这种声响，当人接近它或者吆喝的时候也就不会引起它发脾气了，而且它们也会接受更多的异常声响。

这些与传统农业、畜牧业相关的知识体系，在国家公园建设下并没有被过多影响，当地政府更是出台一系列措施尊重和保护这些知识。2020年，香格里拉决定扩建"虎香公路"，自香格里拉市经过普达措国家公园到虎跳峡。经过红坡村的老公路原来只是双向两车道，并且道路没有封闭围挡。遇到车速较快车辆，经常会发生撞到小牛、小羊和藏香猪（藏香猪以前放养，目前已经被禁止，全部圈养）的事故。如果碰到大牛，还容易对车辆人员造成伤害。新公路并没有全部在原址扩建和改建，而是通过架桥等方式重新开辟，按照一级路双向四车道的规模修建。

> 原来的道路依然沿用，有两个原因：一是因为原来道路经过红坡村几个村寨，拓宽道路会破坏村寨建筑；二就是要留着原来的路给牛羊通过。牛羊不再走新公路。这是为了保障行车和牛羊的安全。当然新路在村口也有开口，其他地方道路封闭。①

当地政府在基础工程建设过程中，尊重牧民的农牧业活动，保护他们的农牧业财产。

（二）对传统林下采集业知识体系的认同

香格里拉市辖区内食用菌资源非常丰富，种类超过150种，其中，松茸的产量又是云南省内20个松茸产地之首。松茸出口日本曾引发了"松茸大战"，让香格里拉松茸享誉国内外，每年出口量占全省65%以上。2003年3月，香格里拉松茸通过国家质检总局松茸原产地标记注册认证。②自20世纪80年代中后期以来，香格里拉松茸产地农民年纯收入提高了

---

① 调查时间为2021年3月5日，被调查人为红坡村委会DJQL，调查地点为红坡村委会。
② 香格里拉市地方志编纂委员会编纂《香格里拉县志（1978—2005）》，云南人民出版社，2016，第402页。

45%—70%，地方财政收入也增加了 8%—10%，不少农户因采摘松茸而脱贫致富，并拉动了农村其他事业的发展。[1]

无论是红坡村还是九龙村，松茸都是传统的林下采集作物。因为松茸价格较高，采集松茸已经成为两个村生计收入的主要组成部分。每年 7、8、9 三个月，青壮年劳动力通常会放下所有农活，一户一人或一户几人，全部投入松茸采集。放假回家的初、高中生以及大学生也不时上山找松茸，赚取零花钱或补贴家用。所以，这三个月，白天村子里大概率只能遇到老人和小孩。

> 找三个月松茸比种一年地、出去打半年工还挣钱。我们早上四五点就出发，有的下午六七点才回来，把松茸卖给松茸批发商；有的村民就住在山上（简易窝棚里），为了第二天赶早多找点松茸，早去菌窝，别人还没有发现，可以全部拾走。松茸季老百姓非常辛苦，每天要步行 10—20 公里，都是自己带干粮，在山上吃一点。虽然累，但是因为收益好，大家都愿意。劳动力多的家庭，挣钱挣得也多，因为这几年松茸价格还可以，2020 年香格里拉好的松茸卖到一公斤 200—500 元。[2]

整个迪庆州，凡是出松茸多的地区，都有许多松茸批发商，他们每天定时到不同的地点去收松茸，再把松茸卖给大批发商或第二天到香格里拉松茸交易市场交易。村民们每天捡到的松茸，为了保证新鲜，基本上都是当天傍晚前卖给他们。交易后，松茸第二天就进行冰袋保鲜包装，或通过快递争分夺秒发往全国各地，或出口到日、韩等国家。2021 年的松茸季，顺丰航空开启了国内首条香格里拉—昆明—深圳的松茸运输航线。2022 年更是开启对接深圳—新加坡的东南亚航线，每天源源不断地将刚刚抵达深圳机场冷库的松茸以最快时间通关，送往东南亚。

松茸是珍稀名贵的天然食药用菌，属于国家二级保护植物，至今仍无

---

[1] 《云南：一朵松茸的奇妙之旅》，2021 年 8 月，https://nync. yn. gov. cn/html/2021/yunnon-gkuanxun-new_0820/379953. html，最后访问日期：2021 年 8 月 20 日。

[2] 调查时间为 2021 年 9 月 3 日，被调查人为红坡吓浪村村民，调查地点为吓浪村（一类区）。

法实现人工栽培。然而，这些来自大自然馈赠的精灵，每年也会受当年气候、自然生境状况的影响，产量会有波动。如果无序采摘，必然会导致松茸产量的下降；松茸生长环境突然变化，也会破坏其健康、可持续地生长。因此，当地社区在30多年的采集经验的基础上，总结和形成了一套有关松茸采集的知识体系。

1. 按照森林资源权属管理松茸采集者

采集松茸无论是以前还是当前，都是在各个村的公共森林中（集体林）采集。本村的所有村民能够自由进山，其他村村民或外地人要捡松茸的要么劝返，要么要求他们缴纳几十元至几百元不等的入山费（周边村寨人员误入，一般缴纳几十元入山费，外地人可能收取几百元）。

一个村与一个村之间集体林产的松茸的量肯定不一样，但是老百姓都想得通。因为我们这边松茸产量普遍都不错，只要勤快一点基本上都能赚到钱。这是人家村的山，人家当然有权利去，老百姓普遍认为这样是公平的，有权利去也意味着有义务保护好、维护好。[①]

洛茸村村民告诉笔者，他们村有上千亩集体林，在自家集体林地里都找不完，不会再去其他村的集体林。

九龙自家的集体林只有自己村的人能够去捡松茸，其他村子的任何人都不能来。我们一般自家集体林找一天、外面国有林再找一天，如此循环。如果有红坡村的过来捡，我们会告知他们这是我们九龙的集体林，不能来捡，然后再通知他们村委会主任。[②]

2. 松茸采集禁忌

无论是红坡村整村的村规民约，还是各个村民小组的村规民约，都明确规定在松茸采集中，任何人不能采集童茸，违反者要罚款500元。童茸

---

① 调查时间为2021年3月5日，被调查人为红坡村委会DJQL，调查地点为红坡村委会。
② 调查时间为2020年9月5日，被调查人为九龙干沟村村民，调查地点为干沟村（二类区）。

指还埋藏在腐殖土层下的"子弹头"，也有说是 5 厘米以下的松茸，主要是根据经验来判断。

> 经验不足的人，特别是外头来捡着玩的，他们不懂——看到冒出来的松茸就去翻整个菌窝。上面大的撬走了就看到下面还有更小的松茸，埋在腐殖土下面的，也撬走。这样一来，整个菌窝都被破坏了，以后这里就不再生长松茸了。这就是为什么我们不让外人来捡，他们上来都是搞破坏。①

松茸季，上山的村民都带着至少一根结实木棍，其中一头弯曲，这是松茸采集利器，可以使用很多年。

> 松茸长在森林里面，和树木一起生活，适应了木头的性质，用木棍撬不会破坏菌丝。②

松茸的菌丝对温度非常敏感。如果采集的时候用手挖或用铁棍撬，菌丝就会因为过热或过冷的环境温度变化而死掉。菌丝在地下是缠绕在一起的，菌丝死亡会影响整个菌窝。此外，采集到松茸后，要轻轻地用木棍回填土壤，让菌丝不裸露在外而死亡，保持菌窝原状，未来还能再长出松茸。

> 有经验的老采茸人，懂得"养窝子"，他们有意识地采大放小、不碰菌丝、回填土壤，这样就能保证"窝子"年年产松茸。③

3. 有意识地保护松茸生长的自然环境

香格里拉平均海拔为 3400 米左右，是最适合松茸生长的地区。尽管如

---

① 调查时间为 2021 年 9 月 3 日，被调查人为红坡吓浪村村民，调查地点为吓浪村（一类区）。
② 调查时间为 2021 年 9 月 3 日，被调查人为红坡吓浪村村民，调查地点为吓浪村（一类区）。
③ 调查时间为 2021 年 9 月 3 日，被调查人为红坡吓浪村村民，调查地点为吓浪村（一类区）。

此，因为松茸对气候变化、土壤条件变化、光照强度变化等都较为敏感，所以如果其生长小环境被破坏，比如植被、遮阴植物改变，动物、植物、微生物之间失去了生态平衡，就会导致菌丝的死亡。松茸气味浓郁，极易遭受虫害。如果采集松茸的老百姓乱扔垃圾，破坏了土壤、植被，昆虫就会从根部进入，侵蚀菌子。

自然资源管理的基础是全面和多样的知识形态，尊重各种自然资源的价值和管理方法，承认和尊重多种文化和知识体系，可以提升自然保护的有效性。在问卷调查中，笔者就传统知识保护国家公园生物多样性进行了调查，如图6-10所示。大部分（88%，121人）受访者赞同这一说法，不赞同的只有6人，他们主观上认为科学知识可能更有作用。其中采集野生菌的传统知识，包括管理、采集、保护等传统知识，最受当地人推崇，有效地助力改善当地生计。

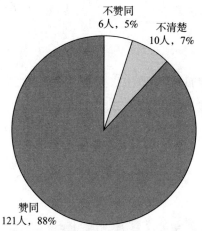

图6-10 传统知识是否有效保护了国家公园生物多样性

资料来源：问卷调查。

（三）对传统防治虫灾知识体系的认同

在藏族的神圣空间中，天界由天神管理，白色是天界的标志性颜色；地界即人界，由数量众多的念类、赞类神灵（山神）管理，黄色、红色是地界的标志颜色；水界则有鲁神（龙神）管理，蓝黑暗色是水界的标志性颜色。① 山神喜乐时风调雨顺、人畜兴旺，山神愤怒时会制造各种风雪、冰雹等气象灾害或疫病（念病），因此藏民一般会举办仪式供奉山神以获得其对人类的庇护，免除人类的罪恶。历史上，大中甸就多有冰雹灾害。据记载，1952 年 8 月，大中甸突降冰雹，直径达 30 毫米，局部堆积达 10 厘米，2000 多亩农作物颗粒无收。在雹灾中，家禽、野禽被击毙无数。② 红坡村在青稞地举办的"打虫"仪式就是供奉山神的仪式，祈求山神免除自然灾害对庄稼的影响。③

"打虫"仪式藏语称为"LA ZHE"，"LA"是山羊的意思，"ZHE"是拉动的意思，"LA ZHE"就是拉着山羊去祭祀，把它放在河里送出去的意思，送走病虫害不要再祸害村民。2021 年 6 月 11 日，红坡村举行了一次间隔 10 年以上的"打虫"仪式。红坡村 9 个村民小组（一类区、二类区）共同组织和参与了仪式，不算大宝寺片区的 6 个村民小组。仪式前要准备一张白色的山羊皮，把山羊内脏洗干净，在内脏里面塞放青稞、蔓菁以及生长在青稞地旁边的植物，然后将其封好放入山羊皮内再封好，这些植物就是指代"青稞虫"。仪式当天，还要邀请松赞林寺大喇嘛主持，念经祈福，并为他们准备好马匹，因为他们还要去红坡其他 8 个村民小组，骑马节省时间和体力。从红坡村最靠北的洛茸村开始，由北向南，依次拉着装有植物的白色山羊皮通过 9 个村民小组的青稞地，最后将山羊皮拉到红坡村委会下面的属都岗河，放入河内，祈求神灵保佑风调雨顺、地里不再有病虫害。

"打虫"仪式当天清晨，洛茸村青稞地四周插满彩旗，这些彩旗是各家各户带来的，旗子上用藏文写着六字真言。洛茸村家家户户带着酥油茶、青稞饼、糌粑、糕点、水果等食物和烧香的物品来参加仪式，红坡其他 8 个村民小组的组长和村民代表也来到洛茸村。两位松赞林寺的大喇嘛

---

① 范长风：《从地方性知识到生态文明：青藏边缘文化与生态的人类学调查》，中国发展出版社，2017，第 50—51、53 页。

② 杨学光主编、香格里拉县林业局编《香格里拉县林业志》，云南民族出版社，2006，第 15 页。

③ 据云南省社会科学院藏族学者章忠云老师介绍，该"打虫"仪式与香格里拉春播开始的"谐拉节宗"祭祀仪式相似，都是祈祷专司风调雨顺、财富的鲁神庇护的仪式。

受邀来主持仪式。喇嘛开启仪式，在祭台奉上祭祀用品和哈达，又来到田地边念诵经文、烧香祈福，绕田地三圈，然后拉着山羊皮骑马去其他村子的田地。无论到达哪一个村子，村里每家每户至少一名代表要出来参加仪式，在田边一起念诵六字真言。仪式结束后 7 天内，人不能进入田地走动，否则就没有作用。田地周边会一直插着村里各家各户带来的彩旗。7 天以后，旗子依然插着，但人可以在田地里劳动，这也标志着仪式正式结束。

> 端午过后，青稞地要除草了，这个时候就会出现虫子，要打虫。我们进行的是传统的仪式，当然，若虫子真的来了，科学的杀虫剂也要用，传统与科学结合起来更有用。最近十来年红坡都没有举行过"打虫"仪式了，今年我们几个村民小组组长，看到地里虫子有点多，去年 5 月了还下大雪，灾害也有点多，就商量组织这样一次仪式。我们向村委会反映，获得同意后，确定了仪式时间，就开始准备。仪式不用告知国家公园运营公司，这个仪式没有破坏一草一木，我们也很注意。政府也好，公司也好，对我们藏族传统仪式、习俗都很尊重。①

如果遇到天气干旱以及雨雪、冰雹多的年份，红坡村还会组织"背经书"的仪式。同样是在端午节前，由 9 名男性村民参加，同样的路线，老百姓背着经书走一遍，念诵经文，祈求田地没有虫灾、风调雨顺。

九龙彝族也有类似的"打虫"仪式，只是最近几年没有举行。一般也在四五月端午节前，请毕摩到田地里念经"打虫"，希望庄稼长得好，希望不要下冰雹、不要有天灾。

> 我们不种青稞，只种玉米、土豆、药材和一点水果。冰雹对青稞的影响特别大，如果冰雹大，端午节后青稞就会被全部打死。我们虽

---

① 调查时间为 2020 年 10 月 4 日，被调查人为红坡洛茸村民小组组长 BM，调查地点为洛茸村（一类区）。

然不信藏族的宗教，但是我们也不反对，藏族、彝族是互相认可和尊重对方文化的。①

小　结

在自由主义思潮下，西方主导的自然保护策略通常通过限制甚至禁止人类活动来实现。事实上，限制自然保护地的人类活动会影响在同一块土地上结合保护、农业和林业传统管理的整体生态系统。越来越多的研究呼吁以认同概念为中心的正义，即认同生活在保护地周边社会群体的身份、文化、权利等权益，并在决策过程中尊重他们。在此基础上，本章从普达措国家公园原住居民文化的认同、法定权利与习惯权利的认同以及地方性知识体系的认同三个方面，展开了调查研究与分析讨论。研究发现，普达措国家公园认同正义的地方性实践对国家公园自然资源管理和当地社会和谐都有积极的贡献。与此同时，其他利益相关者对这些要素的认同增强了原住居民的公正性感受。

原住居民身份认同让他们成为国家公园的合法监护人。原住居民身份被承认至关重要，这是原住居民合法享受国家公园生态补偿政策、发展政策等的门槛。原住居民身份认同还决定了他们可以在国家公园合法开展生计活动以及他们需要履行自然保护义务。对集体土地权属的划定与认同避免了不必要的"争地"冲突。普达措国家公园集体土地占比不高，维持这部分土地权属的清晰与稳定有利于维护国家公园自然资源管理的持续性，也保障了原住居民的合法利益。对民族、宗教文化和自然圣境文化的认同确保了保护的"正确性"。无论是自然圣境的禁忌文化，还是当地人形成的生态价值理念和自然保护动机，都来源于当地社会和民族文化实践，来源于宗教教义，是地方性的生态伦理。因此，对民族及宗教文化的认同是当地建立人与自然和谐共生的价值观体系、保护当地多元文化、维护当地

---

① 调查时间为 2020 年 10 月 4 日，被调查人为红坡洛茸村民小组组长 BM，调查地点为洛茸村（一类区）。

人合法利益和希望获得公平正义的有效途径。对地方性知识体系的认同为国家公园自然资源管理提供了基础保障。地方性知识体系生产过程中所蕴含的价值是原住居民长期生活实践的积累，是在不断适应和长时间与周边自然生态系统互动中获得的特殊知识和经验。地方性知识体系为改善当地生存条件和自然资源管理提供了重要的洞见，为国家公园自然资源可持续利用和保护提供了具有实操意义的指导，并且帮助强化被现代化削弱的人与自然的关系。

结　语

　　世界上大多数所谓的荒野至少在数万年前就有人类居住。当波利尼西亚人在公元 1000 年前后征服太平洋时，地球上唯一未被人类改造的荒野只有南极洲和深海。早于全世界各类自然保护地的建立，人类早已世代生活在这些区域，采集狩猎、刀耕火种、开垦农地等，他们后来被称为原住居民。联合国教科文组织研究认为，世界上至少有 3.7 亿至 5 亿原住居民生活在 90 余个国家，他们代表了 5000 种不同的文化，他们的语言涵盖了全球约 7000 种语言中的大多数，他们占据了世界陆地面积的 20%，孕育和滋养了世界上 80% 的文化和生物多样性。[①] 在某些情况下，我们可能需要严格的保护，试图排除人为影响，以实现生物多样性保护目标，但我们不能忽视或驱离生活在自然保护地的原住居民，他们维系着人类与自然最古老、最长久的牵绊，他们的地方性知识体系保护着地球上日益枯竭的生物多样性，他们是生活在脆弱的生态系统中的最前沿的保护专家。

　　生态系统需要保护，人类需要发展，保护和发展目标是否可以相互配合、相互协调而实现双赢？普达措国家公园的实践经验告诉我们，环境正义可以成为协调保护与发展目标及其实践策略的理念和实践指导思想，即在生态可持续性和社会公平得到保障的情况下实现人与自然的和谐统一。我们关注生物多样性保护的效果，我们也应该关注生物多样性保护产生的利益如何被公平公正地分享，特别是那些位于自然保护地内部或周边的社区，他们是生物多样性就地保护的直接参与者，他们是否能够公平公正地分享到生态系统服务所产生的各种利益关乎自然保护的成败以及基本的伦

---

① UNESCO Policy on Engaging with Indigenous Peoples, Published by the United Nations Educational, Scientific and Cultural Organization, 2018, http://en.unesco.org/indigenous-peoples.

理道德。本书通过对香格里拉普达措国家公园环境正义地方性实践的研究，探讨了当地保护与发展的博弈，阐述了基于环境正义的保护实践如何缓解自然保护地与当地社区之间的冲突以及增进理解互信，从而凸显国家公园生态保护所产生的利益被公平公正地惠泽于原住居民的重要意义。本书也回应了环境正义理论关于情景性正义以及多元互联关系的认识。本书呼吁要实现更加有效的生物多样性就地保护，未来要在保护中实现环境正义。

一 感知：情景塑造环境正义

正义是一种情境化的现象，环境正义的分配正义、参与正义与认同正义维度的感知在不同的政治、社会和文化背景下有不同的感知表现；正义的原则只有在相关历史和文化的背景下，才能参照指导行动者的信仰、实践和制度来理解公正性问题。①

（一）历史背景塑造了环境正义概念

环境正义研究要考虑历史意义以及对历史的认同，历史背景塑造了对环境正义概念性的认识和感知，解释了不同时期、不同空间以及不同利益相关者之间观察到的公正性概念的差异。本书的环境正义讨论嵌入了当地历史与文化背景中，与西方国家公园生态中心思想下的排他性保护理念不一样，普达措国家公园从未驱离过任何原住居民，在保护生态的同时兼顾社区发展，并对当地民族及宗教文化持认同和包容的态度。本书第二章梳理了普达措国家公园建立前后的历史背景。如果把历史背景缩短，从普达措国家公园建立伊始，当地社会至少经历了三次历史冲击。在这三个不同的历史时期，当地人感受到的环境正义也有所不同。

第一次历史冲击始于 2006 年国家公园试营业，在旅游收入暴增刺激

---

① N. Pelletier, "Environmental Sustainability as the First Principle of Distributive Justice: Towards an Ecological Communitarian Normative Foundation for Ecological Economics," *Ecological Economics* 69 (2010): 1887-1894.

下，当地社区迫不及待地希望通过旅游发展获取更多利益。尽管没有出现牺牲保护的思想，但是发展大于保护的急迫弥漫在整个国家公园，无论是管理机构还是当地社区，都希望旅游收入呈指数级增长。在此背景下，出现旅游收入反哺社区政策资金每五年翻一番的宏大目标，出现当地社区为了争取售卖、出租服饰以及照相等特许经营服务而与景区等利益相关者的矛盾冲突，出现当地人偷带游客逃票进入景区而获取报酬的行为。原住居民一方面在补偿政策影响下感受到了利益分配增加所带来的公正性，另一方面希望更多融入国家公园发展，对于工作岗位分配、特许经营向社区倾斜、社区发展项目等持有自己的公正性见解。

第二次历史冲击始于 2015 年被国家列入"国家公园体制试点"，在 2017 年中央环境保护督察后更为显现。国家公园实行最严格的保护政策，无序的发展、不规范的经营活动被及时叫停。无论是上层规划或政策制定，还是当地社区日常生产生活活动，保护第一的思想日渐深入人心。保护优先于发展的策略使碧塔海景区关闭整顿、特许经营收紧，普达措国家公园旅游收入锐减，反哺社区资金难以按时发放，更不要说翻一番。有些原住居民对分配不及时以及收紧的分配方案产生了不公正的感受；然而，为了保护下一代，代际公平的环境正义思想较为普遍。

第三次历史冲击是始料未及的，就是 2020 年开始的新冠疫情的影响。国家公园旅游业还未从中央环境保护督察整改后恢复如初，就遭受疫情重创。对未来的不确定性促使原住居民更加依赖对他们来说具有多重意义的国家公园，对有关国家公园土地权属、传统生计活动等的认同要求更为迫切。

当地和历史背景强烈地决定了正义的概念，并有助于解释不同时期、不同空间以及不同利益相关者之间观察到的概念差异。环境正义理论框架突出了环境干预政策的政治、经济、文化、生态环境背景的重要性。不仅在特定背景下会产生与环境正义相关的结果，而且在与特定背景结合时，也产生与环境正义相关的结果。这种相互作用的特征说明环境干预政策会同时产生公正或不公正结果。环境正义有助于摆脱对结果的单一关注，促使人们关注环境管理过程中政治、经济、文化和自然环境背景。

（二）围绕国家公园的发展模式与公正性感知紧密联系

国家公园是一个特殊的综合空间，它是人为设定的边界，与其他边界夹杂在一起，既开放又封闭。国家公园是实现国家生态意识的空间，是最重要的生态系统完整性和原真性的保护场所；国家公园是生活空间，是原住居民、游客、管理者等各类利益相关者生活、工作、旅游的场所；国家公园还是文化空间，是人类神圣信仰与民族文化认同实践的场所。因为交织太多，国家公园这片特殊区域存在国家与地方的误解，存在保护与发展的博弈，存在利益的竞争。

本书第二章探讨了在中国推进"以国家公园为主体的自然保护地体系"建设过程中，在普达措国家公园生态环保意识与地方发展意识权衡下，当地逐渐形成了围绕国家公园的生计模式和社区发展模式。围绕国家公园主要有两方面意涵。第一，当地生计模式和社区发展模式依靠国家公园自然资源和旅游资源，主要生计方式与国家公园相关，旅游收入反哺社区补偿款、国家公园就业收入占比较高，此外，松茸采集所获收入也与国家公园森林资源相关，社区发展项目也依赖国家公园旅游资源。第二，贯彻国家公园最严格的保护理念。当地生产生活活动、文化活动、社区发展项目都以国家公园生态环境、自然资源保护要求为基准。普达措国家公园采取以生态环境、自然资源保护和适度旅游开发为基础的策略，通过较小范围的适度开发实现大范围的有效保护。周边社区也排除了与国家公园保护目标相抵触的自然资源开发利用方式，达到了保护国家公园生态系统完整性的目的。

"围绕国家公园"说明当地生计模式和社区发展模式对国家公园的依赖，因此当地人对国家公园相关政策的分配、程序和认同的公正性感受会更加强烈。也就是说，人们对他们赖以生存的实体有更多的期望，希望以公平正义的方式实现国家公园的建设目的。人们日益认识到，自然资源管理和可持续发展的努力不仅必须考虑其生态效益，而且必须考虑是否对社会有益，即是否以公平正义的方式实现效益。环境正义理论框架正是检验和实现这一目标的理论和实践工具。

二　行动：联结起公正与生态保护效力

普达措的实践经验以及全球大量研究成果表明，加强对环境正义的关注可以对环境干预政策产生积极的影响。强制性"壁垒式保护"不会比开放和包容的环境治理制度有效。自然保护地周边群众感受到的环境干预政策如果是公平公正的，他们也会积极践行保护要求。因此，以社会公正为目标的生态保护，即环境正义在自然保护地的实践，使社会公正与生态保护相连，共同发挥效力。

（一）环境正义地方性实践的普达措经验

普达措国家公园的环境干预政策，既兼顾了对自然的正义——保护生态系统，又兼顾了对人的正义——减贫和能力提升，这一切都没有把原住居民排除在外。此外，代际正义逐渐成为当地原住居民的发展目标以及国家公园治理政策的效果体现，就是要把优美环境和财富留给下一代。从普达措国家公园发展历史看，国家公园的出现也有环境正义的考量，在保护生态环境的同时，创造更多的生态财富，惠泽当地社区，实现脱贫并最终走向可持续发展道路。

普达措国家公园制定了《旅游反哺社区实施办法》，每年从运营收入中拿出 1500 余万元资金，专门用于国家公园直接辐射的 20 多个社区近3700 名少数民族社区居民的直接经济补偿、教育资助，并帮助社区发展集体经济和改善基础设施，还优先向社区居民提供就业岗位，鼓励其参与园区环卫、巡护、特许经营等活动。当地政府和国家公园管理部门引导园区内社区逐步向围绕国家公园的乡村生态旅游服务、园区内就业、松茸采集等复合型发展方式转变。通过实施国家公园各项利益分配政策，普达措国家公园带来的生态财富正公平公正地惠泽当地。此外，有效参与、信息透明、征求意见、问责、听证制度等程序正义措施，提升了原住居民的有效参与环境治理过程的能力。对原住居民文化、权利和地方性知识的认同，一方面提升了国家公园自然资源管理的有效性，另一方面增强了原住居民的公正性感受。

原住居民对普达措国家公园的公正性感受在很大程度上指引着他们的环境正义行动和实践，而行动和实践本身也会反过来提升公正性感受和认知。当然在这一过程中，每个利益相关者都可能根据面临的具体情况，对正义原则有不同的思考。通过国家公园的建设，特别是旅游反哺、就近就业、护林巡护等政策措施的实施，数千名原住居民享受到国家公园生态红利带来的利益，而他们的生态保护意识也普遍提高，从"要我保护"转变为"我要保护"，把追求代际正义作为其行动和实践的目标。秉持"保护自然生态系统原真性和完整性，给子孙后代留下珍贵自然遗产"的理念，普达措国家公园在生态可持续发展和社会公平得到保障的情况下，实现了对自然的保护以及人与自然的和谐统一。

（二）在保护中实现环境正义

行动体对环境干预政策持有不公正的感受或看法经常导致他们不支持生态保护，从简单的缺席参与保护过程的消极保护到更严重的保护冲突，比如抗议行为、狩猎野生动物、针对环境管理部门的暴力行为等。环境正义分析比传统的生计分析更能理解这些冲突。普达措国家公园的环境正义实践与其他针对保护区有效性的研究表明，更具有包容性的治理形式（参与决策、公正的自然资源使用权和获益分享）与更好的保护效果有关，"正义感"可以作为社区参与保护的激励因素。普达措国家公园的环境正义呈现本地化的特征，相比官方的正式规范，非正式规范更为实用和有效。

"基于环境正义的保护"为主流保护提供了多样化的选择，包含了更多元的价值，涉及人与自然的共存，而不是牺牲或隔离。从环境正义的角度来看，从堡垒式保护向更加强调发展和减贫的包容性保护转变是值得欢迎的，但是排他性的做法在全球很多地区仍然普遍。在保护过程中，一些新的保护问题和矛盾出现了，如人与动物冲突、传统文化损失、地方性知识消失等问题。在保护中实现环境正义就是要解决这些问题，实现真正的公正、可持续和包容的发展。环境正义的方案，比如赋予当地社区有效参与的权利、赋予原住居民领土权利，不仅符合道德准则，而且可能比传统保护地政策更有效。

联合国《生物多样性公约》第十次缔约方大会（COP10）通过的目标第 11 条规定，自然保护区的建立和管理不应该对当地利益相关者产生负面影响，它们应有助于减少最脆弱群体所经历的不公正。[①] 2022 年 12 月，COP15 第二阶段会议通过《昆明-蒙特利尔全球生物多样性框架》，其中第 22 个目标也指出，要确保原住居民和地方社区居民在内的所有人群公平、包容、有效地参与决策，获得生物多样性有关信息，要尊重并认可他们的权利。[②] 中国自然保护地建设经历了 70 多年的蓬勃发展，取得了骄人的成绩。截至 2018 年，中国已建立超过 10 类自然保护地，总数超过 1.18 万处，超过 18% 的陆地国土面积受保护，已超过世界平均水平。国家在战略高度提出建立"以国家公园为主体的自然保护地体系"，就是要保持自然生态系统的原真性和完整性，保护生物多样性，保护生态安全屏障，给子孙后代留下珍贵的自然资产。[③] 中国自然保护事业对世界生物多样性保护和人类社会可持续发展贡献了重要力量。与此同时，中国大力推进反贫困斗争，70 多年来，7 亿多农村贫困人口成功脱贫，贫困发生率下降到 1.7%，[④] "对于中国这样一个正在进行新型工业化和没有经过环境运动洗礼的发展中国家，特别是云南这样一个边疆少数民族省份，尤其是像迪庆这样的藏族聚居区，建立国家公园，按照国家公园的理念来保护、开发和管理资源，其意义已远远超出了解决开发与保护矛盾的范畴"。[⑤]

普达措国家公园原住居民对环境正义的认识和实践与其他利益相关者的认知是不一样的。不同分析单元获得的正义感知是不同的，而在不同时

---

① N. Zafra-Calvo et al., "Progress toward Equitably Managed Protected Areas in Aichi Target 11: A Global Survey," *Biology Science* 69（2019）：1-7.

② 《昆明-蒙特利尔全球生物多样性框架》，2022 年 12 月，www.cbd.int/article/cop15-cbd-press-release-final-19dec2022，最后访问日期：2023 年 3 月 15 日。

③ 《关于建立以国家公园为主体的自然保护地体系的指导意见》，2019 年 6 月，www.gov.cn/zhengce/2019-06/26/content_5403497.htm，最后访问日期：2020 年 7 月 6 日。

④ 国务院扶贫办综合司：《人类历史上最波澜壮阔的减贫篇章——新中国成立 70 年来扶贫成就与经验》，《光明日报》2019 年 9 月 18 日，第 9 版。

⑤ 叶文、沈超、李云龙编著《香格里拉的眼睛：普达措国家公园规划和建设》，中国环境科学出版社，2008，前言第 3 页。

空范畴下，正义表达及诉求也是不同的。此外，人类福祉的物质和社会需求都是人类能动性的要求。环境正义的程序正义维度是一种基本能力，其将人类参与和能动性定位在物质需求和社会需求之间，成为满足物质、社会需求的决定因素。环境正义的分配正义和认同正义维度是平行的，程序正义是文化、知识体系被认可的产物，而这反过来又决定了分配的结果。

三 探讨：环境正义理论再认识

（一）环境正义各维度相互联系

环境正义多维且相互联系的正义观点也让我们更完整地认识问题、解释问题并化解冲突矛盾。普达措国家公园实践表明，生计和其他经济成果显然很重要，但不公平的程序和缺乏尊重也很重要，三个环境正义维度之间是相互支持和相互联系的。

同样对于旅游收入反哺社区政策补偿款的发放，普达措国家公园二类区某村民小组，老年人认为基于平均原则的分配方案较公正，因为他们的主要活动空间限于本村，所以认为对所有村民都一致的补偿标准是公平的；青壮年则认为分配方案不公正，因为他们有更大的活动空间，对比一类区原住居民的补偿标准，二类区的补偿标准与之差距太大；年轻人则认为不清楚、无所谓，因为他们拥有更大的活动空间，获取了更多网络及外界信息，希望拥有其他生计选择。

程序正义可以促成分配正义。在普达措国家公园旅游收入反哺社区政策实施中，持有公正性诉求的原住居民参与了决策过程，实现了国家公园旅游收入的二次分配。九龙村靠近普达措国家公园的 6 个村民小组，村民代表及当地村委会成员通过参与反哺政策协商，积极反映群众的公正性需求，获得了在现有补偿政策之上的针对 6 个村民小组额外的社区发展资金补助。程序正义可能重新决定分配结果，是分配正义的先决条件。

认同正义是环境正义的前提和基础。普达措国家公园原住居民的身份认同直接决定了其是否能够获得分配公正的补偿款；对当地社区土地权属的认同，决定了各个社区国家公园自然资源获取的分配范围和需要承担的管理责任和保护义务；对当地社区村规民约、文化规范等地方性规定的认同，影响了集体决策以及更规范、公正的国家公园行动。认同正义决定了分配和程序的公正性实施，因为认同社会和文化的差异促进了对待事物的包容。其他利益相关者对原住居民以及他们的民族及宗教文化、社会规范、地方性知识等的认同增强了原住居民的公正性感受。

普达措国家公园环境正义的地方性实践研究还证明，环境正义理论框架各个维度之间通过相互联系、相互影响，共同发挥了整体性作用。在对旅游收入反哺社区政策的环境正义分析中，认同正义保证了受补偿者的身份被认同，分配正义保证了补偿款分配公正的具体政策制定，程序正义则保证了政策制定过程的公正性。三个维度共同作用，通过包容的、公平的、参与的措施，促进了这一生态补偿政策的整体性公正。

（二）环境正义是一个动态过程，多维互联但不能互相抵消

生态系统服务与人类福祉各个方面存在明确的耦合与互动关系，生态系统服务的变化会直接或间接影响人类福祉，人类福祉的变化也直接或间接影响着生态系统服务的变化。[①] 人类福祉和生态系统服务之间的关系不仅是双向耦合的，而且在空间和时间上存在动态变化。[②] 这就决定了环境正义感知随着生态系统服务变化以及人类福祉变化可能发生动态变化。本书将国家公园的环境正义实践理解为一个动态过程，在这个过程中，环境正义三个维度（分配正义、程序正义和认同正义）之间虽然相互作用、共同进化、共同作用，但是，若未能遵守其中一个维度，则不能通过努力改善另一个维度的状态来补偿。[③] 旅游收入反哺社区政策补偿款的分配以及国家公园工作岗位的分配对原住居民来说非常重要，但是如果以增加补偿

---

① 代光烁等：《内蒙古草原生态系统服务与人类福祉研究初探》，《中国生态农业学报》2012 年第 5 期。

② W. Yang, T. Dietz, D. B. Kramer et al., "Going Beyond the Millennium Ecosystem Assessment: An Index System of Human Well-Being," *PLOS ONE* 8 (2013): e64582.

③ M. Mcdermott, S. Mahanty, K. Schreckenberg, "Examining Equity: A Multidimensional Framework for Assessing Equity in Payments for Ecosystem Services," *Environmental Science & Policy* 33 (2013): 416-427.

款来限制或不认同当地神山崇拜文化，当地少数民族群众是不能接受的；同理，认同当地文化和地方性知识，用这种认同来弥补补偿款的不公正分配，原住居民依然感受到不公正待遇并会进行反抗。也就是说，环境正义的三个维度不能被压缩成一个单一的维度，每个维度独立存在但相互作用。

从学术角度来看，应用环境正义理论范式作为分析框架需要有明确的系统边界和时空尺度，不仅不同行动体对环境正义的认知和实践不同，而且在不同分析单元下获得的公正性感受也是不同的，分析单元的变化也会带来公正性感受的动态变化。居住在国家公园内部的原住居民与居住在城市的人群对国家公园的理解是不同的，他们的公正性感受也不一样。原住居民认为国家公园首先是家园，因此相关国家公园政策要保障他们的福祉；管理者认为国家公园是最严格的自然保护地，保护好国家公园让其发挥生态功能对人类社会及地球来说才公正；游客认为国家公园是最美的旅游目的地，感受并且享受大自然带来的一切对游客来说是最公正的。同样，在发达国家与在发展中国家讨论保护问题，所获得的公正性答案也是不同的；当前的环境正义感知与二十年前或二十年后的环境正义感知是截然不同的。然而，这些主体角色是可以互换的，在不同的分析单元下会获得不同的环境正义主观感受。

（三）加强环境正义在生态保护领域的经验研究以及跨学科研究方法的应用

人类中心主义和生态中心主义代表了两种分化的世界观：前者重视人类福祉，保护自然有助于实现增进福祉的目标；后者重视自然本身的价值，对自然的保护是一种内在的善。环境正义理论框架重视的价值不仅是人类或自然，还考虑了一些被忽视的世界观，比如原住居民或脆弱人群的公正性主张、行使有效的参与权利。环境正义理论的核心在于平衡这些复杂的权利关系，并且保护被忽视的世界观。因此，环境正义研究涉及内容更为广泛。

相比针对气候变化的"气候正义"的研究，对生物多样性保护的"保护正义"的研究和关注是远远不够的。当前，排他性的保护策略在全球很多地区仍然普遍，而一些新的保护问题和矛盾出现，如人与动物冲突、传统文化损失、地方性知识消失等问题。在保护中实现环境正义就是要解决这些问题，实现公正、可持续和包容性的发展。"保护正义"为主流生态保护提供了多样化的选择，包含了更多元的自然价值，涉及人与自然的共存，而不是牺牲或隔离。

主流的保护研究注重对保护结果的探讨，鲜少涉及保护过程和社会影响。这类关于保护结果的研究通常使用生态学和计量经济学的影响评价办法，依赖来自政府调查或遥感图像等的大尺度数据，很少涉及深入的社会调查和案例研究，因此很难适用于对保护正义效果的评价衡量。为了更广泛地理解生态保护，我们需要更多经验性的研究，通过案例研究对保护效果达成共识。

参考文献

阿马蒂亚·森：《以自由看待发展》，任赜、于真译，中国人民大学出版社，2002。

阿马蒂亚·森：《正义的理念》，王磊、李航译，中国人民大学出版社，2012。

埃莉诺·奥斯特罗姆：《公共事物的治理之道：集体行动制度的演进》，余逊达、陈旭东译，上海译文出版社，2012。

安东尼·吉登斯：《现代性的后果》，田禾译，译林出版社，2000。

包智明、石腾飞等：《环境公正与绿色发展——民族地区环境、开发与社会发展问题研究》，中央民族大学出版社，2020。

彼得·S.温茨：《环境正义论》，朱丹琼、宋玉波译，上海人民出版社，2007。

彼得·什托姆普卡：《信任——一种社会学理论》，程胜利译，中华书局，2005。

查尔斯·泰勒：《承认的政治》，董之林、陈燕谷译，云南人民出版社，2003。

邓玉函：《马克思主义政治哲学视阈中的政治平等研究》，中国社科出版社，2016。

杜群等：《中国国家公园立法研究》，中国环境出版集团，2018。

范长风：《从地方性知识到生态文明：青藏边缘文化与生态的人类学调查》，中国发展出版社，2017。

方震东、谢鸿妍：《大河流域的生物多样性与民族文化关系浅析》，中国科学院生物多样性委员会等编《中国生物多样性保护与研究进展Ⅵ》，气象出版社，2005。

菲利普斯主编《IUCN 保护区类型Ⅴ——陆地/海洋景观保护区管理指南》，刘成林、朱萍译，中国环境科学出版社，2005。

费宣：《云南地质之旅》，云南科技出版社，2016。

郭净：《登山物语》，北京联合出版公司，2022。

郭净：《雪山之书》，云南人民出版社，2012。

郭琰：《中国农村环境保护的正义之维》，人民出版社，2015。

何俊：《当代中国生态人类学》，社会科学文献出版社，2018。

和清远、冯骏、冯树勋纂修《中甸县纂修县志材料》，1937年纂抄本。

建塘镇志编制委员会编《香格里拉县建塘镇志》，迪新出（2009）内准字第016号，内部对向发行，2009。

姜德顺：《联合国处理土著问题史概》，四川人民出版社，2012。

李淑文：《环境正义视角下农民环境权研究》，知识产权出版社，2014。

廖国强、何明、袁国友：《中国少数民族生态文化研究》，云南人民出版社，2006。

刘国城等：《生物圈与人类社会》，人民出版社，1992。

刘海霞：《环境正义视阈下的环境弱势群体研究》，中国社会科学出版社，2015。

刘金龙：《自然资源治理》，经济科学出版社，2020。

鲁春霞：《南茜·弗雷泽正义理论研究》，光明日报出版社，2012。

罗伯特·诺奇克：《无政府、国家和乌托邦》，姚志译，中国社会科学出版社，2008。

罗康智、罗康隆：《传统文化中的生计策略——以侗族为例案》，民族出版社，2009。

罗纳德·德沃金：《至上的美德：平等的理论与实践》，冯克利译，江苏人民出版社，2012。

曼纽尔·卡斯特：《认同的力量》，曹荣湘译，社会科学文献出版社，2006。

曼瑟尔·奥尔森：《集体行动的逻辑》，陈郁、郭宇峰、李崇新译，上海人民出版社，1995。

莫里斯·哈布瓦赫：《论集体记忆》，毕然、郭金华译，上海人民出版社，2002。

南茜·弗雷泽：《正义的尺度——全球化世界中政治空间的再认识》，欧阳英译，上海人民出版社，2009。

南茜·弗雷泽 、阿克塞尔·霍耐特：《再分配，还是承认？——一个政治哲学对话》，周德明译，上海人民出版社，2009。

南文渊：《高原藏族生态文化》，甘肃民族出版社，2002。

Nigel Dudley 主编《IUCN 自然保护地管理分类应用指南》，朱春全、欧阳志云等译，中国林业出版社，2016。

秋道智弥等编著《生态人类学》，范广融、尹绍亭译，云南大学出版社，2006。

《人类学概论》编写组编《人类学概论》，高等教育出版社，2019。

司开玲：《知识与权力——农民环境抗争的人类学研究》，知识产权出版社，2016。

苏扬等：《中国国家公园体制建设研究》，社会科学文献出版社，2018。

苏扬等主编《中国国家公园体制建设报告（2019—2020）》，社会科学文献出版社，2019。

王德强（绒巴扎西）、廖乐焕：《香格里拉区域经济发展方式转变研究》，人民出版社，2011。

王韬洋：《环境正义的双重维度：分配与承认》，华东师范大学出版社，2015。

《王晓松藏学文集》，云南民族出版社，2008。

吴光范：《"三江并流"奇观·迪庆地名辞典》，云南人民出版社，2009。

吴良镛编《滇西北人居环境可持续发展规划研究》，云南大学出版社，2000。

吴自修等修，张翼夔纂《光绪中甸厅志》，云南省图书馆藏清光绪十年稿本。

香格里拉市地方志编纂委员会编纂《香格里拉县志（1978—2005）》，云南人民出版社，2016。

杨福泉、杜娟编著《云南国家公园社区带动研究》，云南人民出版社，2020。

杨庭硕等：《生态人类学导论》，民族出版社，2007。

杨学光主编香格里拉县林业局编《香格里拉县林业志》，云南民族出版社，2006。

杨悦：《中国国家公园和保护区体系理论与实践研究》，中国建筑工业出版社，2021。

叶文、沈超、李云龙编著《香格里拉的眼睛：普达措国家公园规划和建设》，中国环境科学出版社，2008。

约翰·罗尔斯：《正义论》，何怀宏、何包钢、廖申白译，中国社会科学出版社，1988。

约翰·穆勒：《功利主义》，徐大建译，商务印书馆，2019。

云南省林业勘察设计院编、何丕坤、於德江、李维长编著《森林树木与少数民族》，云南民族出版社，2000。

云南省中甸县志编纂委员会编《中甸县志》，云南民族出版社，1997。

曾建平：《环境公正：中国视角》，社会科学文献出版社，2013。

翟学伟、薛天山主编《社会信任：理论及其应用》，中国人民大学出版社，2014。

张海霞：《中国国家公园特许经营机制研究》，中国环境出版社，2018。

中国共产党香格里拉市委员会党史研究室、香格里拉市地方志编纂委员会办公室编《香格里拉年鉴》，云南科技出版社，2019。

中国西南森林资源冲突管理案例研究项目组编著《冲突与冲突管理——中国西南森林资源冲突管理的新思路》，人民出版社，2002。

朱利安．斯图尔德：《文化变迁论》，谭卫华、罗康隆译，贵州人民出版社，2013。

朱晓阳：《"家园"与当代社会政治理论的实践》，潘蛟主编《人类学讲堂》第2辑，知识产权出版社，2012。

庄孔韶主编《人类学概论》，中国人民大学出版社，2015。

邹瑜、顾明总主编《法学大辞典》，中国政法大学出版社，1991。

Andrew Dobson, eds. , *Fairness and Futurity*: *Essays on Environmental Sustainability and Social Justice* (Oxford：Oxford University Press, 2002).

A. Bryman, *Social Research Methods* (New York：Oxford University Press, 2001).

A. Szasz, *Ecopopulism*: *Toxic Waste and Movement for Environmental Justice* (Minnesota：University of Minnesota Press, 1994).

Beck U. , *Risk Society*: *Towards a New Modernity* (London：Sage, 1992).

Brendan Coolsaet, *Environmental Justice*: *Key Issues* (New York: Routledge, 2020).

B. Büscher et al., eds., *Nature Inc.*: *Environmental Conservation in the Neoliberal Age* (Arizona: University of Arizona Press, 2014).

Dowie, M., *Conservation Refugees*: *The Hundred-Year Conflict Between Global Conservation and Native Peoples* (Cambridge, MA: MIT Press, 2009).

D. Schlosberg, *Defining Environmental Justice—Theories*, *Movements*, *and Nature* (New York: Oxford University Press Inc., 2007).

Ferguson James and Larry Lohmann, *The Anti-Politics Machine*: "*Development*" *and Bureaucratic Power in Lesotho* (University of Minnesota Press, 1994).

G. Brock, *Global Justice*: *A Cosmopolitan Account* (Oxford: Oxford University Press, 2009).

G. Brundtland, eds., *Our Common Future*: *The World Commission on Environment and Development* (Oxford: Oxford University Press, 1987).

G. Daily, *Nature's Services*: *Societal Dependence on Natural Ecosystems* (Washington DC: Island Press, 1997).

Holifield, R., Chakraborty, J., Walker, G., eds., *The Routledge Handbook of Environmental Justice* (London: Routledg, 2017).

Julian H. Steward, *Theory of Culture Change*: *The Methodology of Multilinear Evolution* (The University of Illinois Press, 1955).

J. Chio, *A Landscape of Travel*: *The Work of Tourism in Rural Ethnic China* (Seattle: University of Washington Press, 2014).

Marion Suiseeya, K. R., *The Justice Gap in Global Forest Governance* (Durham, North Carolina: Duke University Press, 2014).

Martin Adrian, *Just Conservation*, *Biodiversity*, *Wellbeing and Sustainability* (London and New York: Routledge of the Taylor & Francis Group, 2017).

Millennium Ecosystem Assessment, *Ecosystems and Human Well-Being*: *Synthesis* (Washington DC: Island Press, 2005).

N. Fraser, "Social Justice in the Age of Identity Politics: Redistribution, recognition and Participation," in L. Ray and A. Sayer, eds. , *Culture and Economy after the Cultural Turn* (London: Sage, 1999).

Sikor T. , eds. , *The Justices and Injustices of Ecosystem Services* (London: Earthscan, 2013).

Spence M. D. , *Dispossessing the Wilderness: Indian Removal and the Making of the National Park* (Oxford: Oxford University Press, 2000).

Stevens S. , *Conservation through Cultural Survival: Indigenous Peoples and Protected Areas* (Island Press, 1997).

Vermeylen S. & Walker G. , "Environmental Justice, Values, and Biological Diversity: The San and the Hoodia Benefit-Sharing Agreement," in Carmin J. and Agyeman J. , eds. , *Environmental Inequalities Beyond Borders: Local Perspectives on Global Injustices* (Cambridge, MA: MIT Press, 2011), p. 105–128.

Walker G. , *Environmental Justice: Concepts, Evidence and Politics* (New York: Routledge, 2012).

William Adams, *Against Extinction: The Story of Conservation* (New York: Routledge, 2004).

Young I. , *Justice and the Politics of Difference* (Princeton: Princeton University Press, 1990)

包刚升：《反思波兰尼〈大转型〉的九个命题》，《浙江社会科学》2014 年第 6 期。

程立峰、张惠远：《实现自然保护地共建共享的路径建议》，《环境保护》2019 年第 19 期。

程醉：《揭开碧塔海湿地"杜鹃醉鱼"的奥秘》，《国家湿地》2018 年第 42 期。

此永芝玛七秀天和丽云：《迪庆州 1958—2017 年气候极值特征分析》，《科技研究》2018 年第 7 期。

大卫·施朗斯伯格、文长春：《重新审视环境正义——全球运动与政治理论的视角》，《求是学刊》2019 年第 5 期。

杜宁:《从伦理角度看罗尔斯的〈正义论〉》,《现代交际》2018 年第 21 期。

范可:《人类学视野里的生存性智慧与生态文明》,《学术月刊》2020 年第 3 期。

高吉喜等:《中国自然保护地 70 年发展历程与成效》,《中国环境管理》2019 年第 4 期。

关志鸥:《高质量推进国家公园建设》,《求是》2022 年第 3 期。

国家发展和改革委员会社会发展司:《国家发展和改革委员会负责同志就〈建立国家公园体制总体方案〉答记者问》,《生物多样性》2017 年第 10 期。

何良安:《论亚里士多德德性论与苏格拉底、柏拉图的差别》,《湖南师范大学社会科学学报》2014 年第 4 期。

侯鹏等:《中国生态保护政策发展历程及其演进特征》,《生态学报》2021 年第 4 期。

侯文蕙:《20 世纪 90 年代的美国环境保护运动和环境保护主义》,《世界历史》2000 年第 6 期。

胡万钟:《个人权利之上的"平等"与"自由"——罗尔斯、德沃金与诺齐克、哈耶克分配正义思想比较述评》,《哲学研究》2009 年第 5 期。

晋海:《美国环境正义运动及其对我国环境法学基础理论研究的启示》,《河海大学学报》2008 年第 3 期。

景军:《认知与自觉:一个西北乡村的环境抗争》,《中国农业大学学报》2009 年第 4 期。

拉毛卓玛:《藏族煨桑的祈愿礼俗》,《青海师范大学民族师范学院学报》2013 年第 1 期。

李本书:《善待自然:少数民族伦理的生态意蕴》,《北京师范大学学报》2005 年第 4 期。

李朝阳:《我国自然保护地土地权属管理中存在的问题及对策》,《国土与自然资源研究》2021 年第 1 期。

李干杰:《积极推动生态环境保护管理体制机制改革 促进生态文明建设水平不断提升》,《环境保护》2014 年第 1 期。

李红、赵云红：《藏族婚姻习俗与现代婚姻法的冲突与调适——以西藏地区为例》，《攀枝花学院学报》2009 年第 5 期。

李康：《香格里拉普达措国家公园共建共管共享探索与实践》，《林业建设》2018 年第 5 期。

李茂林、许建初：《云南藏族家庭的煨桑习俗——以迪庆藏族自治州的两个藏族社区为例》，《民族研究》2007 年第 5 期。

李晓非、朱晓阳：《作为社会学/人类学概念的"家园"》，《兰州学刊》2015 年第 1 期。

李子恒、李建钦：《云南藏区神山文化与生物多样性保护的内在逻辑研究》，《环境科学与管理》2020 年第 5 期。

廖国强：《中国少数民族生态观对可持续发展的借鉴和启示》，《云南民族学院学报》2001 年第 5 期。

廖国强、关磊：《文化·生态文化·民族生态文化》，《云南民族大学学报》2011 年第 4 期。

刘湘溶、张斌：《环境正义的三重属性》，《天津社会科学》2008 年第 2 期。

罗康隆、吴寒婵、戴宇：《中国生态民族学的发展历程：学科背景与理论方法》，《青海民族研究》2022 年第 1 期。

罗鹏、裴盛基、许建初：《云南的圣境及其在环境和生物多样性保护中的意义》，《山地学报》2001 年第 4 期。

麻国庆：《草原生态与蒙古族的民间环境知识》，《内蒙古社会科学》2001 年第 1 期。

麻国庆、张亮：《进步与发展的当代表述：内蒙古阿拉善的草原生态与社会发展》，《开放时代》2012 年第 6 期。

马戎：《民族研究中的原住民问题》（上），《西南民族大学学报》2013 年第 12 期。

欧阳志云、王如松、赵景柱：《生态系统服务功能及其生态经济价值评价》，《应用生态学报》1999 年第 5 期。

欧阳志云、王效科、苗鸿：《中国陆地生态系统服务功能及其生态经济价值的初步研究》，《生态学报》1999 年第 5 期。

裴盛基：《自然圣境与生物多样性保护》，《中央民族大学学报》2015 年第
　　4 期。

彭建等：《生态系统服务权衡研究进展：从认知到决策》，《地理学报》2017
　　年第 6 期。

齐扎拉：《"香格里拉"保护与发展的探索及行动》，《思想战线》2001 年
　　第 1 期。

强舸：《发展嵌入传统：藏族农民的生计传统与西藏的农业技术变迁》，
　　《开放时代》2013 年第 2 期。

秦天宝：《论国家公园国有土地占主体地位的实现路径——以地役权为核
　　心的考察》，《现代法学》2019 年第 3 期。

桑才让：《藏族传统的生态观与藏区生态保护和建设》，《中央民族大学学
　　报》2003 年第 2 期。

舒瑜：《海拔、生计与现代性：德昂族生计选择的生态人类学研究》，《云
　　南师范大学学报》2019 年第 4 期，第 72 页。

宋发荣：《香格里拉县的森林资源及其特点分析》，《西部林业科学》2008
　　年第 1 期。

孙贵艳、王传胜、刘毅：《生态文明建设框架下的生态保护研究》，《生态
　　经济》2015 年第 10 期。

孙晓彤：《生态文明视域中的国际环境正义问题研究》，《南京林业大学学
　　报》2017 年第 4 期。

唐小平、栾晓峰：《构建以国家公园为主体的自然保护地体系》，《林业资
　　源管理》2017 年第 6 期。

唐小平等：《中国自然保护地体系的顶层设计》，《林业资源管理》2019 年
　　第 3 期。

王任、陶冶、冯开文：《贫困农户参与农民专业合作社减贫增收的机制》，
　　《中国农业大学学报》2020 年第 10 期。

王文光、朱映占：《承认与认同：民国西南少数民族的身份建构》，《广西
　　民族大学学报》2012 年第 1 期。

吴兆录：《西双版纳勐养自然保护区布朗族龙山传统的生态研究》，《生态学杂志》1997年第3期。

杨立新、裴盛基、张宇：《滇西北藏区自然圣境与传统文化驱动下的生物多样性保护》，《生物多样性》2019年第7期。

杨锐：《生态保护第一、国家代表性、全民公益性——中国国家公园体制建设的三大理念》，《生物多样性》2017年第10期。

杨庭硕：《论地方性知识的生态价值》，《吉首大学学报》2004年第3期，第23页。

杨宇明等：《云南香格里拉普达措国家公园体制试点经验》，《生物多样性》2021年第3期。

姚洋：《作为一种分配正义原则的帕累托改进》，《学术月刊》2016年第10期。

尹绍亭：《从云南看"历史的自然实验"——环境人类学的视角》，《原生态民族文化学刊》2021年第2期。

余达忠：《自然与文化原生态：生态人类学视角的考察》，《吉首大学学报》2011年第3期。

张斌：《环境正义德性论》，《伦理学研究》2010年第2期。

张慧平等：《浅谈少数民族生态文化与森林资源管理》，《北京林业大学学报》2006年第1期。

张婧雅、张玉钧：《论国家公园建设的公众参与》，《生物多样性》2017年第1期。

张桥贵：《云南少数民族原始宗教的现代价值》，《世界宗教研究》2003年第3期。

张实：《云南迪庆藏族水文化》，《云南师范大学学报》2011年第3期。

张也、俞楠：《国内外环境正义研究脉络梳理与概念辨析：现状与反思》，《华东理工大学学报》2018年第3期。

章忠云：《香格里拉普达措国家公园的发展状况及生态补偿机制》，《西南林业大学学报》2018年第3期。

赵越云、樊志民：《传统与现代：一个普米族村落的百年生计变迁史》，

《西南边疆民族研究》2018 年第 3 期。

郑晓云：《傣族的水文化与可持续发展》，《思想战线》2005 年第 6 期。

周亚越：《行政问责制的内涵及其意义》，《理论与改革》2004 年第 4 期。

朱广新：《论法人与非法人组织制度中的善意相对人保护》，《法治研究》
2017 年第 3 期。

左停、苟天来：《社区为基础的自然资源管理（CBNRM）的国际进展研究
综述》，《中国农业大学学报》2005 年第 6 期。

Adams W. M. et al., "Biodiversity Conservation and the Eradication of Pover-
ty," *Science* 306 (2004): 1146-1149.

Agrawal Arun et al., "From Environmental Governance to Governance for Sus-
tainability," *One Earth* 5 (2022): 615-621.

Agrawal A., Gibson C. C., "Enchantment and Disenchantment: The Role of
Community in Natural Resource Conservation," *World Development* 27
(1999): 629-649.

Arun Agrawal, Elinor Ostrom, "Collective Action, Property Rights, and De-
centralization in Resource Use in India and Nepal," *Politics & Society* 29
(2001): 485-514.

Bell, D., "EnvironmentalJustice and Rawls' Difference Principle," *Environ-
mental Ethics* 26 (2004): 287-306.

Bullock, C., Joyce, D., & Collier, M., "An Exploration of the Relationships
between Cultural Ecosystem Services, Socio-Cultural Values and Well-Be-
ing," *Ecosystem Services* 31 (2018): 142-152.

Cardinale, B. et al., "Biodiversity Loss and Its Impact on Humanity," *Nature*
486 (2012): 59-67.

Carpenter SR et. al., "Science for Managing Ecosystem Services: Beyond the
Millennium Ecosystem Assessment," *Proceedings of the National Academy of
Sciences (PNAS)* . 106 (2009): 1305-1312.

Chan, K. M. et al., "Where Are Cultural and Social in Ecosystem Services? A
Framework for Constructive Engagement," *Biology Science* 62 (2012):

744-756.

Chapron, G. , and Lopez-Bao, J. V. , "The Place of Nature in Conservation Conflicts," *Conservation Biology* 34 (2020): 795-802.

Clark Andrew E. et al. , "Relative Income, Happiness, and Utility: An Explanation for the Easterlin Paradox and Other Puzzles," *Journal of Economic Literature* 46 (2008): 95-144.

Costanza, R. , "The Value of the World's Ecosystem Services and Natural Capital," *Nature* 387 (1997): 253-260.

Cuerrier, A. et al. , "Cultural Keystone Places: Conservation and Restoration in Cultural Landscapes," *Journal of Ethnobiology* 35 (2015): 427-449.

Dawson N. , Martin A. , Danielsen F. , "Assessing Equity in Protected Area Governance: Approaches to Promote Just and Effective Conservation," *Conservation Letters* 11 (2018).

Edwards G. A. S. , Reid L. , Hunter C. , "Environmental Justice, Capabilities, and the Theorization of Well-Being," *Progress in Human Geography* 40 (2016): 754-769.

Frazier, M. L. et al. , "Organizational Justice, Trustworthiness, and Trust: A Multifoci Examination," *Group& Organization Management* 35 (2010): 39.

Georgina M. Mace. "WhoseConservation? Changes in the Perception and Goals of Nature Conservation Require a Solid Scientific Basis," *Science* 345 (2014): 1558-1559.

He, J. , and N. Guo. , "Culture and Parks: Incorporating Cultural Ecosystem Services into Conservation in the Tibetan Region of Southwest China," *Ecology and Society* 26 (2021): 12.

Huang, Y. et al. , "Development of China's Nature Reserves over the Past 60 Years: An Overview," *Land Use policy* 80 (2019): 224-232.

Igoe Jim and Dan Brockington, "Neoliberal Conservation: A Brief Introduction," *Conservation and Society* 5 (2007): 432-449.

Joe Gray, Ian Whyte, Patrick Curry, "Ecocentrism: What It Means and What It

Implies," *The Ecological Citizen* (2) 2018: 130.

Konow, J., "Which is the Fairest One of All? A Positive Analysis of Justice Theories," *Journal of Economic Literature* 41 (2003): 1188–1239.

Lecuyer L. et al., "The Construction of Feelings of Justice in Environmental Management: An Empirical Study of Multiple Biodiversity Conflicts in Calakmul, Mexico," *Journal of Environmental Management* 213 (2018): 363–373.

Lemos, M. C. and Agrawal, A., "Environmental Governance," *Annual Review of Environment and Resources* 31 (2006): 297–325.

Mark S. Reed, "Stakeholder Participation for Environmental Management: A literature Review," *Biological Conservation* 141 (2008): 2417–2431.

Martin Adrian, Akol Anne, Gross-Camp Nicole, "Towards an Explicit Justice Framing of the Social Impacts of Conservation," *Conservation and Society* 13 (2015): 166–178.

Martin A. et al., "Justice and Conservation: The Need to Incorporate Recognition," *Biological Conservation* 197 (2016): 254–261.

Martin A. et al., "Whose Environmental Justice? Exploring Local and Global Perspectives in a Payment for Ecosystem Services Scheme in Rwanda," *Geoforum* 54 (2014): 167–177.

Martin A., McGuire S. and Sullivan S., , "Global Environmental Justice and Biodiversity Conservation," *The Geographical Journal* 179 (2013): 122–131.

Matulis B. S., and Moyer J. R., "Beyond Inclusive Conservation: the Value of Pluralism, the Need for Agonism, and the Case for Social Instrumentalism," *Conservation Letter* 10 (2017): 279–287.

Mcdermott, Melanie, Mahanty Sango & Schreckenberg Kate, "Examining Equity: A Multidimensional Framework for Assessing Equity in Payments for Ecosystem Services," *Environmental Science & Policy* 33 (2013): 416–427.

Mishra J & Morrissey M., "A Trust in Employee/Employer Relationships: A Survey of West Michigan Managers," *Public Personnel Management* 19

(1990).

Oldekop, J. A. et al. , "A Global Assessment of the Social and Conservation Outcomes of Protected Areas," *Conservation Biology* 30 (2016): 133-141.

Ostrom Elinor, and Harini Nagendra, "Insights on Linking Forests, Trees, and People from the Air, on the Ground, and in the Laboratory," *Proceedings of the National Academy of Sciences (PNAS)* 103 (2006): 19224-19231.

Ostrom Elinor, "Polycentric Systems for Coping with Collective Action and Global Environmental Change," *Global Environmental Change* 20 (2010): 550-557.

Parris, C. L. et al. , "Justice for All? Factors Affecting Perceptions of Environmental and Ecological Injustice," *Social Justice Research* 27 (2014): 67-98.

Pelletier, N. , "Environmental Sustainability as the First Principle of Distributive Justice: Towards an Ecological Communitarian Normative Foundation for Ecological Economics," *Ecological Economics* 69 (2010): 1887-1894.

Pooley S. et al. , "An Interdisciplinary Review of Current and Future Approaches to Improving Human-Predator Relations," *Conservation Biology* 31 (2017): 513-523.

Quan, J. et al. , "Assessment of the Effectiveness of Nature Reserve Management in China," *Biodiversity Conservation* 20 (2011): 779-792.

Reyes G. , "Can the Recognition of the Unique Value and Conservation Contributions of ICCAs Strengthen the Collective Rights and Responsibilities of Indigenous Peoples? " *Manuscript Prepared for the ICCA Consortium*, 2017.

Rowe, G. , Marsh, R. , Frewer, L. J. , "Evaluation of a Deliberative Conference in Science," *Technology and Human Values* 29 (2004): 88-121.

Scheepers Daanand Derks Belle, "Revisiting Social Identity Theory from a Neuroscience Perspective," *Current Opinion in Psychology* 11 (2016): 74-78.

Schlosberg D. , "Reconceiving Environmental Justice: Global Movements and Political Theories," *Environmental Politics* 13 (2004) 517-540.

Schlosberg D. and Carruthers D. , "Indigenous Struggles, Environmental Justice, and Community Capabilities," *Global Environmental Politics* 10 (2010): 12-35.

Schlosberg, D. , "Theorizing Environmental Justice: The Expanding Sphere of a Discourse," *Environmental Politics* 22 (2013): 37-55.

Schreckenberg Kate et al. , "Unpacking Equity for Protected Area Conservation," *PARKS* 22 (2016): 11-28.

Sikor T. et al. , "Toward an Empirical Analysis of Justice in Ecosystem Governance," *Conservation Letter* 7 (2014): 524-532.

Sikor T. and Newell P. , "Globalizing Environmental Justice?" *Geoforum* 54 (2014): 151-157.

Sterling, E. J. , et al. , "Assessing the Evidence for Stakeholder Engagement in Biodiversity Conservation," *Biology Conservation.* 209 (2017): 159-171.

Stolton, Sue, and Nigel Dudley, "A Preliminary Survey of Management Status and Threats in Forest Protected Areas," *Parks* 9 (1999): 27-33.

Svarstad H. and Benjaminsen T. , "Reading Radical Environmental Justice Through a Political Ecology Lens," *Geoforum* 108 (2020): 1-11.

Szablowski, D. , "Operationalizing Free Prior, and Informed Consent in the Extractive Industry Sector? Examining the Challenges of a Negotiated Model of Justice," *Canadian Journal of Development Studies* 30 (2010): 111-130.

Tallis H. and Lubchenco J. "Working Together: A Call for Inclusive Conservation," *Nature* 515 (2004): 27-28.

Tengo M. et al. , "Weaving Knowledge Systems in IPBES, CBD and Beyond—Lessons Learned for Sustainability," *Current Opinion in Environmental Sustainability* 26-27 (2017): 17-25.

Walker, G. , "Beyond Distribution and Proximity: Exploring the Multiple Spatialities of Environmental Justice," *Antipode* 41 (2009): 614-636.

Wamsler, C. et al. , "Beyond Participation: When Citizen Engagement Leads to Undesirable Outcomes for Nature-Based Solutions and Climate Change Adaptation," *Climate Change* 158, (2020): 235-254.

Wang, J. H. Z., "National Parks in China: Parks for People or for the Nation?" *Land Use Policy* 81 (2019): 825-833.

Wilshusen Peter R. et al., "Reinventing a Square Wheel: Critique of a Resurgent 'Protection Paradigm' in International Biodiversity Conservation," *Society &Natural Resources* 15 (2002): 17-40.

Wunder S., "Revisiting the Concept of Payments for Environmental Services," *Ecological Economics* 117 (2015): 234-243.

Xu, J. et al., "A Review and Assessment of Nature Reserve Policy in China: Advances, Challenges, and Opportunities," *Oryx* 46 (2012): 554-562.

Xu, J., & Melick, D. R., "Rethinking the Effectiveness of Public Protected Areas in Southwestern China," *Conservation Biology* 21 (2007): 318-328.

Zafra-Calvo Noelia et al., "Progress toward Equitably Managed Protected Areas in Aichi Target 11: A Global Survey," *Biology Science* 69 (2019): 1-7.

Zafra-Calvo Noelia et al., "Towards an Indicator System to Assess Equitable Management in Protected Areas," *Biological Conservation* 211 (2017): 134-141.

Zhou, D. Q., & Grumbine, R. E., "National Parks in China: Experiments with Protecting Nature and Human Livelihoods in Yunnan Province, Peoples Republic of China (PRC)," *Biological Conservation* 144 (2011): 1314-1321.

Zinda, J. A., "Hazards of Collaboration: Local State Cooptation of A New Protected-Area Model in Southwest China," *Society & Natural Resources* 25 (2012): 384-399.

后　记

当我需要放松的时候，如果有一个地方是最想去的，那就是森林。10年前在瑞典读研究生，学校周边都是植被茂密的温带阔叶林，我每周至少一次到树林中散步，这几乎是我缓解压力、疲惫的最好解药。每次从森林出来的时候总是比进去的时候更加快乐，也更充满能量。森林对我就是神圣的地方，它有一种沉静、一种敬畏。当然，我还是难以逃脱城市的喧嚣和焦躁，回国工作后，森林的力量也渐渐离我远去。一直到博士毕业论文田野调查时，我身处滇西北普达措国家公园腹地，夏季晚饭后，天空依然透亮，我喜欢一个人从村子里踱步而出，或到小神山脚下，或沿着属都岗河走一段，或绕着四周被森林环抱的村落走一圈。这个时候游客早已离园，偶尔只有从香格里拉市区开车回家的原住居民经过。国家公园突然安静下来，只能听到牦牛的铃铛声和飞鸟的叫声，走近了还能听到牦牛吃草的幸福咀嚼声。我思考着白天和访谈对象的交流，计划着这会儿去哪户有炊烟升起的藏民家中喝一杯酥油茶。在普达措，我再次感受到森林散发出的微妙气息，其奇迹般地一次次净化我的精神。

本书根据我的博士毕业论文修改而成，写作过程中导师何俊给予了我大量的支持和帮助，老师敏锐的学术洞察力、治学严谨的作风、精益求精的要求、丰富广博的学识、精辟独到的见解都让我受益匪浅，跟随老师学到的东西，必将成为我终生的财富！成果丰硕的背后肯定是勤勉钻研，我想导师对我的指导不仅是学术，还有身体力行坐冷板凳的学者风范！科研是一条充满魅力又万分艰辛的锤炼人格的道路，行走之路绝不是坦途。我还要向在我学习以及科研工作中长期对我提供悉心指导和帮助的郑晓云教授致以诚挚的谢意，同时向在博士毕业论文研究、写作、答辩过程中给予我建议和帮助的老师们表示衷心的感谢，他们是苏发祥教授、何其敏教授、马居里教授、谭同学教授、郑宇教授、李志农教授、张志明教授、李永祥研究员、高志英教授、尤伟琼教授、杨宇明教授、马建忠副教授等。

2023 年 12 月 4 日，《香格里拉国家公园设立方案（简本）》《香格里拉国家公园范围及管控分区图》正式对外公示，普达措国家公园将以"香格里拉国家公园"更大范围的保护区域进行国家公园申报。也许"普达措"这个名字将成为历史，但是无论如何，我都会一直关注这片区域，关注国家公园在滇西北、在云南的故事。

2024 年 1 月

昆明金汁河畔

郭　娜

图书在版编目（CIP）数据

国家公园与环境正义：普达措的地方性实践／郭娜
著 .--北京：社会科学文献出版社，2024.12.--（魁
阁学术文库）.-- ISBN 978-7-5228-3888-5

Ⅰ.S759.997.42

中国国家版本馆 CIP 数据核字第 2024XG3520 号

魁阁学术文库

国家公园与环境正义

——普达措的地方性实践

著　者／郭　娜

出 版 人／冀祥德
责任编辑／庄士龙
文稿编辑／李铁龙
责任印制／王京美

出　　版／社会科学文献出版社·群学分社（010）59367002
　　　　　地址：北京市北三环中路甲 29 号院华龙大厦　邮编：100029
　　　　　网址：www.ssap.com.cn
发　　行／社会科学文献出版社（010）59367028
印　　装／三河市龙林印务有限公司

规　　格／开　本：787mm×1092mm　1/16
　　　　　印　张：18.75　字　数：286 千字
版　　次／2024 年 12 月第 1 版　2024 年 12 月第 1 次印刷
书　　号／ISBN 978-7-5228-3888-5
定　　价／128.00 元

读者服务电话：4008918866